泽森音响
Zesen Hifi

U0377356

Audiolife   泽森音响

电话: 0754 - 87124153   邮箱: stzsyx@126.com   地址: 广东省汕头市高新区科技中路13号嘉泽中心大厦首层A1商铺

中国总经销：汕头市诺歌音响设备有限公司

ShanTou NuoGe Audio Equipment Company Limited

广东省汕头市龙湖区黄山路72号佰悦春天3栋109 邮箱：nuogehiend@163.com 查询电话：137 1589 7113

更多资讯 关注官方公众号
诺歌音响NG

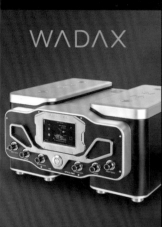

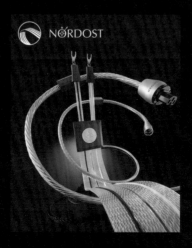

经销：汕头市诺歌音响设备有限公司
ShanTou NuoGe Audio Equipment Company Limited

东省汕头市龙湖区黄山路72号佰悦春天3栋109 邮箱:nuogehiend@163.com 查询电话: 137 1589 7113

更多资讯 关注官方公众号
诺歌音响NG

轻松建出深邃的Soundstage音场

极大提升层次感、定位感、空间感、形体感，并能准确还原高阶系统的华丽高贵质感

HANOWA音响旗舰店

亚洲区品牌推广办公室 —— 德和大业音响科技有限公司

地址：佛山市顺德区北滘镇西海村二支工业大道3号海创大族机器人智造中心22栋401 | 电话：18302039579 (微信同号)

北昌影音
Beichang Audio&Video Design

始于1999年 · 发烧音响 · 品牌荟萃
音箱 · 功放 · 音源 · 家庭影院 · 配件

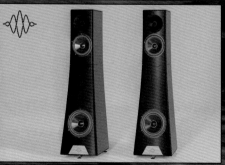

咨询电话：010-65269298
网址：百度搜索 北昌影音
实体店地址：北京市朝阳区黑庄户路8号
北京音乐产业园7号馆

北昌影音成立于1999年，经营高品质、有设计感的影音精品是北昌影音成立的初衷！自成立以来，北昌影音一直坚持诚实做人、诚信做事的经营方针，以代理销售优质影音器材为主要经营内容，致力于向广大客户提供优质的视听娱乐解决方案与服务！北昌影音店内有6间风格各异的视听空间，是目前北京市面积较大的高级音响卖场！

音联邦
UNITED AUDIO

德国金榜

美国SVSound

美国亚特兰大

美国洛曼之声

音联邦

美国OSD AUDIO

美国OA

美国ET

丹麦S&E

Shenzhen United Audio Equipment CO.,LTD
中国总代理

地址:深圳市罗湖区宝安北路3008号宝能中心C栋11层11A12
电话:0755-28838488
邮箱:chenwei@sz-ua.com

ARETAI

total**d**ac
FROM SOURCES TO SPEAKERS

中国总代理：汕头市韬晨音响贸易有限公司   更多资讯 请关注官方公众号：韬晨HIFI

地址：汕头市龙湖区亨泽大厦602-4B   联系号码：137 9081 9916

TOP SOUND
冠豪

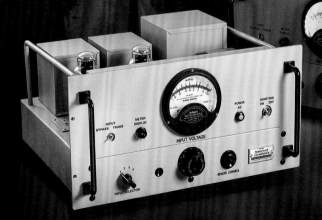

Analog Sound
BY-LINE MAGNETIC
AUDIO DESIGN LAB
安歌

300B/2A3安歌小功率胆机
直热双星

AS-134合并功放

AS-135合并功放

1. "真"前级的合并机，纯甲类放大，全手工搭棚制作。
2. 618输入和171输出变压器，使用5Z4(5Y3)胆整流。
3. 选用WE12型框架结构线路，优化感情饱满度、控制力和空间感。

1.输入阻抗：100kΩ/600Ω
2.输出阻抗：4Ω,8Ω,16Ω
3.灵敏度：250mV/纯后
4.输出功率：AS-135 7W+7W(RMS)
　　　　　 AS-134 3W+3W(RMS)
5.信噪比：87dB（交流灯丝）
6.频响：20Hz~30kHz ±2dB
7.总谐波失真：1%
8.体积：480×255×470
9.重量：37kg

Made in Poland

CANOR
Made in Slovakia

Sikora
TURNTABLES
Made in Poland

LAMPIZATOR
Made in Poland

LABORATORY AUDIO SOLUTIONS
Made in Italy

hORNS
Made in Poland

VAC
Made in America

AIDAS CARTRIDGES
Made in Lithuania

SGR
AUDIO
Made in Australia

AUDIO MASS
Made in Italy

A
Jan Allaerts
Made in Belgium

PrimaryControl
Made in Netherlands

让声音
成为艺术

 上海艾音仕

全国总代理：
上海艾音仕贸易有限公司
更多资讯请关注官方微信公众号：上海艾音仕   联系电话：18964176200

了解更多资讯　敬请关注
微信订阅号 STHIFICOM

网罗音响资讯　广结天下烧缘

Swatow
Huahui Audio
Shantou Huahui Audio Technology Co., Ltd.
华晖音响

estelon

外形绝美 声音动人

旗舰系列

Extreme-MkII
FORZA

Absolue Cables

邮箱：357723581@qq.com   电话：13536808899   地址：汕头市龙湖区中信世贸花园37栋D10

LINE MAGNETIC

丽磁·邂逅生活

Audio
Encounter Life

LINE MAGNETIC
丽磁音响

LM-519IA
212电子管合并式功率放大器

分体式电源不仅在设计理念上
独树一帜，更在韵味与雅致上
展现出非凡的魅力，为您的生
活增添一抹绚烂的色彩

天猫 丽磁旗舰店 搜索

京东 京东丽磁官方旗舰店 搜索

珠海丽磁音响有限公司
Tel: 0756-3911922

Cayin

30th
Cayin
SINCE1993

C30th
纯CD数字转盘

P30th
合并式电子管功率放大器

D30th
高保真数字音频解码器

Cayin 音响

Cayin 精品音响

SUCA AUDIO®

声优创

　　声优创于2015年1月成立，是一家集研、产、销于一体的综合型公司，拥有多项实用新型专利及发明专利，并持续每年以占年销售额5%~10%的费用投入研发。

　　声优创始终坚守"创造优秀的音频产品，提升人们的生活品质"的宗旨，深耕音频行业，持续投入研发、降本增效，更好地服务客户。

桌面电子管功放

无损数字播放器

数字功放

便携式耳放

桌面解码耳放组合

无源Hi-Fi音箱

桌面胆前级

桌面解码功放组合

高清蓝牙接收器

京东/天猫/抖音/淘宝 各大平台均有售，搜"声优创"即可

■ Shenzhen shengyouchuang Technology Co ., Ltd
深圳市声优创科技有限公司

电话：0755-86909295/18565638449
邮箱：liuwenhuan@suca-audio.com
地址：深圳市光明区马田街道将石路136号鑫豪盛高峰
　　　科技园D栋

Q
QUESTED
—— 罗杰之声 ——

难以跨越的录音棚先锋

Since 1985 · 英国纯手工打造

Q412FS   VQ3110

Ω MONITOR AUDIO
英国猛牌

Since 1972·为声音而设计

S&J Audio 声杰音响
苏州市昆山开发区人民南路1188号昆城广场1521-1524室
邮箱: sissi.xu@sjaudio.com.cn   电话: 4001129230

  手机搜索猛牌旗舰店
了解更多资讯

CMS

美国 CMS

RACKS SERIES

卸震平台/音响机

Ultra-Q

ULTRA-

CENTER STAGE ULTRA

卸震脚钉ULTRA

Center Stage ULTRA TC
(卸震脚钉 Ultra TC)

Center Stage ULTRA TD
(卸震脚钉 Ultra TD)

Center Stage ULTRA TT
(卸震脚钉 Ultra TT)

Center Stage LS 2.25
(卸震脚钉 LS 2.25)

骏韵

WISE SOUND
Hi-End Audio / Video Specialist

香港骏韵音响有限公司
Wise Sound Supplies Limited

 Wisesoundhk

Wise Sound

电话: 852-2559 3672 86-1842002 1412
传真: 0760-8676 2831
地址: 香港观塘开源道47号凯源工业大厦6楼K室

Rockport Technologies

美国 罗克 高端扬声器

ORION

猎户座

音响论坛主编 刘汉盛先生评:

"我已经放弃挑它的缺点"

—— 摘自"音响论坛"130号刊

经过三年的全力开发,建基于多年的高端扬声器设计经验,Rockport Technologies罗克推出划时代的ORION扬声器。为了保持Rockport低调而恒久的风格,ORION实现了优雅和高性能的和谐结合。

ORION的整个箱体仅由三部分组成:内部铸铝壳体、外部碳纤维主箱体和外部碳纤维障板。制造工艺完全消除了传统构造方法带来的设计局限,凭借这种设计的自由度,ORION的形状可以经过充分优化,实现理想的驱动单元放置方式、内部驻波的减少和最小的边缘衍射,从而确保不受阻碍的声波发射。

ORION成功的关键是三个新开发的驱动单元:新的定制碳纤维夹层13英寸低音单元,能够提供强大、有力、宽广的低频表现,具有惊人的余量和控制力;新的7英寸碳纤维夹层复合中音单元,具有密集饱和的音色和无与伦比的透明度;1.25英寸球形安装铍高音单元,具有几乎理想的活塞行程,产生超低失真和非常透明的、扩展的、动态逼真的高频。

ORION的美学吸引力就是我们最初定下目标的直接表达,传奇的Rockport性能是通过每一个环节设计选择实现的。ORION精通每一种音乐语言,是您通往音乐艺术广阔领域的一扇窗户,也注定成为经典。

规格:

低音单元: 13 英寸(1)　　　　　敏感度: 90 dB
中音单元: 7 英寸(1)　　　　　　最小放大器功率: 50 W
高音单元: 1.25 英寸(1)　　　　体积: 128 × 36(52) × 67 (cm, H×W×D)
频率响应: 20Hz~25 kHz, -3dB　　重量: 163 kg
阻抗: 4 Ω

尚韵音响文化
ShangYun Sound Culture (Guangdong) Co., Ltd.

搜索"尚韵音响文化"了解更多产品...

国内: 86-1842002 1412　　　座机: (0760) 8676 2831 / 8676 2832　　　地址: 广东省中山市西区街道翠虹路28号尚湖轩二期商业楼之1-3卡

播放器之巅—欧洲EISA影音协会

音乐从未如此动听
电影本该如此欣赏

通过杜比视界&全景声官方认证的播放器

·免费体验　·以旧换新

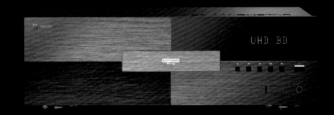

麦尼塔 Hi-End级蓝光SACD机

咨询热线：
150 0119 9567

北京天逸–麦尼塔中国总代理

霍夫声学，全手工打造。
Handmade in Germany
来自德国的声学问题解决行家
Excellent .Sustainable .Affordable

上海畅乐国际 │ ▶**HOFA**

鉴赏地址：上海市闵行区盘阳路66弄4-1栋701室　联系电话：13917506064 章先生

IMPETO

罗马战神

中国总代理（包括香港、澳门地区）
info@impetoaudio.eu
Mr.Jacky Lee（总监）: 13823008000
林先生: 13417881556
詹先生: 13543871288

专业二分频有源监听音箱

IMPETO AUDIOPHILE PRODUCTS

Acoustic
Solid
实丽唱盘

零公差轴承设计，诠释模拟美学，突显德国工艺

Made in Italy

TRIGON
ELEKTRONIK GMBH
德国精工

Trigon Electronic GmbH
经典线路·双层机壳·独家避震脚
绝不随波逐流，打造具备终极音乐性的音响器材

Made in Germany

ASR Audio Systems
音乐发电厂

专注于解决功放的电源处理
坚持独特电源分体式功放设计理念

Made in Germany

Nessie
VINYLMASTER
尼斯洗碟机

Nessie Vinylmaster

落水均匀，顺/逆转，顺/逆吸，边刷边
专业级真空吸，安静而高效，还原干净纯粹的声音

Made in Germany

中国地区总代理

NOVA
HIFI COMPANY

中国总代理（包括香港、澳门地区）
新昇音响（广州）有限公司
广州市番禺区桥南街南华路359号

咨询电话: 1360 226 7697
微信公众号/抖音/小红书/微博: 新昇音响
淘宝店铺: 新昇音响企业店

showfeel 宿优®

小型无线Hi-Fi系统

● 外观家居化　● 声音HiFi化　● 连接无线化　● 操作傻瓜化

支持蓝牙、光纤、电脑数据、线路输入

可以单独一台工作

也可以两台无线连接成立体声对箱

A2 尊贵改良版

2.5英寸全频单元x2（高强度钕磁铁）
4英寸超低音单元x1
5.25英寸振膜x1
外壳工艺为黑檀木皮+钢琴烤漆

A2 改良版

2英寸全频单元x2（普通磁铁）
4英寸超低音单元x1
5.25英寸振膜x1
外壳工艺为PVC贴皮

服务热线：400-100-7-114

淘宝店：Showfeel 宿优品牌店
公众号：Showfeel 宿优
设计师微信：13809655357

T35

览万境，予声境

殿堂级CD一体机

深圳山灵数码科技发展有限公司
SHANLING
官方热线：400 630 6778

官方新浪微博　：山灵音响
官方微信公众号：山灵音响
官方百度贴吧　：山灵吧

KHARMA

TechDAS

ORPHEUS

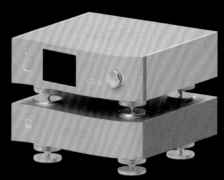

GOLDMUND
SWISS MADE

WADAX

 丰宁音响（亚洲）有限公司
FUNG NING AUDIO EQUIPMENT (ASIA) LIMITED

Add: 周大福商业中心20楼 弥敦道580A号 旺角，香港九龙
Tel:（852）2321 8515
E-mail: fnaudio@yahoo.com

THE GRYPHON

丹麦贵丰

贵胄承传

丰功懋烈

Apex Stereo 顶峰 纯A类立体声后级
输出功率：2×210W（8Ω负载），2×420W（4Ω负载）
2×800W（2Ω负载），2×1490W（1Ω负载）
输出阻抗：0.015Ω
频率响应（-3dB）：0.3～330kHz
供电配套容量：1 040 000μF
增益：31dB
输入阻抗（平衡，20Hz～20kHz）：20kΩ
体积（H×W×D）：371mm×593mm×886mm
重量：202kg

Apex Stereo 顶峰 纯A类单声道后级
输出功率：225W（8Ω负载），450W（4Ω负载）
880W（2Ω负载），1690W（1Ω负载）
输出阻抗：0.01Ω
频率响应（-3dB）：0.3～330kHz
供电配套容量：1 040 000μF
增益：31dB
输入阻抗（平衡，20Hz～20kHz）：10kΩ
体积（H×W×D）：371mm×593mm×886mm
重量：202kg

Commander 指挥官 纯A类旗舰分体前级
模拟输入：XLR×4，RCA×2
输入阻抗：18kΩ（XLR），12kΩ（RCA）
模拟输出：XLR×2，RCA×2（TAPE OUT，PRE OUT）
输出阻抗：7Ω
增益：18dB
THD+N：0.003%（1kHz，10Hz～30kHz频率响应）
频率响应：0.1Hz～1.5MHz（-3dB计算）
体积（H×W×D）：
36mm×480mm×455mm（主机）
36mm×480mm×440mm（分体供电）
重量：30.5kg（主机），38.2kg（分体供电）

中国总代理（包括香港、澳门地区）

威达公司 RADAR AUDIO COMPANY

香港葵涌禾塘咀街31-39号香港毛纺工业大厦1104室　电话：（852）2418 2668　传真：（852）2418 2211　E-mail：contact@radaraudio.com
陈列室：■香港铜锣湾告士打道280号世贸中心5楼3504-5室•2506 3131 / 2506 3132　■九龙尖沙咀弥敦道63号iSQUARE国际广场505号铺•2317 7188 / 2327 8861

唐韻

MC4-SE 书架箱

问曲哪得清如许？为有源头功夫来
聆听，超越「哈姆雷特」式的每一个眷念！

深圳唐韻音响技术有限公司
手机 / 微信: 18682013577

EIZZ 艺致

以艺达声 / 高情远致

柔性黑胶播放系统解决方案倡导者

艺致科技（深圳）有限公司　　地址 深圳市龙华新区大浪街道华荣路联建工业园一栋一楼

电话 0755-29714551　13823383371　邮箱 yongyangxs@163.com　eizz_audio@163.com

音海影音 始于1997年，专注于Hi-End音响及高端私人影院定制。为追求卓越音画品质用家提供包括咨询、设计、安装、调试及售后服务在内的一站式解决方案。

2024年荣幸获蔡克信先生授权，于无锡成立"蔡克信调音研究社分社"，旨在为用家提供更加精准和专业的调音服务。

     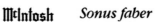

音海影音有限公司
蔡克信调音研究社分社

微信: 13906188537
电话: 0510-82718020、82725540

公众号: 音海影音
店铺: 无锡市长江北路267-22 (万科金域缇香商铺3

高保真音响系列

调音秘籍

视听发烧网 主编

人民邮电出版社

北 京

图书在版编目（CIP）数据

调音秘籍 / 视听发烧网主编. -- 北京 : 人民邮电
出版社，2024.7
　（高保真音响系列）
　ISBN 978-7-115-63361-3

　Ⅰ. ①调… Ⅱ. ①视… Ⅲ. ①音频设备－调音 Ⅳ.
①TN912.271

　中国国家版本馆CIP数据核字(2023)第247180号

内 容 提 要

　本书是一本关于音响调音、录音与唱片人和事，以及经典唱片的图书。

　本书主要内容包括：音响系统调音方法（"降龙十八掌"空手道调音），音响系统低音调校（"伏虎十五拳"），留声机的故事，电子录音技术与经典历史唱片，从磁带录音到现代 LP 及代表性单声道 LP，直刻唱片及经典直刻唱片，发烧数码录音先锋 Telarc/Soundstream 及经典 SACD，音响大玩家斯托科夫斯基及其代表性唱片，模拟/数码录音双全的约翰逊教授与值得收藏的 RR 唱片，35mm 胶片磁带复刻 LP，追忆 Mercury Living Presence 在莫斯科的录音故事及代表性唱片，极致低音唱片，笛卡之声，漫谈 CD 母带处理、录音、混音与压片，自然录音与 KKV 唱片，听声辨器、借乐调音，Harry Pearson 的超级试音碟，弦乐的现场与录音，西电之声杂谈，初探 LP2CD 与 LP2CD 之我观， PO 杂谈，音箱摆位为什么那么神奇，High End 的门槛，小房间大低音等。

　本书可供音响发烧友学习音响调音与音箱摆位，也可供音乐发烧友了解不同时期的录音技术与故事、唱片制作以及各个时期的各类经典唱片（约 160 张必藏唱片）。

◆　主　　编　视听发烧网
　　责任编辑　黄汉兵
　　责任印制　马振武

◆　人民邮电出版社出版发行　　北京市丰台区成寿寺路 11 号
　　邮编　100164　电子邮件　315@ptpress.com.cn
　　网址　https://www.ptpress.com.cn
　　北京盛通印刷股份有限公司印刷

◆　开本：690×970　1/16　　　　　彩插：12
　　印张：20.75　　　　　　　　　2024 年 7 月第 1 版
　　字数：446 千字　　　　　　　2024 年 7 月北京第 1 次印刷

定价：199.80 元

读者服务热线：(010)53913866　印装质量热线：(010)81055316
反盗版热线：(010)81055315
广告经营许可证：京东市监广登字 20170147 号

目录
CONTENTS

Nola 音箱在我的聆听室

1

我的唱片与音响历程

低音可达 16Hz 的直刻 LP 唱片

笔者听唱片、玩音响，至今已有 40 多年。一路走来、无大偏差，偶放厥词，仍有掌声。年过古稀，名利真的似浮云，倒是对音乐与音响的热忱老而弥坚，并且更像野人，不吝献曝。欣慰的是回响极为热烈，这从近年的活动与授课中可以感受到。

笔者与唱片结缘始自孩童时期。20 世纪 50 年代，家中有部手摇式留声机，用的是硬质易碎的唱片、铁质置换唱针，放的是"山伯英台"、"陈三五娘"歌仔戏、"黑猫黑狗"笑闹剧、"望春风"、"雨夜花"歌曲等。每当机械发条松了，歌声慢腔走板，就引来一阵嬉笑。这时人们会再度拧紧发条，继续听那些一大沓的 78 转 / 分虫胶唱片。20 世纪 60 年代，立体声落地式电唱机开始风行，立体声唱片令笔者一方面对立体声感到好奇（其实，当时立体声电影已经让人感受到震撼的音效），另一方面也开始探索古典音乐的奥秘。在此，笔者非常感谢先祖父金柳先生当时毫不吝惜提供大量的古典音乐唱片，奠定笔者兴趣的基础。

祖父、父亲当年不免俗地向我灌输学医观念（记得小学时，父亲曾问我以后要当什么，我回答当画家，他说当画家会没有饭吃，但现在我的几位画家朋友不但有饭吃，而且吃得很好）。笔者毫不后悔学医，事实上，行医虽不能大富大贵，却足以支持笔者推广"美艺人生"，从精神层面获得极大的满足。音响与唱片在此扮演了极重要的角色。

1971 年，笔者进入医院，时隔一年，以翻译一本《加护病房护理学》的稿费购买第一套所谓的"高级音响"，其实也只有一部 Harman-Kardon A230 收音功放与一对 KEF Cantour 书架式音箱，隔一阵子又买了一部二手的 Dual 自动换片唱机，也购买了第一张原版 LP 唱片。从此一发不可收拾，这跟后来对开始买画的朋友常说的一句话——"自此走上不归路"如出一辙。

当时一张 LP 要价约几十元，现在一张复刻版也要 200 多元，权衡所得与物价，现在还算便宜。如果买对唱片，在二手市场还会增值数倍。笔者没有投资概念，只顾广纳"天下名士"，当然有许多曲高和寡或冷僻乏津的唱片入库。在计算机时代，新一代的爱乐者更不可能垂青传统唱片，也只有以"学术研究"自我安慰。因此，笔者的 LP 唱片收藏从古典音乐到前卫音乐，从南管民谣到流行歌曲，可谓包罗万象、琳琅满目，当然，古典音乐仍占了 90% 以上，并且各种流派兼容并蓄、不致偏爱。

笔者的 LP 唱片收藏在 1982 年 CD 唱片问世后逐渐减少，有的也多是所谓复刻"发烧片"。笔者的 CD 唱片收藏起初并不像 LP 唱片那样狂热，因为当初 CD 唱机的重放能力与唱盘相比相去甚远，但是随着 CD 唱机与数模转换器技术的发展，笔者的 CD 唱片收藏也随之升温，即使到今天，数字流下载已蔚为潮流，笔者仍坚持实体 CD 唱片的收藏，几乎每周都会购买，尤其是许多名盘复刻套装，资料齐全又物美价廉，其中不乏以前未见的初识盘。目前笔者不沉迷于数字流或下载音乐，原因是认为其中仍有争议，而数字音乐的关键仍在于数模转换器与模拟输出，笔者宁愿以不变应万变，因为目前已有两部绝佳的 CD/SACD 播放机，以前没发觉的 CD 唱片内涵也随着播放机的进步令人耳目一新，现代音箱与功放也有令人惊艳的重放能力，录音绝佳的 CD 唱片与盘式录音带已难分轩轾。

在 LP 时代，有几件事值得一提。

（1）在古典音乐收藏中，Decca、DGG、Philips 及 EMI 占最大比例，但是捷克的 Supraphon、匈牙利的 Hungaroton、法国的 Harmonia Mundi 等出版的唱片，笔者几乎照单全收。

（2）除了许多大厂正规制作的唱片以杰出录音被列入 TAS（ *The Absolute Sound*）的"超级排行榜"外，一些为追求绝佳音效制作的"发烧片"更为发烧友增添无数乐趣。例如以数字录音标榜的 Telarc 与 Delos，以超级模拟引领的 Reference Recordings 与 Wilson Audio，以直刻唱片著称的 Crystal Clear 与 Sheffield Lab，

欲以重刻超越原刻的 Mobile Fidelity Sound Lab 和日本 King Records 的 Stereo Laboratory（立体声实验室）系列，Denon 以 PCM 数字录音、45 转 / 分刻片的 Sound Laboratory 系列，CBS/ SONY 以模拟录音 45 转 / 分刻片的 Dynasound 45 系列，都为重现原始录音尽了最大努力。之后，King Records Super Analogue、Chesky、Athena、Analogue Productions 以及近年非常用心的 Speakers Corner 与 Classic Records，在复刻经典 LP 唱片、造福音响迷和乐迷方面更是有口皆碑。

（3）在 20 世纪 60 年代末与 70 年代初昙花一现的"四声道"LP，可以大致分为 CD-4、SQ、QS 几个系统，其原理与当今 SACD 多轨音效异曲同工，理论上是为了增加现场四周反射声以增加临场感，问题是后声道该分配多少声音，每张唱片无统一标准，除非制式化，否则 SACD 多轨亦将面临同样的窘境，这也是有人力主 2C3D（2 Channel 3 Dimension，两音轨三维空间）的理由。

随着收集的唱片数量的增加，笔者的音响器材也多次升级，从 40 多年的听唱片与调音响的经验中，笔者悟出要聆赏完整的录音，音响系统必须具备完整的音域，也就是在寻常的高、中、低音外得有超高音与超低音。因此，最理想的音响系统是 2.2 系统（两声道加两只超低音音箱），至少得是 2.1 系统（两声道加一只超低音音箱）。当然，现代许多音箱的高音单元已具备超高音。在理论或实际中，聆听 SACD 若无超高音即无意义，但是 CD 唱片或 LP 唱片尚可瞒天过海。但超

低音则是无法打折扣的，音响玩家若无法在其系统展现适当的超低音，这个头衔就会戴得心虚。

超低音真有那么重要？只要您感受过超低音的魅力，您就会明白那是音乐重放不可或缺的一部分，尤其是现代音响讲究原音原形重现的基本精神，求取和谐与平衡更是其中的不二法门。宽频域、大动态、宽声场都必须达到和谐与平衡才能完美再现音乐。因此，频域如果缺少超低音，除了极少数室内乐，几乎无法完整再现音乐的神貌。

依据定义，所谓超低音或超低频即频率为 20 ～ 40Hz，甚至更低，笔者认为再现足够的 30Hz 以下较为理想，其先决条件有赖"人和"与"地利"。所谓"人和"是指音箱的设计与摆位，所谓"地利"是指听音室的大小合适，足以容纳超低音最长波长，即 340÷（2× 听音室最长边长）小于 30。曾经有一位使用 JBL 4350 巨型音箱的发烧友告诉笔者，他的系统能够再生 Virgil Fox in Crystal Clear Records 那张直刻唱片低达 16Hz 的管风琴声响，笔者问他房间最长边长是多少，他说 5m，笔者直言不可能，这是不可推翻的物理规律。另外有一位同样使用 JBL 4350 的玩家，在他约 66m² 的大音响室，外加一对 Hartley 24 英寸超低音音箱，有人觉得不可思议，其实这是"知音"，因为 JBL 4350 虽有双 15 英寸低音单元，但其本来是作为录音室监听之用，并未作超低音设计，移作家用，加上超低音自然合理。笔者也见识过使用 Altec A-5、A-7 剧院之声音箱并加上超低音音箱的朋友，这样的搭配是合理的。

起初，笔者使用 KEF Cantour，后来升级

模拟时代数字录音 LP

为 KEF 104AB，仍然对超低音毫无概念，实际上，当时体积相仿的 AR-3a 已能再现极佳的低音甚至一窥超低音。5 年之后，当笔者换购 Hartley Reference 巨无霸音箱后才初见超低音的奥秘。这对音箱具有超高音单元，也具有 24 英寸超低音单元，其再现管风琴、低音鼓、低音提琴、大编制管弦之声响，在当时的确足以惊天动地，挺能吓唬发烧友。

这又令笔者想起当时的一套梦幻音箱，也就是 Mark Levinson 组装的所谓 HQD，以 Hartley 24 英寸低音单元，搭配 Quad 静电 ESL 音箱充当中高音单元，再加上 Decca 的丝带高音（Ribbon tweeter）单元作为超高音单元。理论上，这个组合很完美，终究未能成功地蔚然成风，主要在于大家慢慢了解了时间与相位一致的重要性，也就是说，24 英寸低音单元虽够沉够足，却无法与中音单元保持一致，导致后来的巨型音箱的设计，宁

复刻版发烧爵士 LP

自然平衡的早期立体声 Westminster LP 唱片

可采用多个低音单元，但口径以不超出 12 英寸为原则。

当时笔者的 Hartley Reference 为了达到高低音平衡（Hartley 虽已具备超高音单元，但是超低音实在太强劲），还加装了一组著名的 Pyramid 丝带超高音单元（比 Decca 的更优异），随着对音响的认知与耳力的磨炼与提升，笔者发现这对 Hartley Reference 虽然号称 Reference，但是两只音箱的频率响应曲线差异极大，其重塑的声场声像无法令人满意，后来虽然以 Technics 专业均衡器调整两声道至频响曲线最接近完美，终因音染过重而淘汰。有趣的是，当时的发烧友极少只配置一对音箱，笔者也不例外，还有一套 Spendor LS 3/5A 搭配 Boston Acoustic 被动式超低音音箱，偶尔与 Hartley Reference 做切换比较，在 4m 外，两者的声音表现竟然往往令人迷惑难辨！这是第一次，笔者学习到再现低音不一定需要超大口径单元，

也成为日后大力推荐卫星音箱加上超低音音箱组合（2.1 系统）的基础。

笔者真正领悟超低音概念以及中低音分频衔接训练，是从 Infinity RS-1B 取代 Hartley Reference 开始，也逐渐了解分频之困难，更反对发烧友以不可能成功又劳民伤财的 4 路或 5 路分频方式去调校音响系统，直到现在，这个概念仍然没有改变。真的，玩家能玩好两路，即算"修成正果"。所谓两路，是不管主音箱有几路分频，将其整个原厂设计的音箱视为一路，另外将主动式或被动式超低音音箱视为一路。您要做的就是将这两路衔接得天衣无缝！

您必须反复尝试超低音音箱在听音空间的最佳摆位、分频点（高通、低通）的选择、低音音量与相位的调整，看似简单，实则很不容易，这时只有通过多种参考唱片聆听并反复斟酌，才能成功。我一向主张靠耳朵而非频谱仪

判断，这也是后来整理出"空手道调音（降龙十八掌）"的缘由。对初次购买音响即购买四件式音响的人来说，其调音之所以未能成功，主要原因即未经分频衔接训练，因为调音往往锚铢必较，只能靠自己，无法全依赖别人。这也是笔者一直主张以小音箱搭配超低音音箱进行分频衔接训练的原因，这是音响调音的第一步，至于能否修成正果甚至成为大师，则要看个人的才气与努力了。

笔者从 Infinity RS-1B 四件式音响系统中，除了学到中高音与低音柱的衔接概念，还学到许多其他经验，例如中高音使用的 EMIT、EMIM 中高音平面振膜式单元必须用电子管功放推，而低音柱要用晶体管功放推才能获得最佳效果，这一概念也沿用到后来使用的 Apogee 丝带音箱，甚至 Wilson Audio WATT 音箱搭配 ENTEC 超低音音箱的时期以及 Genesis、Nola 时期。

越精确的音箱越讲究声场、声像等音响客观条件，也讲究音箱的摆位调整，其实这

资料齐全、物美价廉的套装 CD

才是最经济的调音训练方式。由于本人不喜欢动用似是而非的道具，也不喜欢将听音室东补西贴搞得像叫花屋（虽自称丐帮，却属净衣派），仅依靠移动音箱来调整音响系统，不使用任何仪器与调音道具，因此，这一徒手摆位方法也让台泥辜董给予笔者"空手道"的戏称。在 CD 发明之前，大部分音响系统调音仍靠 LP 系统作音源，非常艰辛，因为唱头种类多，个性化也很强，频率响应曲线或多或少都有差异，不如 CD 系统统一、稳定，加上唱头的垂直角度、针压、超距等可能欠准，这可能令人白忙一场。因此，现在调音，笔者都建议以 CD 系统作为音源，可收到事半功倍的效果。

1987 年，笔者迁居，听音室位于挑高的地下室，有 70m² 左右的空间，让笔者又获得一项重要的音响调音概念。在这个空间里，频率响应达 20Hz ～ 20kHz 的全频音箱竟然不见超低频，低频中段（40 ～ 80Hz）也极薄弱。由于当时 RS-1B 音箱已被不用分频的 Apogee 旗舰音箱取代，在此空间里无论如何调整摆位都不见超低频踪影，只得宣告放弃，另觅音箱。

Wilson Audio 的 WATT 小音箱与 ENTEC SW-1 超低音音箱的到来终于解开谜团。ENTEC SW-1 无疑是关键，它是由著名录音师基思·O.约翰逊教授（Keith O.Johnson）与德米安·马丁（Demian Martin）共同设计的，每声道由 3 个 10 英寸单元组成，响应频率范围为 15 ～ 100Hz(±2dB)，最大声压级可达120dB(40Hz)，自带 250W 功放。笔者选择适当 ENTEC SW-1 分频器高通频率截止点与

低频音量，反复试验最佳位置，最后定位在 WATT 之前，横躺并用脚锥将音箱前缘撑起，终于找回失去的超低频！由于当时 WATT 尚未设计出 Puppy 音箱，因此低频中段仍有所欠缺（WATT Puppy 直到 2004 年的第 7 代才具备超低频）。但是 WATT 加上 ENTEC 所展现的极度开阔声场与精确声像定位，以后到来的音箱始终都无法企及。虽然之后 WATT 音箱被 Duntech Prince、Thiel CS5 置换，但 ENTEC SW-1 始终扮演不可或缺的角色。

这段经历，让笔者顿悟大多数音响空间存在着中高频与低频／超低频不成比例的现象，如果不用分频器让二者重新取得平衡，就无法呈现适当的低频和超低频。也正是因为这段经历，笔者开始"大力鼓吹"2.1 或 2.2 音响系统，除非您的听音空间得天独厚，高频、中频、低频够平衡，也够容纳超低频，加上音箱也具备足够的频宽，才能获得完整的音乐表达。

1995 年，Genesis II 四件式音响系统进驻同一听音空间，此后将近 10 年笔者未曾动过更换的念头，因为它的整体表现始终是"one of the Best and the Best buy"，即使进入超宽频带、超高动态的 SACD 时代，它依然绰绰有余。它可以静若处子、动若脱兔，也可以柔声细语、气壮山河。它的两个低音柱及分频器与四声道各 1000W/4Ω 的功放当然也扮演着重要角色。每一低音柱由 4 个 12 英寸金属凹盆单元组成，负责重放 16 ～ 100Hz 的声音。采用这种 2.2 音响系统的设计方案，大部分不平衡的空间，只要能够容纳它的吞吐量，都可以利用分频器与摆位调出它应有的气势。

虽然笔者一再强调超低音，但是，笔者要

聆听不同风格的唱片是调好音响的重要法门

特别呼吁，请勿将超低音调到大地震的程度。不论聆听古典音乐还是重金属音乐，这都是非常错误的。在音乐厅聆赏大型管弦乐演奏，不论低音鼓擂击、管风琴咆哮还是8把低音提琴齐奏，您绝对不会坐立难安、如临地震，您只会感受到鼓膜轻压与裤管微风，那才是正确的超低音概念。也就是说，低音与超低音还要讲究质与量，不但不可过量，质地更要清纯，也就是低频的Naunce（音调的细微差异）与Dynamic（动态）要清楚明白才属上乘。通常若能将低音/超低音调校成功，其中音与高音的调整自是水到渠成，以完整的全频域来聆听音乐必感愉快，游刃有余。发烧友理该如此，音响与唱片评论员更该如此。

2004年10月15日，Genesis Ⅱ不得不向Alon（后更名为Nola）Exotica Grand Reference Ⅱ称臣而宣告退位，整套系统也随着音箱更换而更迭。Nola与Genesis Ⅱ的最大差异在于Nola低音柱（40Hz以下）采用被动式设计（Genesis Ⅱ采用主动式设计，利用伺服回路驱动100Hz以下低频），因此，除了采用Audio Research Reference 2 MK2电子管前级、同厂VM 220电子管后级（推主音柱35Hz～40kHz），还加了一对Theta Enterprise晶体管功放推低音柱。LP唱机系统配置为VPI Scoutmaster、JMW唱臂、Miyabi 47（雅）动圈唱头与Aesthetix Rhea唱头放大器，CD机则是ARC CD-7。这一系统与之前的系统相比，从频率响应到动态表现，从声场和声像到超高音和超低音的一致性，从顺畅吐露的自然到纯粹绝对的音乐性都更胜一筹。

我不常换音响器材，这一系统一直到2012年才更换了其中的一部分设备。2010年秋天，笔者卖掉那栋住了 20 年的房子，搬回更早住过的旧舍，并在市郊觅得一处房价不高又有足够空间容纳 Nola 的住宅。于是，我幸运地拥有两个听音空间。我比许多发烧友更幸运的是，每次买房，内人第一个考量的就是是否有房间能当音响室？在 Nola 迁居新宅时，笔者换掉使用了 8 年的前级，改用 ARC 40 周年纪念版前级，同时 VM 220 上的电子管也用 KT 120 替换原配的 6550，CD 机则延用之前已换用的 Playback MPS-5，LP 系统则留在老房子里。

在老房子还另添置 Estelon（爱诗特浓）XA 音箱，Orpheus Privilege 前级、后级与 Ayre DX-5 全能型数字音源。从这一系统以及 ARC 40 周年版前级中，我赫然发现，当今的音响器材有着超越时代的精进，一向不迷恋老机名器的笔者坚信，器材的进步可以让发烧友更接近几十年不变的高保真理念。另外一项发现是，只有在音箱摆位精准之后，才能真正了解前端器材的本色。这是非常值得发烧友，特别是音响评论人思考的严肃课题。这是笔者在各种不同听音空间反复验证得出的结论。

回想 40 多年前开始玩音响时，几乎没有前辈强调音箱摆位是玩好音响的关键，大多只重视低频的丰满、中频的突出、高频的悦耳，并以此作为调音目标，因此许多朋友常常获得夸张的频响与音染过多的音色。这一聆听观念形成的调音习惯，在老一辈 LP 玩家或 DIY 玩家中蔚然成风，至今仍有许多追随者。

20 多年来，笔者致力于音箱精确摆位的探讨，尤其要求全频带（由超低音至超高音）的平滑重放，以声场、声像的准确再现为目标，认为唯有达此境界才能接近音源的原始场景（制作人与录音师意图营造的场景）。加上个人不喜欢使用各种道具，逐渐形成个人的所谓"空手道"调音方法（"降龙十八掌"），方便自己或帮朋友调音。为了推广这种调音方法，我整理出入门者在短时间内即可学会，一个人就可"校准"音箱（极重或附活动角锥的音箱则需要助手）的讲义。参加调音训练的学员，经过几个小时的实地演练，大多数都能够掌握正确的音箱摆位方法，更有许多学员能够改正过去根深蒂固、不正确的观念。这些掌握"空手道（降龙十八掌）"调音方法的朋友现在到音响店或音响展，已非昔日吴下阿蒙，与商家会有更理性的沟通。

在一次活动上，有位素昧平生的朋友告诉我，说他玩了几十年音响，直到最近依"降龙十八掌"炮制，终于柳暗花明，他认为以前都白玩了。

我常常跟学员说，"降龙十八掌"调音法并非我的发明，我只是整理出一套调音方便、可以复制的方法。

在"调校"音箱之前，发烧友还得有几点基本认知（这些认知早在 20 世纪 70 年代，AR 音箱发明者 Villchur 在其著作《再生音响》中即提出以音乐厅现场为本的高保真理念，Westminster 在早期立体声唱片中也提出"自然平衡"的概念）。

（1）听音空间的吸音与反射要适当。

（2）垫材要均音，切勿过度避振。

（3）音色评价容许主观，其余声音重放现象都应客观，包括声场、声像、频宽、动态、细节、解析度等。

（4）乐器之美应以真实乐器实际演奏作为参考，不可以自己心目中的"美"

作为准则。

（5）认知真正的低音。

（6）认知真正的立体声概念。

（7）声场与声像要呈现音乐厅的缩影，需见树又见林，以及整体声响自然平衡。

（8）请勿以音乐诠释喜恶、评判音响，反之亦然。

（9）音箱基本摆位正确之后，才可尝试线材更换或使用道具。

此外，要"校准"音箱，多听现场演奏、杂听各类唱片都是重要法门。当然，实地操作，挑战各种不同听音空间，也有助提高音箱摆位能力。

笔者沉浸音响数十寒暑，唱片与音响始终相互激荡、相辅相成，从入门到进阶，不时有所领悟，也常怀野人献曝之赤诚，因此，从主编音响与唱片杂志，到为其他音响与唱片杂志撰稿，以及近年来为唱片公司或音响展制作选集，始终坚持推广与分享之心，及至耄耋，不改其志；并且，玩物而不丧志，坚持"丐帮"精神（最高经济效益）。

聆听空间 1

音箱：MBL 101 X-Treme

前级功放：Orpheus Privilege Preamplifier

后级功放：Orpheus Privilege Power Amplifier Mono × 2

CD/SACD Player：Playback MPS-5

LP Player：VPI Classic ＋ VDH 蚱蜢 2 号唱头

唱头前级：Ayre 唱放

音箱线：7N 铜线

信号线：Siltech，Cello String

聆听空间 2

音箱：Nola Grand Exotica Reference Ⅱ

前级功放：Audio Research 40th Anniversary

后级功放：Audio Research VM 220 KT120 × 2（40Hz ～ 35kHz、主音箱）

后级功放：Theta Enterprise × 2（40Hz、Below 低音柱）

CD/SACD：Ayre DX-5

音箱线：Nola Black Orpheus

信号线：Cello String，Siltech

太极顺气　2012　蔡克信摄影

2

“降龙十八掌”空手道调音

"空手道调音"是台泥董事长辜成允兄多年前对我的调音方法的戏称，因为他发现我的调音过程主要靠"徒手""校"音箱，不使用任何道具。

40多年前开始玩音响时，前辈们似乎没有人强调音箱摆位是重塑音乐的关键，大多只重视中频的突出与低频的丰满，并将其作为调音的目标。这种听音观念导致的调音习惯，在老一辈LP玩家中尤其盛行，至今仍有许多追随者。在单声道录音与低音音箱不足的放音环境中，这一方法（笔者称其为场域派）或许还行得通（严格地说，仍然无法精确还原原始录音），但是在立体声录音上，即很容易露出破绽。

20多年来，笔者致力于音箱精确摆位的研究，尤其是要求全频带（由超低音至高音）的完整还原，认为唯有达此境界才能接近音源的原始场景（或许应说是录音师与制作人意图营造的场景，不见得是录音现场的完全复制），逐渐形成个人的空手道调音（"降龙十八掌"）方式。经过多年的教学与调音实践，空手道调音（"降龙十八掌"）不断成熟、精进，已经可以让入门者在短时间内掌握，一个人就可"校准"音箱（极重或附活动式角锥的音箱除外），并整理出讲义。多年来，在条件极差的音响展房（老外也束手无策）及数百处普通居家听音空间（除了一处因极度反射，要求先做好吸音再说）中，每一处听音条件均不相同，每一次都是新的考验，"降龙十八掌"调音方式都能获得立竿见影的效果。参加过调音班的每一位学员，也都能在短短的几小时内，练就初步正确的音箱摆位功夫，假以时日，相信这些种子就可逐渐发芽，遍地开花。

在正式开始阅读本书之前，为避免引起无谓的无端争议，笔者先作以下说明。

第一，音响可以是主观的，也可以是客观的。对笔者而言，我认为只有音色允许主观，音乐的重放等方面的评价都应该客观。若自认属于主观派，关起门来自得其乐，无人可以批评，那也无妨，这部分内容完全可以跳过不看。

第二，声音的客观条件，如声场、声像、频宽、动态、解析度等，发烧友应有共同认可的评价术语，而非以主观的形容词各自表述。

第三，"校准"音箱的经验可以复制，结果可以放之四海而皆准。

第四，乐器之美应以真实乐器演奏作为标准，不应以自己心目中的"美"作为准则。部分乐迷心目中的"好听"，有可能是失真与音染的复合体，而非高保真。

金龙调韵　2012　蔡克信摄影

第五，认知真正的低音。丰满的低音是每一位发烧友的追求，但很多情况下，明明是低频有限或空间问题，硬将音箱靠近后墙，殊不知，那只是虚胖，肯定影响到高音和中音，绝对无法获得具有实体感的声像。笔者一度称这种调音为声像派，近期已予修正，纯声像派只见于精确调音的单声道再生，这一类只能称为无像派。同样地，喜欢这么玩、这么听也是个人自由，别人无法干涉，只是笔者无法认同。

即使是精确的声像派呈现，并称之为高保真，也只能狭义地勉强认同，早期同一录音的单声道版本在个别声像上比立体声版本更佳是有的，那是录音技术的问题，因为即使是小提琴独奏，现场也绝对呈现三维空间立体声声场，因此真正的高保真一定得是立体声。我仍有些朋友是无像派，我也不会去勉强他们，虽然我爱朋友，但是我更爱真理。

下面，笔者将通过授课时的幻灯片逐一解说。

1

2

听觉是人类天生的最初和最终的本能。正是通过听觉，人们发现了音律之美；而对于美的追求，则驱使着人们对音律极致的追求和不断的开发。因此，音乐家创作不息，工程师研发不止，发烧友不断尝试与调音，所有这一切都是为了窥探音律声响的极致，以便体验交响乐的宏伟气势、爵士乐的舒适悠闲和摇滚乐的激情沸腾。正是这种对优美音律和高品质音质的不懈追求，使得音响爱好者乐此不疲，甚至含餐忘寝。

3

图3

虽然大家都会说"音响是手段，音乐是目的"，但是音响系统若未调校，我们凭什么拿音响当手段？您可能听到的是失真与扭曲的音乐。因此，调音是发烧友极重要的课题。基本上，我的调音方法就是"徒手"调校音箱，原则上不用道具，即使要更换线材，也一定是在音箱摆位确定之后。

图 4

许多较早的音响玩家的调音理念深深受到日本玩家影响。日本玩家所处空间通常较小，又喜好大型音箱，很难营造既有宽度又有纵深感的立体声声场，但是他们很重视个别乐器的实体质感，因此我就称其为声像派。至于只重视音域和音质而不重视声像的则为场域派。笔者比较认同欧美音响玩家或录音师的观念，如 Decca 唱片的 *Sonic Stage* 或 Delos 唱片的 *The Symphonic Sound Stage*，希望在居家听音环境营造音乐厅或录音室的场景，声场内有明晰的声像定位，所谓见树又见林，即为声场派（音响舞台派）。另外，关于声场，不论音箱大小，无论是书架音箱还是落地音箱，都是从音箱前缘向后扩展，原则上三维空间越大，声场越佳，甚至能超出音箱外侧，让人感觉不到音箱的存在最为理想。但是，号角音箱和必须靠墙摆放的音箱例外。它们的声场是从后墙往前，超越音箱前缘。

图 5

通常，面对一个音响系统，笔者对其呈现的音色从不置评，但是对其频域宽度及是否平滑则极为在乎，对声场之宽度与深度、声像实体与质感、层次与定位都要评估。在音箱精准摆放之后，您才会真正了解器材之本质、本色，尤其是顶极器材之间的极细微的差别。

图 6

笔者的听音空间一向不刻意以市售音响专用吸音材料与反射材料装饰，笔者虽然自称丐帮，但也不愿将听音室弄得太俗气。这可以从

4

我的调音理念
THE SYMPHONIC SOUND STAGE
声像派——见树为首要
声场派——见树又见林
Delos-John Eargle
The Symphonic Sound Stage

5

我的基本要求
1.声色不评论
2.频响要平顺
3.声场、声像、音质要讲究
4.器材本质本色得探讨

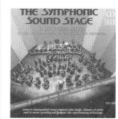

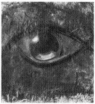

6

听音环境的基本要件

1. 正常家居布置：吸音、反射适当
2. 适度器材避振：均音

7

听音室比例概念

1. 黄金比例
2. 中音、高音与低音比例：全频域不一定全发出，借助分频器
3. 极低频预估：340/（2×最长边）≥30Hz
4. 全频域vs.有限频域

杂志刊载的我的几处听音空间照片看出。我喜欢寻常家居布置，利用家具、地板、壁布、壁纸、书柜、唱片柜与画作等，调整得到适当的吸声与反射比例。最简单的测试就是以击掌的声响是否清晰自然作参考。其次，器材的避振适度、自然就好，切勿过度避振，要有均音的概念，不要刻意凸显某个频段。此外，后墙要硬，若有音响柜，其内应放满书籍或唱片，不可空置，以免低音衰减。天花板上的装饰也尽量不超过30cm，避免低音吸失。这几点是空手道音箱摆位的基本前提。

图7

并非每个发烧友都有专属听音室，但是即使是按照黄金比例打造的密闭听音室，也不保证能有完美的音质，因为装饰材料仍是极大变量，其实只要不是正方形的立体空间，都可"校"出音箱在该空间的最佳摆位。依照过去的经验，在绝大多数客厅或起居室、各种不规则空间中，以"降龙十八掌"的方法都可将音箱摆放到适当位置。有一个现象发烧友或许不知道，全频音箱（20Hz～20kHz）不保证在任何空间都能全频呈现，因为有未知因素，使该空间的中音、高音与低音量感以非线性比例呈现，特别是低音与超低音，若是遇此状况，要获得平滑的频响曲线，只有借助分频器或另加超低音音箱。另外，若以声速340(m/s)除以两倍空间最长边长（单位为m）仍大于等于30，不用期待有低于30Hz的超低音，也不用花大钱买全频音箱或添加超低音音箱。因此，若是只能采用有限频域音箱也不用气馁，只要在该空间将音箱摆放正确，仍能聆听相当满意的音乐。

图 8

笔者设计"降龙十八掌"的目的是希望一个人就可以完成音箱摆位。我的 Nola Exotica Grand Reference 四件式音箱重达几百公斤，Estelon XA 系统都是我一人调校。前提是我所选的 18 段音乐信号，通过您的系统播放，您能够准确判断问题所在，才能进行音箱的移动，至于何谓正确，如何动作，后面再说。位置调整原则上从低音开始，完成低音调整，中高音往往水到渠成。

8

"降龙十八掌"设计目的

1. 徒手"校"音箱
2. 前提：能判断问题所在
3. 反复检验微调
4. 低音最难，搞定低音，中高音水到渠成

图 9

在"降龙十八掌"的曲目中，有 12 首可提供低音调整的参考。由于一般乐曲编制中低音大部分在右侧音箱，在此特别选择低音乐器，尤其是方便辨别的大提琴或低音提琴在左侧音箱的录音，方便左侧声场的校准与参考。

9

降龙十八掌

01. L-R
02. Phase
03. Polarity
04. Violin
05. Cello
06. Double Bass
07. Cello & Guitar
08. Cello & Bass
09. 4 DBs

10. Bass & Guitar
11. Piano, Bass & Drums
12. Drums & Bass
13. Male Vocals
14. Flamenco
15. Soprano & Organ
16. String orchestra
17. Orchestra (sound staging)
18. Percussion Quartet

图 10

频带有多种划分方式，这是最常见也最方便记忆与训练的一种。大致了解人声与乐器的频段划分有助于判断频响不平滑的区域，对摆位之斟酌亦有帮助。

超低频：低音提琴、管风琴、大号、倍低音管、钢琴可达。

低频：除超低频可达乐器外，大鼓、大提琴、低音管、低音长号、低音竖笛、圆号可达。

中低频：除低频可达乐器外，定音鼓与男低音可达。

中频：几乎涵盖所有乐器与人声。请特别注意，女高音与小提琴大半频带落在中频。

中高频：小提琴中高频域的 1/4，中提琴基音上限，长笛、竖笛、双簧管高频域，短笛低

10

频带

01.	超低频	20~40Hz
02.	低频	40~80Hz
03.	中低频	80~160Hz
04.	中频	160~1280Hz
05.	中高频	1280~2560Hz
06.	高频	2560~5120Hz
07.	超高频	5120~20000Hz

频域，钹，三角铁。

高　频：小提琴最高频域，短笛最高频域，钢琴高音键，中频乐器泛音。

超高频：乐器泛音，高音延伸质感，音色、细节的关键。

11

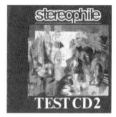

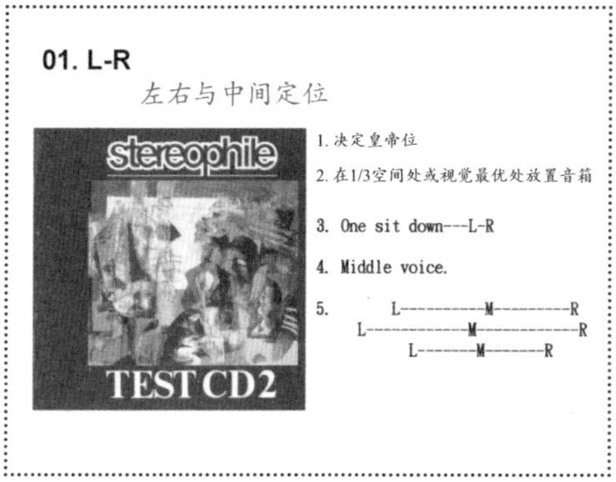
01. L-R
左右与中间定位
stereophile
TEST CD2
1. 决定皇帝位
2. 在1/3空间处或视觉最优处放置音箱
3. One sit down---L-R
4. Middle voice.
5.
L----------M----------R
L-------------M-------------R
L-------M-------R

图 11

校准音箱的第一步是选择听音的皇帝位。作为训练，您不妨将音箱摆位从背靠墙开始（许多人喜欢如此摆位，似乎可以获得丰满的低音，其实是“虚胖”）。若要快速，则可从 1/3 空间处或视觉最优处开始。原则上，音箱间距不超过 3.5m。首先，音箱不转角度，正面朝前，所谓内投（toe-in）或外投（toe-out）留到最后微调使用。第 1 招（第 1 曲）：先检查音箱左右接线是否正确，看似理所当然，接反线却是在音响展或音响店常见的事情。这第 1 招（选自 *Sterophile Test* CD2），让您检查人声是否来自左右音箱之间正中处、声场较深处。假设中位偏左，您可将左音箱往左移，或右音箱往右移，或右音箱往前移，反之亦然。至于要采取何种移法，可以以人声大小作参考。若太紧则拉开音箱，若太松则缩小音箱间距。请记住，调整好中间定位之后，才可进行下一步骤，暂时不考虑频响曲线平滑与否。

12

02. 相位
正相与反相检测
1. 反相
2. 正相
stereophile
TEST CD2

图 12

第 2 招（第 2 曲）同样取自 *Stereophile Test* CD2，进行正相与反相检测。先是反相示范，您听到的是悬在半空中无法厘清的声像，即人声或低音吉他声没有明确的轮廓。正相示范则可听到声场正中轮廓明确的人声或低音吉他声像。若非如此，应是有一只音箱正负极接反。

当然也有可能是功放输出端接反。无论如何，以耳听为凭。正相呈现极为重要，否则后续的调音毫无意义。

图 13

第 3 招（第 3 曲）对一般发烧友不太重要，要求完美调音者却不可忽略。这一曲取自 Chesky 的测试唱片。绝对（正常）极性时，您应当听出在声场正中小号的独奏以非常凝聚的形体呈现。反转极性时，小号独奏以稍宽的形体表现。这与反相完全没有形体不同，反复比较就能了解。若音箱在正常极性出现反转声形，请检查电源插头正负是否插反。在目前电源线大多采用 3 插头的情形下，极性反转发生的概率大大降低。

图 14

接下来的 3 招都是取自梅纽因解说的 CD《管弦乐团的乐器》。这张唱片在 LP 时代就有英语、法语、德语版。所有示范乐段都来自著名指挥家与乐团的录音，是认识乐器音色与表现的绝佳参考。对于不了解何谓频响曲线平滑的朋友，我常建议利用耳机（平价耳机即可）聆听这张 CD 内各种乐器的演奏进行学习，因为它的每一节、每一段音乐旋律都是均衡的。

在第 4 招（第 4 曲），您可以在听到声场正中梅纽因的解说，这也可作为移动音箱后随时检测正中声像是否偏离的参考。另外，声场左中有各种小提琴技法的示范，也可作为中音与高音延伸的绝佳参考。不过，通常我会把这招放在低音调准之后微调使用，特别是用 toe-in 或 toe-out 调整中高音或声像的结像度。

13

03.极性
　　绝对极性与电源正负
　1. 正常
　2. 反转

14

04.小提琴　　14
　　中间定位与中高频检测

15

05. Cello
中间定位与右侧低音检测

16

06. Double Bass
中间定位与右侧低音检测

17

07. Cello & Guitar
左侧中低音检测与右侧中高音检测

图 15

　　第 5 招（第 5 曲），大提琴。除了提供人声正中定位参考外，右侧音箱中大提琴先拉出 4 个音符，然后才是独奏大提琴的下行与上行旋律，这可作为检测右侧音箱低音是否平滑的参考。如果低音太多，就将音箱离开后墙往前平移，直到低音适量。反之亦然。原则上，两侧音箱同步移动，到最后微调时可只动一侧。由于各个音响空间大小、比例不一，调音完成后，两侧音箱呈现视觉上的不对称是很正常的。

图 16

　　第 6 招（第 6 曲）是低音提琴。同样作为中间定位以及右侧音箱低音调整参考，也是先播放大提琴再出现低音提琴的旋律，调整原则同第 5 招。

图 17

　　选自《大提琴与吉他二重奏》CD 第 13 轨（Dotzauer 的 *Potpourri* Op. 21）的第 7 招（第 7 曲），是非常好用的一招。您只要听第一乐章稍慢板，声场左中为大提琴，声场右中是吉他。大提琴从高把位到低把位的拉弓，可提供中频至低频的扫频，也是检测左侧音箱中低音平滑与否的指针。如果大提琴的形体过肥而不凝聚，表示低音过多，音箱要离开后墙往前移，反之亦然。提醒您，移动音箱时应以厘米为单位，并在地板上用胶带作记号，作为移动时过犹不及的参考。反复移动直到频响曲线平滑，实体明确。新手使用此招，起初只专注大提琴部分即可，等到心有余力时，可同时兼听声场右中的吉他。当调音正确时，吉他形体明确，拨弦的基音与泛音结构也会自然明晰。

图 18

第 8 招（第 8 曲）取自《与低音提琴对话》第 1 轨，著名的罗西尼《大提琴与低音提琴二重奏》第一乐章。声场左中是大提琴，右中是低音提琴，作为检测左右音箱低音平滑与否的参考。请注意大提琴拉弓的形体与低音提琴拨奏的量感，同样看低音是否太多或太少，并决定音箱是远离后墙还是靠近后墙。低音提琴尾段的拉弓擦弦若不清晰，同样是低音过多的表现。如果左右音箱大致平衡，但是形体稍大，则可将音箱后缘往外作 toe-out，这样可稍稍减弱低音并使声像较为凝聚。

18

08. Cello & Bass

左右音箱低音检测

图 19

意大利 The Bass Gang 低音提琴四重奏技艺高超，录音更是发烧至极。在其专辑 *La Contrabassata* 第 8 首、改编自古诺的《木偶的葬礼进行曲》（*Funeral march of a Marionette*）中，4 把低音提琴分布在声场左前、左中、右中、右前。如果您在调音精准的音箱四周行走，会听到非常清晰又平滑的低音提琴与纤毫毕露的弓弦际会。因此，这第 9 招（第 9 曲）通常用于调音完成后评估或细微精调。

19

09. 4DBs

声场四处低音检测

图 20

第 10 招（第 10 曲）选自两位爵士大师的二重唱。低音提琴手 Ray Brown 在声场左中拉奏 Monk 著名的 *Round About Midnight* 旋律，吉

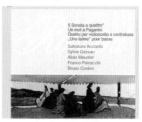

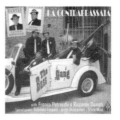

20

10. Bass & Guitar
左侧音箱低音、超低音与右侧中高音检测

21

11. Piano, Bass & Drum
左侧低音提琴、中间钢琴、右侧鼓组

22

12. Drums & Bass
横跨声场后排鼓组与左中低音提琴

他手 Laurindo Almeida 在声场右中拨弹贝多芬的《月光奏鸣曲》主题，爵士与古典，如慕如泣，温馨对语，却也是绝佳的调音参考乐段。请注意低音提琴在前半乐段的高把位线条，以及后半乐段的低把位潜沉、扎实与量感，都可作为左侧音箱离墙过近还是过远的参考。另外，音乐最开始的吉他独奏，也要呈现真实感、清晰的音符，以及平滑的泛音结构。当然，对低频有限或无超低音的音箱，您只要调出左侧平滑下沉的低音提琴即可，切勿将膨胀的假低音误认为是超低音。

图 21

20 世纪 70 年代，日本著名音响评论家菅野冲彦为 Audio Lab Record 制作了一系列爵士唱片，后来也有 CD 复刻版。2000 年由 Octavia 唱片进行母带重制并以 SACD 发行，音质明显胜过 CD。第 11 招与即采自其中。第 11 招 *St.Thomas*（*Side by Side* 第 7 首）是由左侧低音提琴、中间钢琴、右侧鼓组（打击乐）组成的三重奏。调音仍以左侧的低音提琴为指针，同样以低音提琴的音域（40～200Hz）加泛音是否平滑、形体是否凝聚并且不紧不松决定音箱与墙的距离。中间的钢琴作为施坦威的音色与质感参考，右侧的鼓组（打击乐）用作瞬态响应与高频延伸的评估参考。

图 22

第 12 招选自 *The Dialogue* 第 1 首（鼓组与低音提琴），用于调音或评估都非常实用。虽然是二重奏，但采用近距离话筒拾音，可谓巨细靡遗，鼓组在声场后排横跨左右，低音提琴在其前左中位置，二者呈现的形体虽大却是相对正常的比例。鼓组中的大鼓虽非巨大，量感与下沉感是中低音域的参考，小鼓的鼓皮振动应非常清透，敲钹的瞬态响应要极利落，高频动态要够又要飘逸。刷钹更是低音量解析的考验。低音提琴的拨奏可作为低音调校参考，其高把位的急拨弦振是否音阶清晰又有余韵，都是精细调音的绝佳指引。

图 23

人声低音炮赵鹏的《船歌》，从序奏的叮当声与流水声即可判断高频的延伸与解析。接着是声场正中的大鼓，虽非巨大，却是低音是否丰满的指针。人声除了提供中间定位参考，其唇齿声也是中高频是否过度强调或凸出的参考。

第 13 招到第 18 招通常用于细微调音或评估系统，初学者并不建议由此开始。

图 24

1964 年英国迪卡唱片为营造更明确的三维空间录音，创造了一系列所谓 Phase 4 Stereo 录音，这张由 Paco Pena 领导的弗拉门戈乐团专辑是经典之作。在调音精准的音箱中，第 14 招从左右音箱往后展开一个方形木地板舞台，一般录音大多从音箱后缘开启声场，这一录音则是从前缘开启声场。您可以发现左音箱前缘处有坐着的歌者，最后排有吉他手。四周有吆喝拍手的群众，声场中有动态舞者，栩栩如生，来自四周的反射声更增加了空间感。最重要的是，从舞鞋踏跳木板或舞者跑跳，来自地板的反馈即可判断音箱低频的下潜程度。要完

25

15. Female vocal and Organ
中高频与超低频、解析力评估

26

16. String Orchestra
质感、解析力、瞬态响应与整体平衡检测

27

17. Orchestra (sound staging)
声场层次与声像比例

美展现一定得要有超低频，30Hz 是最低要求。

图 25

　　挪威 KKV 唱片演录俱佳，即使听不懂歌词内容，也无碍美的感受，这也是对音响的严苛考验。第 15 招选自《守护天使》，女高音与管风琴合奏曲专辑第 4 首 *Som dend Gyldne Sool frembryder*。1689 年的民歌经重新改编，在教堂进行录音，回音稍长却完全不影响音符的清晰度。女高音居声场正中稍偏左，但未及左中，体形如真人在教堂的比例大小，她清越又具穿透力的歌声极具感染力。伴奏的管风琴可以用"上穷碧落下黄泉"形容，曲式复杂又幻变、不协和却有序，既引人入胜又考验音响系统的动态与解析力。

图 26

　　第 16 招是选自 *Kreisler String Orchestra* 专辑中布里顿的 *Simple Symphony* 第一乐章，丰富的超低音与直接、透明的录音，为您提供检视系统的质感、解析力、瞬态响应、频响与整体平衡的参考。

图 27

　　已故录音大师 John Eargle 是声场派录音的实践与教育者。他在 Delos 唱片中留下许多经典作品，也有心选出其中的片段组成专辑，并逐曲解说、导聆。*Symphonic Sound Stage* 与这张 *Engineer's Choice* 都值得发烧友按图索骥。第 17 招即选自其中第 7 首格里格的"钢琴协奏曲慢板乐章"。由于著名指挥 Gerard Schwarz 与西雅图交响乐团的排列不同寻常，所以在声场前排左右分列第一与第二小提琴组，前排左中是大提琴组，右中是中提琴组。第一小提琴组后方最左则是低音提琴组，大提琴组后排是木管组。声场最后排从左至右为圆号、打击乐组、小号、长号、大号。了解相对透视位置有助于评估您调音的精准度。在这一曲起始，您应当听到两侧小提琴组弱声的绵密合奏，中低音弦乐群逐渐加入，营造出丝绸般的弦韵，然后圆号进入和弦。请注意主奏的钢琴的形体比例，如同音乐会现场，但是琴韵的回响仍萦绕在舞台侧墙。这一逼真的音效考验的是录音师的技艺。在这一录音中，Eargle 特别在离钢琴 2 英尺（约 60cm）处摆放一对心形话筒，并以较低电平拾音。

图 28

《被丢弃的宝贝》这张专辑是宋文胜的经典作品。第 18 招就选自其中的《为打击乐四重奏的三首小诗》（金希文作曲）的第 3 首《摆动你的手臂》。您应当明确"看"到在声场深处，4 位打击乐手连成一气，声像定位、瞬态响应、动态及超低频等都令人叹为观止。

28

18. Percussion Quartet
声像定位、瞬态响应与动态检测

29

调音基本原则总结

1. 先确定听音皇帝位再找正中声像定位。
2. 音箱间距原则上不超过3.5米。
3. 音箱先正向摆位，将 toe - in、toe - out 留后微调。
4. 音箱离开后墙可减少低音，反之加强。

30

调音基本原则总结

5. 两只音箱间距减少会加重低音、凸显声像聚焦。
6. 寻找音箱在该空间音域最平滑、声像最清晰、泛音结构最完整的摆位。
7. 最常使用招式：5、7、8、10、12。
8. 了解所谓"平"（频响曲线平滑）的概念，耳听为凭，非靠频谱仪器检测。

蔡克信　画

3

"伏虎十五拳" 超低音功法

以小音箱搭配超低音音箱作为发烧友入门的调音训练方式，是我多年来的一贯主张。

自教授"降龙十八掌"空手道音箱摆位方法开始，应学员要求，我继续研发超低音音箱摆位衔接法，于是有了"伏虎十五拳"的诞生，"降龙十八掌"与"伏虎十五拳"都是供调音参考的乐段。

在进行实际演练之前，对超低音必须有基本认识与了解。

（1）超低音音箱的英文是 Subwoofer，具有"副"低音或"在低音之下"之意，频率为 20 ～ 40Hz。超低音音箱的频率覆盖范围：20 ～ 200Hz（大众消费型产品）、低于100Hz（专业型）及低于 80Hz（THX 认证）。

（2）为达到全频带重放，超低音音箱用来补足两声道全频音箱低频量感的不足，或无法达到的低频与超低频；或因听音空间高、低音分配比例不当，必须用超低音音箱重新分配 / 弥补。

（3）按箱体设计区分，超低音可分为密闭式（Sealed System）、低音反射式（Bass Reflex）、带通式（Bandpass System）、传输线式（Transmission Line System）、障板式（Baffle）、号角式（Horn）等不同类型。

如果以发声方向区分，有朝正面发声、朝后面发声、朝地板发声、朝上面发声以及朝左右两面发声等数种。如果以单体动作方式区分，有两个单体组成的推挽式、两个或三个单体组成的同相发声式、一个单体和一个被动辐射器组成的同相发声式等。选择时的主要考量为效率、频率、体积、价格。

超低音音箱还可分为主动式超低音音箱与被动式超低音音箱。被动式超低音音箱需外接分频器与功放，主动式超低音音箱则内置分频器、音量调整旋钮、相位调整旋钮与功放。

（4）20 世纪 60 年代，家用立体声音响

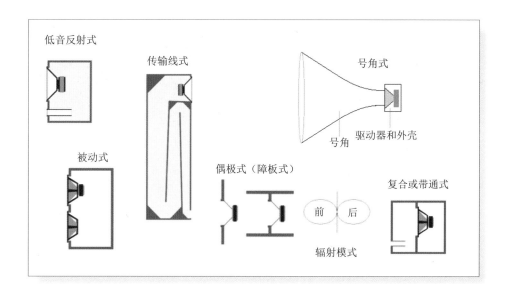

首次有外接超低音音箱出现，一直到 20 世纪 70 年代《大地震》(Earthquake) 电影中引入 Sensurround(一种电影低音增强技术)，超低音音箱才逐渐流行。盒式磁带与 CD 的发明，使超低音的再生变得容易，尤其比 LP 唱针循轨容易，超低音音箱渐趋普及。

（5）20 世纪 90 年代，DVD 录制大量使用环绕声（Surround Sound）效果，包括低频音效（Low-Frequency Effects，LFE），家庭剧院（Home Theater）系统即可感受超低音。同时，超低音音箱在家用立体声音响中也逐渐变得普遍；定制汽车音响、公共音响（PA）中也有人配置。后来，在酒吧或音乐表演中，超低音作为音效强化系统（Sound Reinforcement Systems）已是常态。

（6）最早用于家用与录音棚的专用超低音音箱是 Servo Statik 1，由 New Technology Enterprises 制作。原型机在 1966 年由物理学家 Arnold Nudell 与飞行员 Cary Christie 在 Nudell 的车库设计完成。他们在 18 英寸的 Cerwin Vega 单元上再绕一个线圈，为放大器提供伺服控制信号。当时售价 1795 美元，比市场上 40% 的音箱都贵。1968 年，两人成立 Infinity 公司，它的第一款超低音音箱叫 SS-1，Stereophile 与 Hi-Fidelity 杂志都给予正面评价。

（7）20 世纪 60 年代末，Ken Kreisel(Miller & Kreisel 音响公司前总裁) 在洛杉矶设计出杰出的超低音音箱。Kreisel 的商业伙伴 Jonas Miller 原是洛杉矶一家音响店老板，他告诉 Kreisel 许多买静电音箱（Electrostatic Speakers）的客户抱怨低音欠缺，于是 Kreisel 特别为其设计带功放的低音音箱，与静电音箱配合使用。之后，Infinity 的全频静电音箱也发展出搭配的超低音音箱。

闲云野鹤　蔡克信作

（8）1973年，第一个在录音过程中使用超低音的是 Steely Dan，其专辑 *Pretzel Logic* 由录音师 Roger Nichols 安排 Kreisel 带他的超低音音箱原型机到 Village Recorders 录音棚录制。

（9）1974 年电影《大地震》（*Earthquake*）中引入 Sensurround 造成超低音音箱的流行，其能量频率集中在 7～120Hz，声压可达 110～120dB。随后，1976 年的电影《中途岛之战》（*Midway*）和 1977 年的电影《摩天轮大血案》（*Rollercoaster*）也因 Sensurround 极其震撼。

（10）33⅓ 转／分与 45 转／分 LP 唱片因唱针循轨能力的限制，重放强劲低频的能力有所限制。有些人使用盘式录音座（reel-to-reel，开盘机），它能重放精确、自然的低音（Acoustic

Aources），也能播放出非自然的合成低音（Synthetic Bass）。

由于 CD 的普及，录音得以加入更多的低频信息，满足更多消费者需求，也加速了家用超低音音箱的普及。这有助于管风琴 32 英寸 bass pipes（16Hz，低音管）、极大编制管弦乐团的低音大鼓（bass drums）、低音电吉他（bass guitar）电子音乐的合成低频，以及 bass tests 或 bass songs 等超低频的再生。

（11）超低音音箱必备的输出与输入端子：以主动式超低音音箱为例，必备的输出与输入端子包括低电平输出端、输入端，分频点调整（high cut，low cut）、音量调整、相位调整或相位切换等。所谓高通就是滤除分频点以下频段，让分频点以上频段通过。而所谓低通就是滤除分频点以上频段，让分频点以下频

段通过。

（12）关于相位调整或相位切换：加装超低音音箱一定会涉及与主音箱的相位是否一致的问题。

所谓相位调整就是 0°～270°（甚至 360°）的连续或分段调整，而相位切换仅是 0°或 180°两种相位切换而已。简单地说，相位调整就是当超低音音箱所发出的低音与主音箱所发出的低音相混合时，如果二者相位一致或接近，则总低音量感是二者相加之和；反之，如果二者相位相反或接近相反，总低音量感就会是二者相减。理论上，当超低音音箱与主音箱放在同一条横线上时，其低音相位应该最为一致。问题是，为求得最低沉的超低音，必须将音箱放在角落或侧面，此时超低音音箱所发出的声音相位与其他音箱就会不同，因此超低音音箱最好备有相位调整装置。

连续可调式，允许听者改变超低音声波相对于主音箱的相同频域（即在与超低音衔接的分频点附近）的抵达时间，类似于延时效果，相当于反相程度的开关。

但是，改变超低音音箱的相位对减少无用的空间干扰可能有帮助，也可能没有帮助。它对整个频带可能无助，甚至也可能产生对频率响应的困扰。

要调整超低音的相位，在必要时移动音箱也是一种方法。无论如何，确定相位是否正确仍应用耳朵判断，选择低频量感最丰富、最清楚的挡位即可。

（13）低频有没有方向性？在电影院中，10Hz的超低频是没有方向性的，因为电影院中就是以这么低的频率加上超大功率来制造地震的逼真效果的。在一般听音空间中，原则上40Hz以下的低频没有方向性，但是因为一般空间不够长（宽），难免会产生40Hz的二次谐波、三次谐波等，所以我们所听到的声波并不是单一的40Hz，而是混合着80Hz、120Hz甚至160Hz等频率，此时的低频即有方向性，但这些谐波并非超低音。

（14）想要重放20Hz频率，室内最长的距离至少要有8.5m，340/[最长边（8.5m）×2]=20。我认为能重放30Hz的基音，足够重放任何音乐录音。

（15）由于超低音音箱重放的大多是在20～125Hz的频率，最常出现的频段则在40～80Hz，对于音质、音色的要求并不苛刻。重要的是，超低音音箱的瞬时反应能与主音箱一致，搭配效果较佳。此外，超低音音箱会因声压产生失真。例如The Abyss Subwoofer，能再生低至18Hz[大型管风琴32英尺（约9.8m）低音管]、上至120Hz(±3dB)的频域，但是在最大音压会有10%失真，例如在大空间声压级达到79.8dB时，2m处仅能达35.5Hz。因此，选择超低音音箱必须考虑

如来如去 蔡克信作

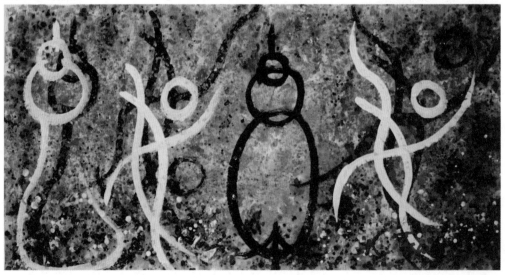

其最低频率指标。

（16）实际操作。

1）接好超低音音箱的信号线。

2）利用"伏虎十五拳"曲目选择：

    a. 分频点　　b. 音量　　c. 相位

（17）调整原则。

1）将超低音音箱先放在与两主音箱同平面的正中、后墙或其他方便的位置。

2）先以"降龙十八掌"调整主音箱至满意。

3）先依主音箱频率低限设置超低音音箱的分频点。

4）相位先设 0°（正中）/–180°（后墙）。

5）以参考乐段先定最大超低音音量（大致即可）。

6）以参考乐段检查分频点衔接是否顺畅，是否须改变分频点。

    a. 以第 9 拳检查独奏低音提琴高低把位声像是否居中、频响是否平顺。

    b. 以第 6 拳仔细检查低音的衔接与音量，拨、敲、拉！

7）必要时移动超低音音箱。

a. 若低音提琴低音部分形体偏左，将超低音音箱右移至低音居中。

b. 若超低音音量已调至最低仍然嫌多，可将超低音音箱前移。

c. 反之同理。

（18）"伏虎十五"拳曲目。

1）《响木 II》

2）《天瀑》

3）《花木兰》

4）《鼓诗》

5）*Georges*

6）*Repose En Paix*

7）*Come Rain or Come Shine*

8）*Rossini : Allegro*

9）*Waltz no.4*

10）*Percussion Ensemble-Deep Bass*

11）*Soundfield Microphone*

12）*Circle Percussion*

13）*St. Martinus Church*

14）《鬼太鼓杂子》

15）《富岳百景》

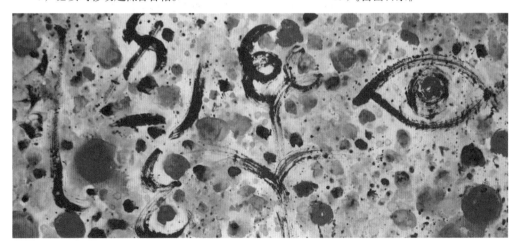

1）《响木 II》 9: 55

5）*Georges* 4: 44

2）《天瀑》 7: 36

6）*Repose En Paix* 6: 49

3）《花木兰》 4: 43

7）*Come Rain or Come Shine* 6: 16

4）《鼓诗》10: 07

8）*Rossini: Allegro* 5:51

9）*Waltz no.4*　1:44

12）*Circle percussion*　1:25
13）*St. Martinus Church*　0:29

10）*Percussion Ensemble–Deep Bass*　3:14

14）《鬼太鼓杂子》　4:21
15）《富岳百景》　6:16

11）*Soundfield Microphone*　3:41

（19）实用音轨——9、6。

1）低音量参考——1、3、4、12。

2）分频与相位——5、6、8、9。

3）综合检测——2、7、10、11、13、14、15。

（20）结论："降龙十八掌"与"伏虎十五拳"是不过多依靠理论，也不靠道具，只需用徒手适当摆放主音箱与超低音音箱的简易调音方法。

双鱼无亮慈　8F　1999　蔡克信画

4

留声创世纪

现在，发烧友对唱片录音百般挑剔，可是，有多少人知道在 100 多年前唱片刚发明时为了"留声""重放"，发明家、录音师、音乐家是如何艰辛奋斗、呕心沥血的？因此，在高保真习以为常的当下，缅怀留声创世纪，听听前辈筚路蓝缕的历程，相信大家会更加珍惜人类留声史上的文化结晶。

从爱迪生开始的留声历史

提到"留声"，必得先提大发明家爱迪生（1847—1931），在他的 1000 多项专利中，影响后世"留声"的是编号 No.200521——1878 年 2 月 19 日获得专利的"留声机"（Phonograph），一种源自 1857 年春的里昂·斯科特（Leon Scott）开创的"记音器"

（Phonautograph）灵感所发明的录放音机。爱迪生的原始构想只是将它作为"留言"机，因此能够录放 2 分钟长度即足够寻常之需，最早采用"纸带"记录，后来才用锡箔圆筒。爱迪生的"留声机"原理从下页图可知：A 部分也叫 Phonograph（相当于刻片头），由口吹 / 振动膜 / 刻针组成，人或乐器发出的声音通过口吹，带动刻针在滚动的"留声片"（Phonogram）上留下凹痕。B 部分即 10cm 直径的铜质圆筒，其中轴连至可操作滚动的把手 C，圆筒上包裹一层锡箔，接受刻针录音，此锡箔即为"留声片"（相当于唱片或直刻母盘），D 部分为"发音器"（Phonet，相当于唱臂、唱针），由一金属针与振动膜组成，即以针点循轨"留声片"上的凹痕，

贝林纳留声机公司的商标

再将振动传至振动膜发声。

爱迪生的"留声机"上市后，衍生出多种用途，例如有声书信、口述记录、演讲训练、遗嘱记录、说唱娃娃、伟人留言等，当然最重要的就是录制音乐。史上第一次音乐录音发生在 1878 年年中，由朱尔斯·利维（Jules Levy）吹奏《扬基歌》为 Phonograph 做公开示范。1888 年，12 岁小钢琴家约瑟夫·霍夫曼（Josef Hofmann）访问爱迪生实验室，录下两分钟长的曲目；同年 6 月，在英国伦敦水晶宫，古罗德（Gouraud）也用 Phonograph 录下在亨德尔音乐节中演出的《以色列人在埃及》部分乐段，这也是世界上第一次现场录音。1889 年，爱迪生的德国代理商拜访勃拉姆斯（Brahms），录下了一首《匈牙利舞曲》。同样在 1889 年，在纽约大都会歌剧院，爱迪生设置了两部留声机，录下了由彪罗指挥演奏的瓦格纳《纽伦堡的名歌手》前奏曲、海顿《降 B 大调交响曲》及贝多芬的《英雄交响曲》，可惜这些录音未被发行，圆筒也被遗失。

爱迪生的"留声机"随即受到来自贝尔（Bell）与泰恩特（Tainter）团队的挑战，他们以蜡筒取代锡箔，以弹性缩刻针取代固定刻针，他们的机器命名为 Graphophone（划音机），二者录音方式最大不同在于刻片方式，Phonograph 采用浮雕方式，而 Graphophone 采"深刻式"。二者孰优在当时多有争议，虽然爱迪生也推出"改进版的留声机"，但是不久之后也改用蜡筒。蜡筒的另一个优点是可将录好不用的部分刮掉，因此 6mm 厚的蜡筒可以多次使用，但是蜡筒毕竟极为脆弱，容易发霉腐败。1900 年芝加哥兰伯特公司（Lambert）

爱迪生留声机示意图

公司以粉红赛璐珞（Pink Celluloid）、爱迪生以金模（Golden Moulded）改进蜡筒，1902 年 Graphophone 的首张平面碟形唱片问世时，哥伦比亚（Columbia）唱片公司（1888 年原本为爱迪生的 Phonograph 与贝尔的 Graphophone 哥伦比亚地区代理商）同时发行圆筒与盘片版本，1903 年更只以圆盘唱片出版"大歌剧"（Grand Opera）系列唱片，这已然预告圆筒留声机即将步入历史。

1906 年，出现另一次技术突破

1903 年以前，由于录音技术的限制，所有的录音都是纯机械式。1903 年，查尔斯·帕森斯爵士（Sir Charles Parsons，1854—1931）发明了世界上第一部放大器（Intensifier），命名为 Auxetophone（Auxet 意为成长、夸张）。这部放大器和刚刚发明的"电子管"（Valve Tube），对以后的录音技术作出惊人的贡献（另一项划时代的贡献则是 1947 年发明的晶体管）。帕森斯将 Auxetophone 及相关专利权卖给 Gramophone & Typewriter（留声机与打字机）公司，也就是后来在早期古典音乐录音居重要地位的 G&T 公司。英国的 G&T 与在美国的 Victor（胜利）公司共同研发了 Auxetophone 的录音放大技术，并于 1906 年公之于众。

在 20 世纪第一个 10 年，爱迪生仍不断为他的留声机精进而努力，例如长效蜡筒 Amberol 系列（可录音 4 分钟）、塑料圆筒 Blue Amberol（耐磨、静音）系列，但终于在 1912 年做了历史性的决定，停产圆筒，改制圆盘唱片。他的圆盘唱片极厚且不易破碎，虽然尺寸当时只有 10 英寸。随后发布了一部"爱迪生钻石圆盘唱片留声机"（Edison Diamond Disc Phonograph），这台留声机的唱

臂具有举降装置，搭配钻石唱针。1926 年，爱迪生尝试制作 12 英寸 LP 唱片，终因钻石针尖太粗宣告失败。1927 年，爱迪生也首度尝试了他的电子录音，但在 1929 年他宣告停止所有留声机的开发工作。无论如何，爱迪生 1897 年的预言——"留声机的将来有极大的可能会与时俱进，完美的成果终将成为家家户户的重要角色"已经应验。

贝林纳研发新技术

爱迪生的"留声机"创意在录音史上固然有着极其重要的意义，但是，对近现代录音影响最深远的当数与爱迪生同时起步的埃米尔·贝林纳（Emile Berliner）。如今的唱片形态，不论"胶碟"还是"光碟"，都受到贝林纳的重大影响。贝林纳 1851 年出生于德国汉诺威，

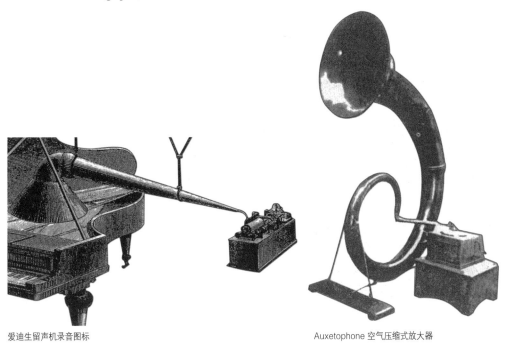

爱迪生留声机录音图标　　　　　　　　　　　　　　　Auxetophone 空气压缩式放大器

1870 年移民美国时是个身无分文的流浪汉。他首先在华盛顿一家服饰经销公司当小职员，随后在以合成代糖（Saccarin）出名的法尔伯格（Fahlberg）实验室从事洗涤瓶钵的工作，开始学习科学实验步骤与方法，之后又回到服饰经销商那里工作，待累积一笔资金即成立自己的实验室，研究电子与音频技术。

他 1877 年研发的"碳钮传送器"可以改进贝尔电话品质，这项技术不但获得专利，也因为贝尔收购而使他获得一笔资金进一步从事研究工作。1881 年他回到汉诺威成立"贝林纳电话工厂"，制造电话机供应德国市场。两年之后回到美国，在华盛顿特区致力于"录音"事业，采用与爱迪生同一灵感来源的斯科特的"记音器"概念，利用声音振动做侧面循轨刻片。

同样在 1887 年，他发明了熏黑的玻璃唱片，将它置放在转盘上，再以安装刻针的螺旋推进器进行侧向式刻片，他将之命名为"Gramophone"。之后，他一度采用"金属照相蚀刻法"刻片，后来改用"脂膜锌碟刻片法"刻片。这一刻片法是刻针依侧向循轨、在铺上一层脂肪的锌碟上刻片，随后将该碟浸入酸液 20 分钟，酸液可以将刻针去除脂肪之沟纹固定并蚀刻入锌而完成主盘（master），这种制作方式与高保真时代的"直刻唱片"（direct to disc）原理相同。

贝林纳这一发明着眼于家用，并且每次录音可以由主盘复制许多盘片，这些都优于爱迪生的圆筒留声机。1888 年贝林纳首度示范这部"会说话的机器"的唱片录制与再生，1892 年已经有唱片目录问世，包括人声及各种器乐，

Victor 留声机

爱迪生的蜡筒留声机

EMI 的 *Lieder on Record, 1898-1952 Schubert* Volume I,
1898—1939 的录音

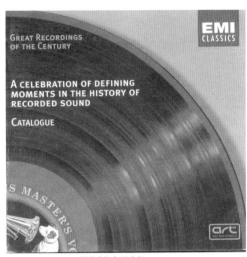

His Master's Voice 的留声机与狗商标

虽然多为不知名人士演录，仍进行了著作权登记。1893 年贝林纳与其亲友在华盛顿特区成立美国留声机公司（United States Gramophone Company），1894 年再成立贝林纳留声机公司（Berliner Gramophone Company），负责推广唱机与发行唱片。1897 年，特雷弗·劳埃德·威廉姆斯（Trevor Lloyd Williams）与威廉·巴里·欧文（William Barry Owen）奉命在伦敦成立留声机公司（The Gramophone Co.）。

著名的小狗商标的故事

1897 年，唱片工业界第一位专业经理人兼星探与录音师的盖茨伯格（Gaisberg）在费城成立第一家录音室，1898 年，他与欧文受贝林纳之命到伦敦开办录音室，同年贝林纳之弟约瑟夫·贝林纳（Joseph Berliner）也奉命到德国汉诺威开设唱片压印厂，即 Deutsche Grammophon AG（德国唱片厂）。上面提到的这几位先生与 EMI 唱片公司的前身 HMV（His Master's Voice）有密切的关系，也是唱片史上值得一提的响当当的人物。

1898 年"录音天使"（Recording Angel）在伦敦注册商标，开始出现在唱片上（在 2004 年出版的 EMI 150 张"伟大的世纪录音"系列唱片中再度使用）。1899 年欧文购得尼波（Nipper）肖像版权。这条牛头犬与小猎狗的混种原本是英国风景画家巴罗饲养的，巴罗过世后，由其弟弗朗西斯接着饲养，弗朗西斯也是位画家，他拥有一部圆筒留声机，常用来录制自己的声音，由于尼波常对着留声机的号角倾听，促使弗朗西斯画下这幅唱片史上最著名的商标——尼波与他的主人之声（Nipper and His Master's Voice），这也是 HMV 的起源。

原本弗朗西斯希望爱迪生伦敦代理商垂青这幅画，结果欧文捷足先登为其唱片公司买下此画，但是附带条件是将原本黑色号角改为较醒目的金铜色，而圆筒留声机则改为碟式留声机，当时画作加上版权共花费 100 英镑，贝林纳立即将它在美国注册，并且自 1900 年起在发行的唱片中启用。同年，"留声机公司"改为"留声机与打字机公司"，即 G&T 这一早期重要的唱片公司。贝林纳的唱机与唱片发行已然形成一个完整的模式，即唱机由美国新泽西州的约翰逊制造，再寄到英国组装，在伦敦录制完成的"锌蚀法主盘"（Zinc-Etching Master）送到德国汉诺威的压印厂制成盘片，然后再送到英国与欧洲各地。

发条取代手摇动力

话说约翰逊这位年轻的工程师，他首先在贝林纳式唱机上设计使用机械发条驱动，从而取代手摇动力。1900 年，他的唱机厂（Consolidated Talking Machine）也采用 HMV 标志。1901 年将公司改名为"胜利有声机器公司"（Victor Talking Machine），简称 Victor，产品仍与贝林纳共享。

1903 年，约翰逊在卡内基音乐厅设立火漆（Red Seal）录音室，翌年 Victor Red Seal 系列唱片在美国发行，邀请了许多大都会歌剧院明星进行录音，同时也从英国的 G&T 进口 10 英寸唱片。1906 年约翰逊推出 Victrola 内置号角式唱机，次年与 G&T 协议分享世界两大贸易区 50 年。1908 年 Victor 出版双面唱片，1925 年与西电（Western Electric）达成协议而将"正声

录音"（Orthophonic Recording）技术纳入其崭新电子录音流程，同年将 RCA（Radio Corporation of America）收音机并入其 Victrola 唱机。

1929 年，胜利有声机器公司被 RCA 并购（RCA 本身成立于 1919 年，至今依然发行火漆系列唱片）。1945 年约翰逊过世，约翰逊在母盘录制上还有一项创举值得一提，原本"锌蚀法"是一种相当高明的方式，但是约翰逊仍认为声音过于尖锐，他将声音刻录于蜡块，然后以金箔覆盖再造出母盘，然后复制出许多"印盘"（stamper）以压制出音质更好的唱片，并且称之为改良式"Gram-o-phone"唱片。

1901 年之后，G&T 在印度、俄罗斯、丹麦、瑞典、意大利广设分支机构与工厂，同年推出 10 英寸唱片，1903 年上市 12 英寸唱片。1903 年意大利分公司也首度完成全本歌剧的录音，录下威尔第的《埃尔纳尼》（Ernani）——40 张 10 英寸单曲唱片。

1909 年"狗"标终于在英国使用，1910

The 1903 Grand Opera Series

年"His Master's Voice"文本也开始使用，原来的"录音天使"文本被替换，"录音天使"文本直到1953年（美国）、1963年（英国）才重出江湖。1914—1918年，德国分厂被迫独立，成为DGG（Deutsche Grammophon Gesellschaft）唱片公司，仍然沿用HMV商标，只是"His Master's Voice"改用德文"Die Stimme Seines Herrn"。1925年在德国另外新设分公司，采用Electrola注册。1931年"留声机公司"与"哥伦比亚留声机公司"合并为至今仍位于唱片界金字塔尖的EMI（Electrical and Musical Industries），即"电子与音乐工业"公司，百年出头的有声录音唱片发展史，也正是EMI发芽开花的辉煌图谱。

数字技术重现"留声创世纪"

在1920年全面流行电子录音与重放的时代之前，可谓"留声创世纪"，虽然混沌初开，仍然留下无数音乐巨匠的声音。以现代标准而言，声音当然不够高保真，但是仍然可以感受音乐家真挚的情感。拜科技所赐，特别是数字音响，当然还得感谢有心的"重刻工程师"（Re-mastering Engineer），他们从百年蜡筒或虫胶中矫正转速、粹取乐段，才能让我们有机会进入时光隧道，一探早期唱片的蛮荒珍瑰。笔者将在接下来的篇幅中，将手边所有的已经转化成LP或CD的"留声创世纪"（至1920年）唱片资料，择要介绍。

文前提过1898年盖茨伯格从美国带着贝林纳最先进的录音器材到伦敦梅登巷（Maiden Lane，科文特花园区）搭建录音棚，1898年8月2日（星期二）开始录制，第一个试录的

EMI 的 *100 Golden Years of the Gramophone*

是位酒吧服务员赛利亚，之后几张唱片也是找个大嗓门且急需赚钱的人录制的。真正具有历史意义的是当年10月11日由年轻女声乐家艾迪丝·克莱格（Edith Clegg）唱录的舒伯特《圣母颂》，之后，德国男低音保罗·克诺弗（Paul Knopfer）、德国男高音古斯塔夫·瓦尔特（Gustav Walter）、美国女高音苏珊·斯特朗（Susan Strong）等在1920年之前也录制了舒伯特的各类艺术歌曲，虽然后来翻制的CD依然不时有沙裂音，但风华依稀可辨，这些在EMI《唱片上的歌曲》（*Lieder on Record*）第一集（1898—1939）CD中可以听到，并且是从当时活跃的Berliner、G&T、HMV、Columbia、Oden等唱片公司搜集而成。

黄金时代复刻

美国Pearl唱片公司对早期录音的复刻不遗余力，这里介绍的两张《黄金时代的

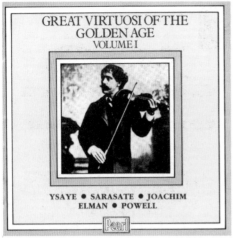

Pearl 的 *Great Virtuosi of the Golden Age* Volume I

Pearl 的 *Great Virtuosi of the Golden Age* Volume II

伟大炫技名家》（*Great Virtuosi of the Golden Age*）小提琴曲集正是 20 世纪 20 年代之前以纯声学（Acoustic）录音的 78 转 / 分唱片，由收藏家乔治·辛格（George Singer）复刻成 CD。一般而言，19 世纪是小提琴演奏技巧与艺术表达发展最成熟的时代，由于当时并无广播电视乃至唱片交流，因此欧洲各流派演化出各自独特的风格。

这套历史遗音都录制于 20 世纪初，当时多位演奏家都已相当年老，因此特别珍贵，因为生活在 19 世纪浪漫时期的演奏家，有着与现代不同的人文素养与表达方式，在音乐中的诠释具有文献价值。其中，最具影响力的是 1868—1917 年担任圣彼得堡音乐学院小提琴部主管的奥尔（Auer），这位匈牙利小提琴家兼教师因材施教、各展所长，名下巨匠辈出，包括海菲兹（Heifez）、克莱斯勒（Kreisler）、艾尔曼（Elman）与津巴利斯

特（Zimbalist），虽然他自己并无唱片录音，但在这两张专辑中可以欣赏到 30 岁左右的克莱斯勒演奏勃拉姆斯的《匈牙利舞曲》与巴赫的《G 弦上的咏叹调》，比平常听到的演奏更严肃，以及 22 岁的艾尔曼拉奏舒伯特的《圣母颂》，虽年纪轻轻已展现出他著名的、丰满的"艾尔曼之音"（The Elman Tone）。

这套唱片也收录了法国－比利时学院派中的伊萨伊（Ysaye）与蒂博（Thibaud）的演奏。伊萨伊演出他的两位老师维厄当（Vieuxtemps）的《小回旋曲》与维尼亚夫斯基（Winiawski）的《玛祖卡舞曲》，以及门德尔松（Mendelssohn）的《e 小调小提琴协奏曲终乐章》，同样呈现他擅长的丰富音色与火辣活泼的特色。蒂博是著名的 Cortot-Thibaud-Casals 三重奏成员，也是法国古典学院杰出小提琴家，他在这张专辑中演奏了维厄当的《小夜曲》与巴赫的《嘉禾舞曲》。

另外，在作曲与演奏上与伊萨伊齐名的萨拉萨蒂（Sarasate）在这张专辑中录制他的名作《流浪者之歌》时已年近60（1904年），这是他去世前4年之绝唱（笔者另有日本 Cinema Place 于 1980 年复刻的同版本单曲 LP 唱片），技艺超凡，音色甜美。其他演奏家也有难得一观的勃拉姆斯密友约阿希姆（Joachim），他演出自己改编的勃拉姆斯《第一号匈牙利舞曲》与巴赫的《g 小调前奏曲》，年过 70 的他演奏出纯正的德国学院风，他的学生鲍威尔（Powell）拉奏贝多芬的《G 大调小步舞曲》，而另一个学生法兰兹·冯·威切伊（Franz von Vecsey）演奏巴齐尼的《回旋曲》。另外有布拉格音乐学院教师奥多卡·塞尔奇克（Ottokar Sercik）及其学生扬·库贝利克（著名指挥拉斐尔·库贝利克之父），以及英国才女玛莉·霍尔（Marie Hall）等人的演奏录音。

这些珍贵的录音以现今的标准来评估肯定不够高保真，可是在 1914 年，哥伦比亚唱片公司对伊萨伊演奏唱片的广告词却是这么写的：“这是我听过最佳的录音，小提琴的特殊音色无疑超越他人……”您懂吗？这就是音响评论中常提的“State-of-the-art”概念，因此，这些您现在或许不屑一顾的录音，在当时可是“现阶段最高技艺”！

卡鲁索开启第一次高峰

“留声创世纪”记录了歌王恩里科·卡鲁索（Enrico Caruso）歌唱生涯的辉煌岁月。1873 年 2 月 25 日，卡鲁索出身意大利那不勒斯的一个贫寒家庭，他父亲并不鼓励他唱歌，10 岁时他参加地方合唱团并成为主唱，母亲与继母的支持加上自己的毅力成就日后的功名。18 岁加入维吉纳（Vergine）门下，虽然免学费，但约定卡鲁索开始赚钱的前 5 年需将收入的 25% 付给老师。1895 年他在那不勒斯新剧院初次演出莫雷利（Morelli）歌剧《好友弗兰西斯》（L'amico Francesco），1897

Naxos 的 *Caruso* Volume 1

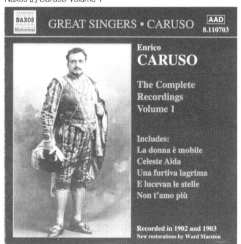

Naxos 的 *Caruso* Volume 2

年 5 月在巴勒莫（Palermo）担当大梁演出蓬基耶利（Ponchielle）的《歌女乔康达》（*La Gioconda*，又称"快乐的女孩"）一举成名，随后在布宜诺斯艾利斯（1899）、罗马（1899）、米兰（1900）、科文特花园（1902）、大都会歌剧院（1903）粉墨登台，声誉大噪。

1891—1901 年，法国百代唱片公司（Pathé，后来并入 EMI）在法国与比利时以爱迪生圆筒留声机为卡鲁索首度录下 3 个圆筒，1902 年英意贸易公司（AICC）再刻录 7 个圆筒，同年 4 月在米兰大饭店为 G&T 公司录制第一批唱片，也成为唱片史上的里程碑。

这里有个有趣的典故，原本 G&T 的录音专家盖茨伯格建议公司请卡鲁索录制 10 首咏叹调，卡鲁索要价 100 英镑，公司小气拒付，盖茨伯格只得自掏腰包。那 10 首歌曲不但为他树立了唱片界的地位，也带给艺术家国际声望，之后一曲莱昂卡瓦洛的歌剧《丑角》（*Pagliacci*）中的咏叹调《粉墨登场（穿上彩衣）》（*Vesti la Giubba*）更成为第一张"百万金曲"唱片（1902 年 11 月首录的这首被收录在 EMI 的《唱片百年黄金岁月》及 Naxos 版大全集 CD 第一集中，1904 与 1907 年的重录曲则分别收入第二、第三集）。也正是这 10 曲录音，纽约大都会歌剧院在次年邀请卡鲁索，并且定期演出，直到他逝世前一年。

从 1902 年到 1921 年，卡鲁索是被认为最懂得欣赏唱片的严肃音乐家，部分理由是其录制的唱片品质与音质都很好。这段时间，他从英国的 G&T 公司与美国的 Victor 公司获得 200 万元的版税。1920 年他作了最后录音，录下罗西尼（Rossini）《小庄严弥撒》的《被钉在十字架上》。卡鲁索于 1921 年在那不勒斯去世，享年 48 岁。20 世纪 70 年代中叶，犹他大学的斯托克汉姆（Stockham）教授曾为卡鲁索的早期录音利用计算机处理清除杂音，由 RCA 发行过一批 LP 唱片。

Naxos 对复刻亦不遗余力

笔者在此要介绍的是由沃德·马斯顿（Ward Marston）重新修复的 Naxos 卡鲁索录音大全集。1952 年出生即眼盲的马斯顿收藏有成千上万张歌剧唱片，当他还是威廉姆斯学院的学生时，就因修复贝尔电话实验室在 1932 年由斯托科夫斯基指挥费城管弦乐团的立体声实验唱片而出名。1996 年马斯顿获《留声机》杂志（*Gramophone*）年度历史声乐录音奖，*Opera News* 称他的工作极具"启示性"，*Fanfare* 杂志则称他"神乎其技"，《芝加哥论坛报》认为他的名字等同于历史唱片收藏者的守护神。他还是格莱美奖双项得主（Franklin

Naxos 的 *Caruso* Volume 3

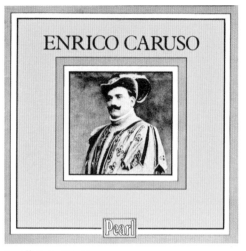

Pearl 的 *Enrico Caruso*

以 HMV 留声机为封面的《流浪者之歌》

Mint 的托斯卡尼尼重刻片与 BMG 的拉赫玛尼诺夫的重制版），显现重刻工程师（Remastering Engineer）是多么受人重视。主要原因是早期录音的原版盘片或圆筒取得不易，转速、音高即使在同一张唱片上都变化不一，并且要选用各种不同的唱针，才能获得清晰、低失真的"原音"。老实说，我们现在能欣赏到最接近原始录音的卡鲁索作品，绝对要感谢数字技术的发明与运用，笔者相信通过 CD 聆赏这些修复重刻片，肯定比用留声机听原始唱片有更好的音效。

Naxos 版的卡鲁索大全集，第一集收录了历史性的 1902 年 4 月 11 日录制的"米兰十曲"，另外还有同年 11 月、12 月及翌年 4 月均在米兰录音的歌剧咏叹调，其中作曲家乔尔达诺（《"费朵拉"：爱情使你为难》作曲者）与奇莱亚（《阿德里亚娜·莱科芙露尔》作曲者）

还亲自担任钢琴伴奏。此外，马斯卡尼《乡村骑士》剧中的西西里民谣的《啊，萝拉》一曲，卡鲁索以降半音演唱，原因为何，至今成谜。这张专辑是卡鲁索 30 岁刚成名之作，声音较后期要显得轻盈甜美，较有男高音特点而缺少男中音音域，但仍然音色饱满、气势恢宏，在高潮乐段，轻松挥洒出令人难忘的黄金之声，即使有破音甚至钢琴笨拙，仍不减其魅力。

第二集收录了 1903—1906 年卡鲁索最后的欧洲录音，以及为美国 Victor 公司录音的第一部分。前 3 首即是为 AICC 公司所录制的圆筒录音，后来百代公司购得版权，改以盘片发行，由于最早之原始录音圆筒遗失，因此修复版也只能以盘片复制版进行，虽然音质较 AICC 复制圆筒清晰，但仍不理想。其他曲目均由原压盘片修复转制，音效极佳。这集中收录了 5 首 1906 年的管弦伴奏版，这让卡鲁索更重视录音事业，也展现出更高的自信，其中4首曲目更是一生仅有的一次录音，弥足珍贵。

第三集收录卡鲁索1906—1908年为Victor公司录制的歌剧咏叹调与重唱曲，这个时期卡鲁索的重唱录音也极引人注目，搭档包括男中音安东尼奥·斯科蒂（Antonio Scotti）、女高音奈丽·梅尔芭（Nellie Melba）、格拉汀·法拉尔（Geraldine Farrar）等同期著名声乐家。卡鲁索的歌唱延续美声唱法传统，在持续的圆滑乐句中，让清澈又饱满的声音从喉头自然悠扬流泄，即使在如许古老录音中，其氛围依然浓郁可感。

此外，Pearl唱片公司还由丹尼斯·霍尔（Denis Hall）转制HMV与Victor在1906—1919年的卡鲁索歌剧咏叹调与那不勒斯民歌录音。该唱片包括作曲家威尔第、梅耶贝尔、普契尼、莱昂卡瓦洛、托斯蒂与卡普阿等人的作品，共22首歌曲。其中那不勒斯民歌向来为卡鲁索的安可曲目，却鲜出现在早期唱片中，这张专辑很难得地收录卡鲁索晚年演唱的《别离》（托斯蒂）与《我的太阳》（卡普阿），此时的卡鲁索声音浑厚高亢，颇具英雄盖世之姿。20世纪以来，声乐界没有人敢称"歌王"，只因为有卡鲁索。

冬林晨曦（苏杭道中） 蔡克信摄影

大指挥家托斯卡尼尼的《勃拉姆斯 C 小调第一交响曲》（DM 875）

5

电子录音——高保真重放的第一道曙光

继"留声创世纪"后，进入20世纪20年代，在唱片与音响领域，最重大的进展就是电子录音的应用。如果没有电子录音，就不可能有高保真音乐的发展。

在1920年之前，所有录音与重放都靠物理与机械，歌唱家或演奏家必须在拾音号角（recording horn）前依录音技师的指示往前或后退演出，因为是实时直接刻片，所以无法进行任何混音或剪辑修正，音效大多不太理想，遑论高保真。有意思的是其实话筒［mircophone = micro（小）+ phone（声）］早在1876年就被发明并应用于电话，1877年爱迪生发明碳粒话筒并应用于电话，1878年大卫·E. 休斯（David E.Hughes）首度使用microphone一词，但是历经近半个世纪却没有人想到应用于音乐录音。

1920年11月11日，伦敦西敏寺举行无名烈士葬礼，留声机公司（The Gramophone Co.）的乔治·威廉·盖斯特（George William Guest）与霍勒斯·欧文·梅里曼（Horace Owen Merriman）两位工程师负责录音，由于现场庄严隆重，绝不允许庞大的录音器材进驻，只能通过拾音号角的电磁话筒将信号送到邻街的移动录音车上用刻针进行实况刻录。这是史上第一次电子录音，也是第一次电子现场录音，并于1920年12月17日以双面唱片发行，但是音效极差，只能辨知是大合唱与军乐队的声响，既不平衡又严重失真，但是这次失败的经验却成就了后来采用同一方式的完美录音。

最早投入电子录音研究的是1915年在纽约的贝尔电话实验室（美国电话与电报公司AT&T的分支机构），而在1924年由约瑟夫·P.

麦克斯菲尔德（Joseph P. Maxfield）与亨利·C. 哈里森（Henry C. Harrison）完成电子录音系统的研制。但是同期的竞争者——芝加哥马什录音实验室（Marsh Recording Laboratories）却在同年秋天最早在美国市场发行电子录音唱片。他们以Autograph商标出版了多张爵士乐唱片，包括Jelly Roll Morton、Merritt Brunies和他的乐队Friars Inn Orchesra等的演奏，以及Jesse Crawford演奏的沃利策（Wurlitzer）风琴音乐。由于这批唱片未广泛发行，其历史价值不高。

1924年春季，贝尔实验室向Victor（胜利）唱片公司推荐其新完成的电子录音系统并以版税交换，或许示范欠佳，Victor兴趣不大。次年，由于唱片销售奇佳，才让Victor意识到传统声学唱片（Acoustic Disc）已失去市场吸引力。正是由于此次失之交臂，促成英国唱片工业主掌大局。贝尔实验室将母盘送到百代布鲁克林工厂压制唱片，该厂经理弗兰克·卡普斯（Frank Capps）极感兴趣，并将多压制的唱片送给好友、英国哥伦比亚唱片公司（UK Columbia）的经理路易斯·史特林（Louis Sterling）试听，其赞誉报告引起AT&T的授权机构西电（Western Electric）的警觉，计划将此发明注册，并唯一授权给最早来接洽的公司（原本认定应是Victor）。闻讯之后，史特林立刻赶赴纽约，阻止西电的行动。西电以不授权海外公司为由加以拒绝，除非通过美国分公司。于是史特林筹钱买下财务困难的美国哥伦比亚公司（American Columbia）的控股权，而让英国哥伦比亚公司取得西电电子录音系统的使用授权。随后，Victor也获得授权，电子录音时代终于来临。

1927年制 HMV Model 202箱型
留声机，内含高效率号角扬声器

20世纪30年代布伦莱因话筒

　　1925 年 3 月中旬，Victor 的首批电子录音唱片发行，包括费城大学"面具和假发俱乐部"第 37 届年会实况与梅耶·戴维斯在天堂乐园演奏的《大雨倾盆》。同年 3 月 31 日，Columbia 也发行一张 12 英寸电子录音唱片，由 15 个合唱团在纽约大都会歌剧院演唱 *John Peel* 与 *Adeste Fideles* 两首歌曲，后者参与人数高达 4850。同年 6 月 24 日，在英国，由杰克·希尔东及其乐团演奏 *Feeling Kind of Blue*，HMV 在海恩斯（Hayes）录音间录制的首张电子录音唱片发行。Victor Red Seal（火漆唱片）第一张电子录音唱片是 1925 年 3 月 21 日在美国发行的，由阿尔弗雷德·科尔托（Alfred Cortot）演奏肖邦的《升 F 大调第二号即兴曲》以及其改编舒伯特的《启应祷文》钢琴曲，于同年 6 月发行 12 英寸唱片。1925 年 7 月，Victor 又发行首张管弦曲电子录音唱片，由列奥波德·斯托科夫斯基（Leopold Stokowski）

指挥费城管弦乐团演奏圣 - 桑的《骷髅之舞》，9 月由原班人马再次演录柴可夫斯基的《斯拉夫进行曲》。第一次采用电子录音的交响曲则是柴可夫斯基的《第四交响曲》，由兰登·罗纳德（Landon Ronald）指挥皇家阿尔伯特音乐厅管弦乐团演奏，于 1925 年 12 月在英国发行；第二次则是柏辽兹的《幻想交响曲》，由费利克斯·魏因加特纳（Felix Weingartner）指挥伦敦交响乐团演出，由 Columbia 在 1926 年 3 月出版。

　　电子录音技术的发明带来更真实的录音效果，也提供更自由的录音场景，因此，1925 年以后，留声机唱片（78 转 / 分）的目录大幅拓展，品类繁多。虽然 1924 年以来家用收音机的普及也带来竞争，但是并不妨碍唱片工业的发展，"拼装音响"（在收音机上附装唱盘、唱臂、唱针）的上市助推了唱片的推广与普及。1926 年 Brunswick 与 RCA 合作的 "Panatrope"

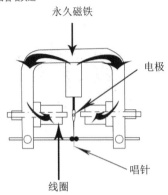

1926 年制"留声机麦克风"
最早的拾音唱头之一

永久磁铁

电极

唱针

线圈

1920 年 Philips 制收音机动圈
式扬声器与放大器

在美国出现，这是第一部全电子式唱片播放器材。次年，Victor 公司依据 1920 年埃尔德里奇·R. 约翰逊（Eldrige R Johnson，其人其事可参阅"留声创世纪"部分）的实验设计，推出自动换片唱机。英国直到 1932 年才由唱机名厂 Garrad 推出首部自动换片唱机，翌年亦由 Garrad 设计不用翻面就可以实现双面播放的唱机（资深发烧友应当还记得在 1981 由日本 Sharp 公司发布的、宣称世界首创的"不用翻面的唱机 VZ3000"，它采用垂直固定唱片的方式，正切唱臂循轨，异曲同工，其实Garrad 早在几十年前就做到了）。

1927 年爱迪生的 Blue Amberol Cylinders（蓝标塑料唱筒）也采用电子录音的"爱迪生钻石唱片"转制，但在市场上也只维持了两年，1929 年爱迪生宣布退出所有留声机相关的开发与运作。有个英国发明家阿德里安·赛克斯（Adrian Sykes，他在 1919 年至 1925 年间获得

多项有关录音、重放、电子复制的专利）设计出一部名为"Electrograph"的电子唱机，可以重放 Blue Amberol Cylinders。

1926 年，约翰逊由于健康欠佳，无法继续领导 Victor，于是将股权售予企业机构，新公司由于担心无线电广播对唱片业造成影响，于 1929 年并入 RCA（Radio Corporation of America，美国无线电广播公司）之后，唱片署名 RCA Victor。同样的原因，美国 Columbia 也在 1938 年被哥伦比亚广播系统（CBS，Columbia Broadcasting System）并购，唱片上保持 CBS 商标至今。1929 年，伟大的唱片先驱贝林纳去世，两年后爱迪生也随之走入历史。1931 年，由于经济大萧条，唱片市场也随之大幅萎缩，英国的留声机唱片公司（The Gramophone Co.）与哥伦比亚留声机公司（Columbia Graphophone Co.）合并成立 EMI，成为当时全世界最大的唱片公

司，在 19 个国家拥有 50 家工厂。他们旗下重要的子厂牌（如 HMV 和 Columbia）维持原有体系，继续录制唱片。为了让公司高昂的古典音乐录音支出与销售业务收入取得平衡，该公司的年轻雇员瓦尔特·莱格（Walter Legge）提出崭新销售构想，成立所谓"协会"——针对著名的音乐家演奏的重要作品采取预购付费的方式降低公司录制风险。他原本只是留声机唱片公司旗下一名撰写乐曲解说与宣传文案的小职员，日后却成为20 世纪古典音乐唱片最伟大的制作人。他的这一方案为公司采纳，也促成该公司史上许多优秀录音的产生，也成为录音史上重要的珍宝，其中特别值得一提的有阿图尔·施纳贝尔（Artur Schnabel）演奏的《贝多芬钢琴奏鸣曲全集》、女大键琴家旺达·兰多芙斯卡（Wand Landowska）弹奏的巴赫键盘作品、哥德堡音乐节"莫扎特歌剧"实况录音、钢琴家艾德温·费舍尔（Edwin Fischer）和管风琴家（医师、人道主义者）阿尔伯特·施韦泽（Albert Schweitzer）演奏的巴赫作品等。

重组后的 EMI 雄心万丈，成立了"协会"，并由名作曲家爱德华·埃尔加（Edward Elgar）爵士主持开办英国第一家专供录音的、迄今仍名满天下的 HMV 的阿比路录音室（Abbey Road Studios）。1932 年"协会"出版首批唱片——雨果·沃尔夫（Hugo Wolf）的《歌曲集》（*Lieder*）。此后，由于英国 EMI 与美国 RCA 的工程师在录音技术方面协议交换经验，在"声音重现"方面获得极大进展，也促成 20 世纪 30 年代古典音

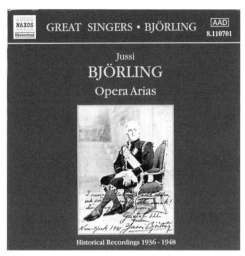

Jussi Bjoring Opera Arias，20 世纪的绝代美声——瑞典国宝男高音毕约林（1936—1948 录音）

乐录音曲目大幅增加。同时，舞曲与爵士乐通过唱片与广播也风靡全球。电子录音使用的话筒在这一时期也造就一项独特的唱腔，即所谓的"Crooner"——伤感的低声哼唱流行老歌的歌手，他们极其依赖话筒表达歌艺，其中最出名的要属吉恩·奥斯汀（Gene Austin）、沃恩·德莱斯（Vaughan de Leath）、尼克·卢卡斯（Nick Lucas）及伟大的平·克劳斯贝（Bing Crosby，以演唱《白色圣诞》著称）。

电子录音的引进促成唱片业的蓬勃发展，当然，这背后离不开音响硬件的支撑。首先，必须感念李·德·福雷斯特（Lee de Forest）发明的"三极电子管"（triode valve），这一放大器件能将信号以电学方式放大，因而发展出"话筒"以及"电子—声学换能器"（electroacoustic transducer），能够将声波转变

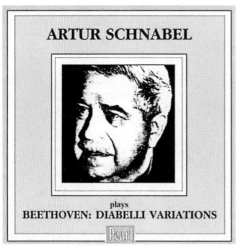

ARTUR SCHNABEL

plays
BEETHOVEN: DIABELLI VARIATIONS

Pearl

Artur Schnabel——奥地利钢琴家施纳贝尔——贝多
芬钢琴作品权威诠释者（1937 年录音）

成电信号，也能将电信号转换为声波。这一
技术用于家用留声机，就有了 1925 年美国发
明家 C.W. 莱斯（C.W. Rice）与 E.W. 凯洛格
（E.W.Kellogg）发明的动圈式扬声器(moving-coil
loudspeaker）以取代早期的声学号角（acoustic
horn），也是"声音重放"迈向高保真的重要
里程碑。这种扬声器具有构造简单、体积小
的优点，其基本原理沿用至今，依然是扬声
器单元设计的主流。1926 年，"电子机械换能
器"（electromechanical transducer）也应用于留
声机，并且称为"留声机话筒"（gramophone
microphone），其原理与现代高保真唱头的唱针
相同，即利用拾音针头取得电子信号，放大后
再馈入扬声器发出声波。

　　扬声器与功放的发明固然有助于无线
电广播的发展，但录音棚也获益良多。早
先的"声学录音"，母盘刻片针直接接受来
自声源的信号，"电子录音"则是以"电磁

刻片头"（electro-magnetic head）接受经
过功放放大的声源信号去刻制母盘，这样
能获得较高的录音电平与更宽的动态范围，
对声音重放的保真度大有改善，特别是乐
器与管弦乐的录音。1926 年美国人弗雷德里
克·N. 萨德（Fredrick N. Sard）认为新的
技术可以带来新的商机，他向美国哥伦比
亚公司建议在贝多芬逝世百年之际发行一
系列纪念唱片。这项建议被送到英国哥伦
比亚公司，由史特林负责，以"贝多芬周"
（Beethoven Week，20-27 March，1927）的
名义，发行"单一作曲家曲目最具影响力"
的大量相关唱片。这项成功制作促使 1928
年为纪念舒伯特逝世百年，哥伦比亚公司
举办征求"舒伯特未完成交响曲"的"终
曲"，或是"尊崇抒情天才舒伯特"的原创
管弦曲的国际作曲大赛。高达 20 万英镑的
奖金及优胜者作品录音发行的奖励吸引了许
多作曲家参与。虽然此举遭到各方严苛批
评，获得首奖的瑞典作曲家库尔特·阿特伯
格（Kurt Atterberg）的《第六交响曲》依然由
托马斯·比彻姆（Thomas Beecham）指挥皇
家爱乐乐团录制唱片，也成为第一张未经音
乐会公开演出即先行录音发行的唱片。

　　1945 年，电子录音的发展还有许多与唱
片及音响有关的大事值得回顾。其中最重要
的贡献之一就是英国科学家阿兰·道尔·布鲁
姆林（Alan Dower Blumlein）首先设计出高品
质的动圈话筒、唱片刻片头与刻片机，并用于
电子刻录唱片，同时，他也建议一种立体声录
音话筒方法——近距离摆放一对话筒作精确
双声道录音，这一方法沿用至今。很可惜，他

在第二次世界大战期间因飞机失事去世，年仅39岁。其次是1934年，美国的广播电台开始广泛使用"高保真"（High Fidelity或Hi-Fi）一词，这是1926年英国电子工程师哈特利（Hartley）为改善广播与电子唱机品质所发明的词。另外，《留声机杂志》（创刊于1923年）原本只提供唱片评价，在20世纪30年代也有"专家"提供"音响"器材探讨。20世纪30年代还出现一种新的"超外差式收音机"（Superheterodyne Radio Receiver），它采用固定式频率调整，减少电台间的干扰与噪声。由于经济不景气，20世纪30年代中期在美国出现"唱片点唱机"（Juke box，Juke衍生自Jook，原是"跳舞"之意）。点唱机多半设于药房或公共娱乐场所，供无法在家中购置唱机唱片者投币选择想听的唱片，当然也可作为唱片购买的参考。音箱的发展在20世纪30年代也日趋成熟，商业用"静电式"（Electrostatic）音箱首先出现于"自动乐器公司"（Automatic Musical Instrument Co.）推出的投币式唱机，贝尔电话实验室也设计出高、低音分离的音箱，高、低音间以滤波器分频。1931年在英国出现独立"高音"（tweeter）单元，1937年Jensen公司也推出"低音反射式"（bass reflex）音箱。

第二次世界大战期间的1939—1942年，格伦·米勒（Glenn Miller）爵士大乐团通过广播呈现其独特的音乐影响力，其唱片在美国销量极佳，待美国参战后，格伦·米勒的音乐随着美军进入英国与世界各地，同样风靡一时，这也是美国的舞曲音乐与摇摆爵士开始大量"入侵"英国的开始。另外一项受到美国影响的是1941年由《旋律制造家》（*Melody Maker*）

杂志主办，在EMI"阿比路录音室"录制的一场非正式即兴爵士演奏会实况，这是任何人只要带上爵士乐器都可加入的所谓"Jam"（这是Jamboree的简称，原指喧闹之宴会或娱乐，单以Jam而言亦有挤压、果酱之意，其实参加演出的人"酱"在一起也颇传神），此次录音在1942年发行了*Tea for Two*、*St. Louis Blues*、*Honeysuckle Rose/I've Found A New Baby*几首经典爵士作品。战争期间，来自东南亚的虫胶原料短缺，厂商不得不拿老唱片研磨再生使用，以应付日益增加的唱片需求。1942年，美国音乐家联盟（American Federation of Musician）宣称要分食唱片这块稳定成长的"大饼"，要求厂家付给联盟唱片版税。僵持了27个月，因为器乐演奏者完全停摆，这个遗憾却转而带给美国哥伦比亚公司另一契机。一方面大众

Joseph Szigeti/Bartok
著名小提琴家西格提与著名作曲家巴托克1940年的历史名作

渴望新唱片录制，另一方面公司又想推介一位"Crooner"新星，于是在 1943 年，弗兰克·辛纳特拉（Frank Sinatra）在没有乐团伴奏的情况下，仅以背景和声"伴唱"，成功发行了一系列唱片，其中最受欢迎的有 *I Couldnt' Sleep a Wink Last Night* 与 *This is A Lovely Way to Spend an Evening*。最后，哥伦比亚与 RCA 的器乐录音储存母盘用罄，终告投降，达成协议，结束抗争。

在这段时间，还有一项必须提及的是 Decca（迪卡）唱片公司的崛起。Decca 原本于 1914 年以贩卖手提唱机"Dulcephone"起家，Decca 一名起源已不可考，但是在第一次世界大战期间却随着军人移防随身携带手提唱机而声名大噪。1929 年证券经纪人爱德华·刘易斯（Edward Lewis）买下公司，并且更名为

大指挥家瓦尔特诠释"大地之歌"，1936 年历史录音

迪卡留声机公司（Decca Gramophone Co.），并于当年 7 月 1 日创办迪卡唱片公司（Decca Record Co.），开始发行一系列古典音乐唱片，包括戴留斯（Delius）的《海上漂流》、奥芬巴赫（Offenbach）的《奥菲斯在冥府》、格兰杰（Grainger）的《朱特族混合曲》及数张轻音乐唱片。这些唱片品质优良、价格低廉，极具竞争力。之后发行由欧内斯特·安塞梅（Ernest Ansermet）指挥迪卡弦乐团演奏的《亨德尔/大协奏曲 Op.6》等重要录音唱片。1940 年，英国军方要求迪卡研发一套可以侦测、分辨德国与英国潜艇发动机不同声响的器材。迪卡工程师在亚瑟·哈迪（Arthur Haddy）的领导下寻求解决良策。这些器材的主要需求在于录音频率必须高达 12000Hz，最后目标达成，并超出了 2000Hz。这一技术的突破，没有理由不用于音乐录音。1944 年迪卡以"ffrr"（full frequency range recording，全频带录音）发行新录音唱片，虽然仍是单声道录音，已可预见"立体声高保真"的黎明即将来临。

第二次世界大战后，录音史上另一项重要的改革就是"磁带"（tape）的应用，作为录音媒介，它给录音师提供更具弹性的挥洒空间。1948 年哥伦比亚公司推出革命性的新 LP（Long Playing）唱片，每面可录制 23 分钟。1949 年 7 英寸、45 转/分单曲唱片问世。$33\frac{1}{3}$ 转/分与 45 转/分似乎是另一场争战，其实各有所需，迄今亦然。这些都是后话。

以下，笔者将选取磁带录音之前的电子"历史录音唱片"，它们都是由直刻 78 转/分唱片转录的 CD，虽然炒豆声不断，许多伟大音乐家的音容笑貌仍然震撼人心。

Fried：Mahler
Symphony No.2
（Naxos 8.110152-53）

由弗里德指挥演奏的马勒第二交响曲《复活》极具权威性，他曾师从马勒学习该曲，指挥也最被马勒肯定，因此最能亲炙马勒之诠释与表现

这套 CD 收录了马勒（1860—1911）作品最早的录音，包括由柏林国立歌剧院班底录制的《悼亡儿之歌》《少年魔号》《吕克特歌曲集》，以及奥斯卡·弗里德（Osker Fried）指挥的第二交响曲《复活》，这是乐迷与音乐学者研究马勒最重要的第一手有声资料。对发烧友来说，这些录音囊括了 1915—1931 年的声学（acoustic）录音与电子（electrical）录音，从中可领会二者在音响重放上的差异。

马勒生前并未有任何唱片留存，仅有一只钢琴卷（piano roll）存世。现在这套历史录音之重大意义在于，演出者能亲炙马勒之诠释与表现，尤其是第二交响曲，指挥弗里德曾师从马勒学习该曲，他的指挥也最被马勒肯定。

20 世纪 20 年代初，德国留声机公司开始计划找名指挥，如汉斯·费兹纳、奥托·克莱姆佩勒与弗里德录制交响乐作品。这些录音存在以下缺点：仍用声学号角拾音，显然极为吃力；管弦乐团的规模须缩减，以便乐手能离拾音号角更近；低频无法适当拾取，往往以大号加强低音；打击乐器同样难以录制，因此也只维持最少量甚至完全略去。马勒的第二交响曲同样必须减量录制，但是这张 1924 年的录音，在电子录音应用之前，留声机公司已尽其最大努力展现其大致面貌。事实上给 78 转/分唱片做数字转换的著名工程师马斯顿更是费尽千辛万苦才让后人有机会聆听这一历史演奏。由于原始唱片资料欠缺，原始分次录音的地点与录音师不同，唱片品质不一、速度不等，因此转录者必须随时调整以求音调与音质整齐统一。原本声学录音不可能再现大型管弦乐团的声响，但是在这一录音中，如果仔细聆听，弗里德诠释的管弦乐仍然令人惊艳，呈现马勒内心的乐思。当然，音域与动态仍比不上另一轨选自 1930 年的第四乐章的录音。

其他曲目，1915 年录制的《谁作了这首歌》（《少年魔号》，CD1 第 7 轨）在频宽、动态方面显然逊于 1931 年录制的《莱茵传说》（《少年魔号》，CD1 第 9 轨），也印证了电子录音之优越性与必要性。

Beniamino Gigli :
The Second Volume of the Victor Recordings
（Pearl GEMM CD 9367）

吉利（1890—1957）是继卡鲁索（Caruso）之后另一位伟大的意大利男高音。他自小喜欢歌唱，不断自我学习与练习，迫于生活压力，当过药剂师助手，也做过罗马都会仆役，直到以《玛尔塔》《路易莎·米勒》与《梅菲斯·托费勒》三部歌剧的咏叹调获得罗马圣塞西莉亚音乐学院的奖学金进入音乐学院，才开始步入坦途。

1914 年他在"帕尔马歌唱大赛"（Parma Singing Competition）中击败 105 位参赛者崭露头角。这张 CD 呈现部分吉利最重要与最受喜爱的曲目，虽是电子录音初期的作品，仍能表现出吉利清柔又浑厚的歌声。1914 年 10 月 15 日在罗维戈大众剧院首演蓬基耶利的歌剧《歌女乔康达》。1920 年，他登上纽约大都会歌剧院（此后在此驻唱长达 12 年），并立即获得 Victor Talking Machine 唱片公司签约机会，次年即出版首批唱片。

这张 CD 收集的都是电子录音作品，其中，多尼采蒂（Donizetti）的《拉默莫尔的露西亚》是他最擅长的剧目之一，从出道到 20 世纪 50 年代初的演出都少不了这出戏。这张唱片收集了他在 1927 年不同时间的不同演唱版本的三幕选曲，有独咏，也有重唱。另外，收录有威尔第的《伦巴第人在第一次十字军中》第三幕中与女高音 Rethberg、男低音 Pinza 喜悦祝福的三重唱，这曲融合了三个伟大的声乐家的演唱，令人回味无穷。还收录了蓬基耶利的《歌女乔康达》、比才（Bizet）的《采珠人》、里姆斯基·柯萨科夫的《萨特阔》等歌剧咏叹调以及安可小曲。

电子录音初期的作品，音效不差，频域甚宽，吉利清柔又浑厚的歌声随着剧中人物的表情生动演绎。

这张 CD 收录部分吉利最重要与最受喜爱的曲目，是电子录音初期的作品，仍能表现出吉利清柔又浑厚的歌声

Arturo Toscanini
and the Philharmonic Symphony Orchestra of New York
（Pearl GEMM CDS 9373）

意大利指挥家托斯卡尼尼（1867—1957）至少有三次（1921 年、1926 年、1929 年）因不满录音品质而拒绝录音，1930 年他哀怨地对 Ugo Ojetti 说："不要跟我谈什么唱片录音，

这套 CD 收录托斯卡尼尼在 1926 至 1936 年间与纽约爱乐交响管弦乐团的演出，比后来与 NBC 交响乐团的录音更能展现他的巅峰艺境以及与一流乐团十年合作的默契

那真是殉难。你不断地工作，母盘看似不错，但是当你听过制成的唱片，你真想把头发拔光。"从这一段话就可以理解他的绝望。但是，在1926—1936 年与纽约爱乐交响管弦乐团（纽约爱乐乐团与纽约交响乐团的共称）的录音却是最能呈现托斯卡尼尼管弦指挥艺术的鲜活见证。这些比后来与 NBC 交响乐团的高保真重录曲目更能展现他的巅峰艺境及与一流乐团十年合作的默契。这些录音唱片已经有几十年难以在市面寻获，Pearl 唱片公司三张一套的 CD 转录片可满足乐迷的期待。

1926 年之前，乐迷大多只了解托斯卡尼尼在歌剧院指挥的成就，对管弦音乐的诠释仅止于屈指可数的音乐会，因此，1926 年到1939 年在纽约的管弦演奏会才让人们认识到他伟大艺术的另一面。1926 年托斯卡尼尼

指挥雷斯庇基的《罗马的松树》中《杰尼库伦之松》乐段，依作曲家嘱咐，背景使用前文提过的 Brunswick Panatrope 电子唱机播放夜莺的叫声，托斯卡尼尼对此极感兴趣，也参观过 Brunswick 录音实验室，对其印象深刻，因此同意请 Brunswick 于 1926 年 2 月在卡内基音乐厅录门德尔松的《仲夏夜之梦》，使用相当原始的"光束法"电子录音，但是在《诙谐曲》乐段出现明显的咳嗽声的不严谨态度，加上录音过程严峻的考验及对最终音效的不满意，让大师极不愉快并发誓不再录制唱片。《夜曲》与《诙谐曲》这两段音乐都收入第一辑，1929 年重录的《诙谐曲》也一并收入。三年后（1929 年 3 月），大师在卡内基主厅指挥合并的爱乐交响管弦乐团，改由 Victor Talking Machine 公司录音，在一流乐手云集的乐团，大师以较快的速度、丰富的细节为杜卡斯（Dukas）的《魔法师的门徒》作了经典诠释。同一时间还录有威尔第《茶花女》的前奏曲。随后在 3 月与 4 月间还录制了海顿的《第 101 交响曲》与莫扎特的《第 35 交响曲》。在这两首古典曲目中，托斯卡尼尼减少乐手演出，从录音中可以听出大师以愉快轻松的手法让音乐原有的活力绽放。

1929 年底，Victor 录音计划结束之前，大师进行格鲁克（Gluck）的《塞维利亚理发师序曲》（第三辑 Conducts His Orchetral 第 8 轨）的录音，由于压制完成早期 Victor "Orthophonic"（正声）唱片（Pearl GEMM CD 9366），表面杂音有如厚雾，再度让大师跳脚。1931 年大师带团巡回欧洲载誉

归国，在卡内基音乐厅开展"贝多芬系列"演出，在演奏《田园交响曲》与《命运交响曲》的场次，RCA Victor 的录音师偷偷以两部刻片机交替录音，准备给大师一个惊喜，没想到听过测试片，大师认为声音很差，坚持必须将母片销毁。1933 年，重录《命运交响曲》，RCA 将音乐会现场拾音信号传到纽约录音室，并且先行录在影片上再转制 78 转唱片（影片录音，甚至立体声领先唱片录音多年），虽然采用近距话筒拾音以减少观众杂音，并且演奏亦极精彩，但是仍未获大师首肯发片。直到 1936 年，大师与"爱乐"合作即将结束才放行，并且同意再录制他拿手的瓦格纳歌剧与管弦曲，留下收录在第二辑中。

第三辑收录的都是 1936 年的录音，RCA

Victor 录音师与大师取得一致意见，唱片逐面录制，一气呵成，终于完成贝多芬《第七交响曲》传奇演绎，50 年间无人能及。之后勃拉姆斯的《海顿主题变奏曲》同样顺利完成，多出的时间再加录罗西尼的《赛米拉米德序曲》与《阿尔及利亚的意大利女郎序曲》等灿烂作品。

伟大的诠释，历史的录音，十足的音乐。

Richard Strauss
Conducts His Orchetral Works
（Pearl GEMM CD 9366）

理查德·施特劳斯（1864—1949）作为一位伟大的作曲家常被忽略，其实他也是最著名的指挥家之一，幸好他的指挥作品有唱片保存，只是依然被低估。早在 1917 年他就进了录音间，最后录音是在 1944 年，与维也纳爱乐乐团以早期磁带录制自己的作品。这当中，他大多录制自己的管弦作品。20 世纪 20 年代末，他录过他最喜爱的莫扎特最后 3 首交响曲、贝多芬第五与第七交响曲及莫扎特、格鲁克、韦伯、瓦格纳等人的序曲。这张电子录音的历史唱片收录了理查德·施特劳斯著名的 3 首管弦曲，包括《唐璜》与《蒂尔愉快的恶作剧》两首交响诗，以及《冒牌贵族》组曲，分别是 1929 年与 1930 年的录音。它让我们知道理查德·施特劳斯希望他的音乐该怎么呈现，事实上这也是唱片带来的神奇，让后人聆赏一位伟大的浪漫派作曲家，也是伟大的指挥家所留下的管弦录音珍宝。录音效果不差，高音清晰不锐，低音有模有样。

理查德·施特劳斯不但是一位伟大的作曲家，也是重要的指挥家，通过这张 CD，后人得以聆赏一位伟大的浪漫派作曲家如何诠释自己的作品

Alfred Cortot
Franck/Ravel/Saint-Saens
（Naxos 8.110613）

科尔托（1877—1962）出生于瑞士，是20世纪初法国钢琴音乐最佳的诠释者。他除了是位钢琴演奏家，在指挥与教学方面也备受推崇。在钢琴演奏方面，他对19世纪浪漫主义音乐研究颇深，能以独特的分句与音色，反映浪漫主义作品的抒情氛围与高雅气质，在这张唱片中得到淋漓呈现。

这张唱片收录了三位法国作曲家的钢琴／管弦乐作品，包括弗兰克的《交响变奏曲》、圣-桑的《第四钢琴协奏曲》、拉威尔的《左手钢琴协奏曲》，以及圣-桑的《华尔兹练习曲》。

《交响变奏曲》是一首精致又自由的幻想变奏曲，《第四钢琴协奏曲》是一首古典智慧

在这张CD中，科尔托以他独特的分句与音色，反映浪漫派作品的抒情氛围与高雅气质。音效出乎意外的好，且几乎没有杂音

与浪漫构成的完美结合，《左手钢琴协奏曲》是一首爵士乐风格的华丽音乐作品。

科尔托诠释的《第四钢琴协奏曲》与卡萨德苏斯（Casadesus）版本都堪称历史名作。《交响变奏曲》展现了幻化的情感与技法，科尔托自己弹奏的《左手钢琴协奏曲》则令我耳迷目眩，精彩绝伦。

这张CD分别为1934年、1935年、1939年的录音，音效出乎意外的好，频宽、动态、细节、质量都很可观，并且几乎没有杂音。

Pablo Casals
Plays Works for Cello And Orchestra
（Pearl GEMM CD9349）

卡萨尔斯（1876—1973）是西班牙的大提琴家、指挥家、作曲家与钢琴家。他堪称19世纪、20世纪最伟大的大提琴演奏家。他既是音乐热爱者，也是人道主义者，他可以不眠不休地指挥由工人组成的管弦乐团排练，在西班牙内战时期又投入全部心力救助难民。当然大家比较了解的是他对大提琴演奏技法与音色的创见及对巴赫、贝多芬、海顿作品的新见解，更是将巴赫6首无伴奏大提琴组曲作为大提琴家试金石的推介者。

他的大提琴演奏技法始终是被学习与模仿的对象，但是无人能及，他能拉出独特的音色、如歌抒情的曲调。这张电子录音的78转／分唱片转制的CD能呈现他的这些特质。

这张唱片收录了兰登·罗纳德（Landon Ronald）指挥伦敦交响乐团协奏、卡萨尔斯主

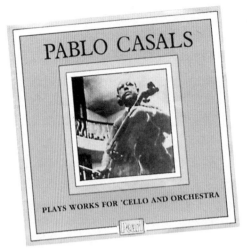

在德沃夏克的协奏曲中，卡萨尔斯掌握了19世纪的浪漫真髓，以惊人的热情诠释这部感人的乡愁与悲歌，是虫胶唱片的经典之作，也是乐迷不可错过的名作

奏的博凯里尼（Boccherini）《降B大调大提琴协奏曲》与布鲁赫《晚祷》（Kol Nidrei），以及由乔治·塞尔（George Szell）指挥捷克爱乐乐团协奏的德沃夏克《降b小调大提琴协奏曲》，分别是1936年与1937年的电子录音。在博凯里尼的协奏曲中，甜美旋律、哀戚气氛、复弦琶音、三连音符、跳跃音程在卡萨尔斯悠哉的滑弓中呈现，乐思绵延。在《晚祷》的宣叙部，卡萨尔斯展现戏剧张力，在长段抒情救赎乐节中，卡萨尔斯的虔诚优美琴韵更是无人可比。在德沃夏克的协奏曲中，卡萨尔斯掌握了19世纪的浪漫主义精髓，以惊人的热情诠释这感人的乡愁与悲歌，是虫胶唱片的经典之作。除了Pearl，EMI Mono 763498-2 与 Naxos Mono 8.11093 亦有同一版本的不同CD转制，其演绎的音乐性极佳，即使乐迷听再多的立体声版本，仍须聆赏这部名作。

Kreisler
Plays Violin Concertos
（Pearl GEMM CDS 9362）

美籍奥地利小提琴家弗里茨·克莱斯勒（Fritz Kreisler，1875—1962）是音乐神童，7岁登台演出，并破格进入维也纳音乐学院，9岁时他的老师布鲁克纳为其举办首次公开独奏会，12岁即获得罗马大奖。曾赴法国随维尼亚夫斯基与萨拉萨蒂的老师约瑟夫·马萨（Joseph Massart）学习器乐法。1888年到美国波士顿演奏，随即返回维也纳，弃乐从医并入伍受训。1899年经过八周苦练再度返回乐坛，又赴美国，1914年参战受伤，退伍入籍美国。

克莱斯勒的小提琴演奏可以说是集众家之大成，也就是小提琴演奏的基本要素——娴熟技巧、亮丽纯音他都具备，外加他独有的魅力与优雅、热情与活力。小提琴大师梅纽因（Menuhin）就这么形容克莱斯勒：异于其他演奏家，他像在述说音乐，似乎每一作品都是向喜爱者朗读一首诗歌。此外，他心胸宽阔，也乐意助人，两次世界大战期间，他都将大部分收入捐助给难民；首次听到孩童海菲兹演奏后，向他的同门津巴利斯特说："海菲兹崛起的时刻就是我离开之时。"

20世纪20年代中后期，克莱斯勒与里奥·布莱克（Leo Blech）指挥的柏林国家歌剧院管弦乐团录制门德尔松、贝多芬与勃拉姆斯的小提琴协奏曲。现在这套78转唱片转制的CD是他在1935年与1936年分别与罗纳德（伦敦爱乐乐团）、巴比罗利（伦敦爱乐乐团）同曲目的重录唱片，外加奥曼迪（费城管弦乐团）演奏的《帕格尼尼第一小提琴协奏曲》第一乐章。在门德尔松的协奏曲中，克莱斯勒呈现出他著名的悠长演奏风格，尤其体现在慢板乐章中；在勃拉姆斯的协奏曲中，克莱斯勒以他高超的技术自信下弓，并且高雅地演绎这部技法艰辛、创意惊人的曲作；在贝多芬的协奏曲中，克莱斯勒在开头乐章展现纯粹古典恢宏风范，在慢板中间乐章吟唱甜美抒情，轮旋终乐章则充满温馨与幽默；克莱斯勒改编的《帕格尼尼协奏曲第一乐章》具有后期浪漫主义曲风，虽略显甘腻，演奏依然展现非凡才气，甜蜜华丽。

这部作品录音优良，转制良好，小提琴录得扎实甜美，尽管高频延伸仍有所欠缺。

Petri
Plays Brahms
（Naxos 8.110634）

埃贡·佩特里（Egon Petri, 1881—1962）是德裔美籍钢琴家，乐评家劳伦斯·基尔曼（Lawrence Gilman）评价他是位品位与技巧兼具的音乐家，对乐曲诠释深入，为人又极为谦虚。

收集在这张唱片中的2首勃拉姆斯钢琴变奏曲《帕格尼尼主题变奏曲》与《亨德尔主题变奏曲》分别是1937年与1938年在寺院路第3录音棚录制的，另外3首狂想曲则是1940年在纽约录制的。在《帕格尼尼主题变奏曲》中，佩特里呈现即兴与悠逸的琴韵，融合弹奏技巧与音乐内涵，使这一演奏成为钢琴录音史上的里程碑。在《亨德尔主题变

这张由1935与1936年78转唱片转录的CD，可以欣赏到克莱斯勒高超的技巧及著名的悠长乐段的风格

佩特里的《帕格尼尼主题变奏曲》，演奏呈现即兴与悠逸的琴韵，融合弹奏技巧与音乐内涵的情操，使这一演奏成为钢琴录音史上的里程碑

奏曲》中，佩特里掌握了对位法的精髓，展现了充满活力的演奏，堪称愉悦的录音。《狂想曲》的录制是在人生地不熟的纽约，加上逃离欧洲，面临战争，在幽闭恐惧的录音棚里，佩特里没能完美演奏，但也透露出勃拉姆斯这些杰作的若干幽暗乐思。佩特里一生留下许多弹奏典范，除了作为他众多名家学生（如 Earl Wild、Ruth Slenczynska、John Ogdon、Eugene Istomin、Karol Szreter 与 Lee Hoiby）的有声模板，也成为后世钢琴学子或乐迷的宝贵遗珍。

担任 78 转唱片数字转化的是玛丽娜与维克多·莱丁（Marina and Victor Ledin），他们从当年发行于世界各地的同版唱片中选择版面最纯静的英国与美国压片，以最少的模拟线路，采用 Cedar 系统转制数字母片，去除杂音，保留最温暖又清晰的原始钢琴录音。

1938 年德律风根录制这场演出时，采用了当时最先进的录音技术，CD 再现了当年门格尔贝格与阿姆斯特丹皇家音乐厅管弦乐团优秀的演奏

Mengelberg
conducts Brahms Symphony No.2 and No.4
（Naxos 8.110158）

德裔指挥家威廉·门格尔贝格（Willem Mengelberg，1871—1951）是荷兰阿姆斯特丹皇家音乐厅管弦乐团百年传奇的缔造者，他使该乐团在欧洲与柏林爱乐乐团、维也纳爱乐乐团相提并论。1895 年他被阿姆斯特丹皇家音乐厅管弦乐团延聘为音乐总监，初生之犊、锐意革新，短短三年便把乐团提升至欧洲一流，1898 年理查德·施特劳斯即将新作《英雄的生涯》题献给该乐团首演。

1937 年德律风根（Telefunken）公司宣称将与门格尔贝格指挥的阿姆斯特丹皇家音乐厅管弦乐团合作录制系列唱片。在门格尔贝格与德律风根合作的 6 年当中录制了许多为人称赞的、不论在技术上或音乐上都堪称一流的唱片。

德律风根采用当时最先进的录制技术，效果令人惊异，知名转录（复刻）工程师马斯顿在重制这些唱片时最大的挑战不是来自原始录音，而是当时唱片采用的"虫胶"（Shellac），造成高音量的唱片表面杂音，但是为了保存原有录音最完整的幅度，并未采用破坏性手段去除杂音，对于原始录音师为了凸显不同乐章、不同乐器的表现，而调整话筒摆位所造成动态与平衡的落差，在重制时，马斯顿酌情予以调整，让整首交响乐呈现较一致的音响效果。

这张 CD 收录门格尔贝格诠释勃拉姆斯的第二与第四交响曲，以他惯有的在意大利式严苛学院派与德国强烈戏剧性取其中道之风格，对这两首交响曲既不刻意修饰，也不夸张陈述。他将焦点集中在和谐交替的节奏、抒情优美的乐句及清晰透明的管弦架构。在录制第四交响曲时正面临第二次世界大战的阴霾，门格尔贝格在诠释上增添了一份深层的忧愁与失望的落寞，第二交响曲也稍减些许明朗阳光与欢乐情境。无论如何，门格尔贝格以温暖的人性、坚定的信念，让聆者感受到这两部作品的澎湃与深情。

原始录音呈现阿姆斯特丹皇家音乐厅管弦乐团优秀的演奏，弦群、木管或铜管均栩栩如生。第二交响曲堂韵较多，第四交响曲由于话筒较接近乐团，管弦刻画较深，整体音效极佳。

电子录音促成 20 世纪 30 年代第一个录音史上的黄金年代，到第二次世界大战时逐渐衰退，许多唱片公司中断业务，旗下伟大的艺术家不是过世就是退休，或移民美国躲避战乱，或留在美国录音。大战结束之后，唱片业逐渐复苏，新的演唱家或歌唱家纷纷崛起，随即进入"磁带录音"时代，紧接着 LP 唱片问世，进入 Hi-Fi 时代。在立体声技术成熟时，真正高保真的唱片黄金时代宣告来临，高保真音响器材也随着蓬勃发展，与时俱进，迄今不消。

诸神的黄昏（瓦格纳）蔡克信画

直到磁带录音技术发明，音乐重放才走上康庄大道，加上现代 LP 黑胶唱片的成熟，更让高保真音乐重放进入辉煌时代

6

从磁带到现代 LP

早期的蜡质圆筒留声机是为家庭用途或办公录音所设计，人们只要将已录过的表层蜡质削去，空白的表面就可以用于录制新的留言。1931 年 Victor 在美国市场推出的可用唱针刺录的"塑料碟"，以及第二次世界大战后在英国上市的 Pye "Record Maker"与 1949 年 HMV 的 Model 2300 等类似录音设备都没有获得成功。直到磁带录音技术的发明，音乐重放才走上录音史上的康庄大道，加上现代 LP 黑胶唱片的成熟，更让高保真音乐重放进入辉煌时代。

磁带录音先驱——钢丝录音机

在录音史上最早的录音机应属 1898 年丹麦工程师瓦尔德马尔·波尔森（Valdemar Poulesn，1869—1942）发明的钢丝录音机"Telegraphone"（远距留声机），用来听写与电传。这部机器是由一钢质滚筒表面车上螺纹，再绕以钢丝，利用声波转变的电流与钢丝铁质分子的磁化，再依反向原理由听筒听取原录音信息。1900 年初，波尔森也实验制作"金属碟"，虽然技术有所进展，但未达上市标准。

1929 年，英国的 Blattner Colour and Sound Studio 制造出"钢带录音机"（Steel Band Recorder），同样利用"电磁转化"原理，扁平的钢带宽 6mm，1 卷可连续录制约 20 分钟，1931 年即为 BBC 采用。1934 年，Marconi Stille 录音机进一步采用钨钢带（Tungsten Steel Strip）。1948 年 B&O（Bang and Olufsen）也制作了 Beocord 钢丝录音机，甚至到 1952 年，英国的 Boosey and Hawks 还推出 Wirek 钢丝录音机。但是终究钢丝录音（即使加上后来的电子管扩声）无法担当繁复音乐演奏的大梁。其实波尔森早就有个专利预言，他说："使用一种绝缘条带，例如纸带上覆可被

绝代女高音舒瓦兹科芙的《舒伯特歌曲独唱音乐会》，由其丈夫、名制作人华尔特·李吉策划（EMI Mono LP）

海菲兹 1947—1949 年版门德尔松与莫扎特协奏曲名作（Seraphim Mono LP）

磁化的金属微粒，应是最佳的录音媒介。"

Ampex 与 Studer 的缘起

这一理念，欧伯林·史密斯（Oberlin Smith）在 1888 年就提出过。虽然 1927 年，美国的奥聂尔发明非磁性涂层纸带录音，1928 年获得德国专利的弗里茨·普洛伊寞（Fritz Pfleumer）也有过类似构想，这种格式也在 1951 年为电影录音所用，但是真正的磁带（以塑料为基底涂布氧化铁）是 1934 年德国 BASF（Badisch Anilin & Soda Fabrik）首先研发成功的，并且在 1935 年柏林无线电展上展示，搭配同年德国 AEG 公司设计的 Magnetophon（磁式留声机）。最早以此种磁带录音存世可考的是 1936 年 11 月 19 日在德国演奏《莫扎特第 39 交响曲》的实况。1937 年由 AEG 与 Telefunken 合作的 Magnetophone 公开上市。同年美国 Brush 发展公司也贩售

其 Soundmirror（声镜）磁带录音机，到 1944 年更与 3M 公司合作开发磁带。

第二次世界大战期间，盟军发觉德军广播电台的宣传广播效果卓著，直到 1944 年解放卢森堡后，才发现这些电台拥有先进的录音设备。英国与美国的工程师依据送回的德国机器改进录音设备。其间，在探索德国录音机的历程中，出现了一位磁带录音发展史上的重要人物——杰克·穆林（Jack Mullin, 1913—1999）。这位美国电子工程师在 1941 入伍，1943 年驻扎英国，负责电台广播干扰工作，1945 年在巴德诺海姆（Bad Nauheim）一处广播电台发现了采用"交流偏置"（而非先前发现的直流偏置）的 Magnetophone，也了解了录音品质优秀之秘密。退伍后他即对 AEG Magnetophone 进行了彻底研究，1946 年与有声电影制造商比尔·帕玛（Bill Palmer）合作制造更新颖的录音机，在发布会上启发

花腔女高音玛莉亚·卡拉丝歌剧咏叹调专辑
（EMI Mono LP）

瑞典国宝男高音毕约林歌剧咏叹调专辑
（EMI Mono LP）

被忽视的女小提琴演奏家约翰纳·玛琪的奏鸣曲集
（DGG Mono CD）

了 Ampex 的工程师，而于 1948 年研发出美国
首部专业录音机 Ampex Model 200，也成为美
国广播公司制作常态性录音广播节目的利器。
同时 3M Scotch 磁带也日趋成熟，于 1947 年
上市的 Scotch 100 磁带带动了美国磁带工业及
全世界新的唱片工业。

战后，Ampex 与 Soundmirror 等盘式录音
机销往欧洲，又带出录音机史上另一重要人
物威利·斯图德（Willi Studer）。原本首批输
往瑞士的 Soundmirror 录音机为将 110V/60Hz
改为 220V/50Hz 以适应当地电压而找上斯图
德，后他因录音机屡次故障送修而自行设计
一部崭新专业机种 Studer 27，后又设计家用
机种并以 Revox 命名，结果二者均声名大噪，
直到数字时代，他的 Revox A-77、B-77，甚
至半专业的 A-700，仍是模拟录音的经典机
型。在此，我们也必须提到在第二次世界大
战末期，日本也如德国一样设计出磁带录音

机，日本天皇的投降诏书即是通过 Concertone
（Teac 前身）录音机录制，而 Ampex 后期产品
还曾由 Teac 代工。

不断往 Long Playing 前进

1954 年美国 Victor 唱片公司推出音乐预
录式磁带（7 英寸盘、$7\frac{1}{2}$ in/s 转速），分别在
美国与英国上市，1957 年与 1959 年分别有所
谓的 Selectophon 与 Gramdeck 磁带录音 / 唱片
播放混血机型问世，1958 年 RCA 也有预录盒
式磁带供应，1963 年飞利浦推出紧凑型盒式录
音带，但这些都与迈向高保真的现代 LP 无关，
不再细表。无论如何，磁带录音具有可供长时
间录制、方便剪辑混音、超宽频、高动态等优
异特性，成为现代高保真 LP 成功的基本支柱。

其实从爱迪生发明蜡质圆筒留声机开始，
工程师就不断朝"长时播放"（Long Playing,
LP）方向努力。在 1908 年爱迪生的"琥珀唱筒"
（Amberol Cylinder）已经可以录制 4 分钟而
可与 1903 年贝林纳发明的 12 英寸唱片比拟。
1912 年改良的"蓝琥珀唱筒"（Blue Anberol
Cylinder）不但声音清晰且又耐磨。但是，唱
片使用者并不安于使用仅能录制 2.5 分钟的
10 英寸唱片播放流行歌曲，而用 12 英寸唱片
聆听 3.5 分钟到 4.5 分钟的歌剧咏叹调或管弦
小品。因此，在 1904 年，英国 Neophone 公司
首度推出 10 英寸、78 转 / 分、以蓝宝石唱针
可播放 12 分钟的早期 LP。这些 LP 沿用蜡筒
"丘谷式"（hill and dale）刻片技术，表面杂音
显著，虽不易破裂，但经日晒会弯曲。次年，
Neophone 公司改采"侧刻法"（lateral cut），制
作 20 英寸可播放 8 ～ 10 分钟的唱片，极利

于轻管弦作品录制。之后 Neophone 的创立者威廉·麦克利斯（William Michaelis）建议应采"垂直刻片"（Vertical Cutting）方式制作 LP，但不幸的是表面杂音始终无法克服，他们的创意与革命在 1908 年销声匿迹。

33 $\frac{1}{3}$ 转 / 分之滥觞

前仆后继，陆续有多家唱片公司尝试 LP 的制作，如美国的 Victor、意大利的 Fenotipia 等，虽然未能成功上市，但已经开始采用 33 $\frac{1}{3}$ 转 / 分的转速。1931 年，美国 RCA Victor 生产 33 $\frac{1}{3}$ 转 / 分转速的 10 英寸与 12 英寸唱片，部分使用虫胶，其余采用塑料（Victrolac），12 英寸唱片可以录制 12 ～ 14 分钟，第一次使用此方式录下完整的交响曲，即是在该年由斯托科夫斯基指挥费城管弦乐团演奏贝多芬的第五交响曲，第一、第二乐章录在第一面，第三、第四乐章录在第二面。1932 年，Victor 也由艾灵顿公爵与其乐团首度作 LP 录音尝试，录下

East St. Louis Toodle Oo、*Lots O'Finger* 与 *Black and Tan Fantasy*。但是，这些都是磁带录音之前的尝试，现代 LP 真正成熟要到 20 世纪 40 年代末期。

现代 LP 时代来临

现代 LP 之发展，美国 Columbia（哥伦比亚唱片公司）的彼得·戈德马克（Peter Goldmark）博士与威廉·巴赫曼（William Bachman）厥功至伟。他们的格式也经过多年同业的抗衡才被公认。1948 年 6 月 21 日，美国 Columbia 在纽约著名的华尔道夫 - 阿斯托利亚酒店发表 33 $\frac{1}{3}$ 转 / 分微纹塑料 LP，唱片有 10 英寸与 12 英寸两种，唱机也有 Philco Radio 与 Television Co. of Philadelphia 的两款。原本希望主要对手 RCA 共襄盛举，但 RCA 仍然犹豫，反而秘密研发新的格式，而于 1949 年 1 月发行首批 45 转 / 分、7 英寸塑料唱片，虽然不是"长时播放"，但已具现代观念，取

20 世纪 50 年代指挥大师托斯卡尼尼指挥 NBC 交响乐团演奏德彪西与拉威尔的作品

LP 与 CD 均值得收藏家收藏的 1950 年富特文格勒《尼伯龙根的指环》

代粗纹的 78 转 / 分易脆唱片，改用"微纹"不易破的唱片。由于 Columbia 唱片可连续播放 20 分钟以上，加上 Columbia 放弃 LP 专利，RCA 与其他唱片公司共同进入这一市场。

Columbia 的 LP 创举不但在历史上极具意义，在商业上亦大获成功（第一年即售出 350 万套），其首批发行唱片目录值得一探，当然这些都有赖磁带录音的帮助。这批 LP 唱片大多属严肃音乐，包括 12 款 10 英寸唱片（编号自 ML 2000 起）、55 款 12 英寸唱片（编号自 ML 400 起）、3 部完整歌唱片（编号自 SL 100 起）、4 套非歌剧唱片（包括莎士比亚的《奥泰罗》戏剧），以及一些流行歌曲。其中最具代表性的有贝多芬的交响曲、钢琴奏鸣曲、小提琴协奏曲、《皇帝》钢琴协奏曲、弦乐四重奏与小提琴奏鸣曲；柴可夫斯基的后 3 首交响曲、小提琴协奏曲、《罗密欧与朱丽叶序曲》、《1812 序曲》；莫扎特的最后 2 首交响曲、《C 大调弦乐五重奏》、

富特文格勒指挥演奏瓦格纳的管弦乐（EMI 电子仿真立体声 CD）

Ezio Pinza 演唱的咏叹调与小提琴奏鸣曲集；勃拉姆斯的第一与第四交响曲、小提琴协奏曲与第二钢琴协奏曲。其他还包括巴赫、比才、肖邦、德彪西、德沃夏克、弗兰克、格什温、格里格、哈恰图良、马勒、门德尔松、穆索尔斯基、普罗科菲耶夫、拉威尔、舒伯特、舒曼、肖斯塔科维奇、约翰·施特劳斯、理查德·施特劳斯、斯特拉文斯基、瓦格纳与维尼亚夫斯基等作曲家的著名曲作。演奏家则包括布鲁诺·瓦尔特、鲁道夫·塞尔金、米尔斯坦、阿图尔·罗津斯基、弗里茨·莱纳、柯斯特兰内兹、尤金·奥曼迪、布达佩斯弦乐四重奏、塞尔、莉莉·彭斯与保罗·罗贝森等。流行音乐唱片则以 Frank Sinatra、Diana Shore、Buddy Clark、Xavier Cugat 与 Harry James 最为著名。

1949 年英国 Decca（迪卡，在美国发行则称为 London）在美国发行 LP，1950 年 Decca 在英国发行 LP，材质称为 Geon，与美国的 Vinylite 互通。同年，法国"琴鸟"（Edition de I' Oiseau Lyre，自 1953 年后海外版即由 Decca 发行）开始推出 LP。1951 年苏联、法国 EMI 相继推出 LP，1952 年德国 DGG、英国 EMI 也宣告 LP 上市。1953 年后西班牙、丹麦等国也步上风潮。至此，现代 LP 已成为事实上的唱片标准，虽然仍是单声道（Mono），但是由于磁带录音以及唱片刻片技术的进步，在 20 世纪 50 年代上半叶已可称其为"高保真"（High Fidelity），1957 年立体声（Stereo）LP 出现，真正的高保真音乐时代终于来临。

以下，笔者将介绍一些 20 世纪 40 年代末至 50 年代末的磁带录音到现代 LP 的单声

道唱片，皆是历史名作。为方便有兴趣的乐迷搜寻，均采用数字转制的 CD 唱片介绍。

HISTORIC

Mussorgsky
*Pictures at
an Exhibition*

Julius Katchen

Liszt
Balakirev

这张唱片收录 Julius Katchen 在 1950 年、1953 年与 1954 年的录音，曲目包括穆索尔斯基、李斯特等人的曲作。卡钦的演奏一丝不苟、严谨细腻，条理清晰、毫不滥情

Julius Katchen
Mussorski, List, Balakirev
（Decca 425 961-2）

朱利叶斯·卡钦（Julius Katchen，1926—1969）是美国钢琴家，他的录音作品在他去世后比生前更受人景仰。他是公认的勃拉姆斯专家，他录制的钢琴独奏曲全集也作为评价其他钢琴家的参考标准。他 15 岁前由祖母教他学习钢琴，后受教于钢琴名家戈多夫斯基（Godowsky）的女婿大卫·萨佩顿（David Saperton）。他 11 岁（1937 年）即作全国广播演奏，同年与奥曼迪指挥的费城管弦乐团同台，开始职业生涯。1941 年回到大学修习哲学与英国文学，4 年后法国政府因其学术成就授予荣誉会士称号，此后一生与法国结缘。1946 年在巴黎作欧洲首演，也开始与迪卡公司签约录制唱片。20 世纪 50 年代，他已被公认为第二次世界大战后最具才气的杰出钢琴家。在为迪卡录制的勃拉姆斯室内乐中，与著名小提琴家约瑟夫·苏克（Josef Suk）及大提琴家亚诺什·施塔克（Janos Starker）合作的作品，正是他演艺的巅峰之作。1948 年在录制勃拉姆斯第 87 号作品 C 大调钢琴三重奏与大提琴奏鸣曲时，他已罹患白血病，而于次年病逝，享年仅 43 岁。

卡钦为人热情，精力充沛，内心极其真诚，他喜欢克服音乐演奏的困难。虽然在最后几年以演奏勃拉姆斯的作品为主，其实他

演奏的曲目宽阔，他的《格什温：蓝色狂想曲》（曼托凡尼指挥）与《拉赫玛尼诺夫：第二钢琴协奏曲》都是畅销唱片。在生命的最末数月，在伊斯特凡·克尔提斯（Istvan Kertesz）指挥伦敦交响乐团再录《蓝色狂想曲》时，虽然身躯疼痛，他仍不改其一贯的乐观愉悦天性，这也是他的最后录音。老实说，在伟大的钢琴家中，卡钦很难定位，事实上，他的人格特质成为他的音乐艺术的一部分，有人蔑视他，有人却对他的技巧与音乐极为折服，无论如何，从不令人生厌，这也是艺术家中的异数。

这张唱片收录他在 1950 年、1953 年与 1954 年的录音，由迪卡名制作人乔恩·库尔肖（John Culshaw）与彼得·安德里（Peter Andry）策划，录音大师肯尼斯·威尔金森（Kenneth Wilkinson）录制。曲目包括穆索尔斯基的《图画展览会》，李斯特的《第一号梅菲斯特圆舞曲》《葬礼曲》与《第十二号匈牙

利狂想曲》及巴拉基瑞夫的《伊斯拉美幻想曲》。卡钦的演奏一丝不苟、严谨细腻、条理清晰、毫不滥情。威尔金森的录音已呈现迪卡 ffrr 全频域特质，《图画展览会》明朗清亮，其余录音温厚沉着。

Wilhelm Backhaus
Beethoven Piano Concertos 4 & 5
（Decca 425962-2）

威廉·巴克豪斯（1884—1969）出生于莱比锡，7 岁时随不甚出名的雷肯多夫（Reckendorf）习琴，后又跟李斯特的弟子尤金·阿尔伯特（Eugene Albert）学习。1905 年定居伦敦并获得"鲁宾斯坦大奖"，进入曼彻斯特音乐学院深造。

历经七十寒暑的演奏生涯，巴克豪斯成为 20 世纪最伟大的德国钢琴家之一，也是第一位早在 1909 就录制唱片的钢琴家。他极早成功，但在美国虽每年公演却未能大红大紫，以致 1920 年之后的 30 年间在美国音乐界缺席。这期间，巴克豪斯签下许多录音合约，也诠释了许多经典名曲，例如舒曼的《幻想曲》、勃拉姆斯的《帕格尼尼变奏曲》、历史上第一套肖邦《24 首练习曲》，都是收藏必备品，也逐渐引起美国乐评人的青睐与衷心喜爱。1954 年，当他回到卡内基音乐厅演奏时，终于获得肯定的欢呼。

他的贝多芬全套独奏会不但极受欢迎，唱片更令他闻名遐迩。他录过奏鸣曲全集两次，但诠释一致，因为他建立的乐思极少改变，他也以单纯心看待音乐而不吹毛求疵，因此，他演绎的贝多芬的作品是率性而高傲

的，不刻意矫情，却充满活力。

除了贝多芬，巴克豪斯也演奏肖邦、李斯特、莫扎特、舒伯特的作品，虽然有"太直接"或"欠妩媚"等批评，但技巧高超毋庸置疑。早在 1910 年他即为"留声机公司"录制格里格的钢琴协奏曲，直到第二次世界大战后仍效力 HMV 公司，后来加盟迪卡，借着杰出的录音，他的琴艺遗珍得以为后人景仰，特别是勃拉姆斯的第二钢琴协奏曲与贝多芬的作品。

这张唱片收录了分别录于 1951 年（第四号）与 1953 年（第五号）的两首贝多芬钢琴协奏曲，由克莱门斯·克劳斯（Clemens Krauss）指挥维也纳爱乐乐团演奏。巴克豪斯的典型演奏风格潇洒呈现，迪卡全频录音技法挥洒殆尽，特别是第五号钢琴协奏曲，可谓单声道录音的典范。

巴克豪斯演奏贝多芬第四、五钢琴协奏曲，呈现其典型的演奏风格

Mahler
Das Lied Von Der Erde

（London 414 194-2）

这是一张大指挥家瓦尔特三度录制的马勒《大地之歌》中的经典作品

1907 年，马勒罹患严重心疾，他怀着 4 岁长女猝逝之痛，开始谱写《大地之歌》交响曲。这缘起于友人送他的排遣寂寥的一本德译本中国诗集《中国笛》，从诗集中他得到人生哲学的启发——自然之美，年复一年，周而复始，人们只能在短暂人生中欣赏，但大地歌唱不绝。欣赏人生，平和告别未尝不是幸福。这一理念加上从诗集中选出《悲歌行》（李白）《采莲曲》（李白）《春日醉起言志》（李白）《宿业师山房期丁大不至》（孟浩然）与《送别》（王维）诗词谱成六乐章的交响曲，其中较短的第三、第四、第五乐章可以视为"诙谐乐章"。全曲虽以大型管弦编制，每段音乐却使用室内乐规模陈述，并间隔乐章，分别由男高音与女中音吟唱。全曲以"叹世酒歌"、"秋日孤人"、"青春"、"美"、"醉在春天"与"告别"为题，整体不外"天虽长，地虽久，金玉满堂应不守，富贵百年能几何，死生一度人皆有。孤猿坐啼坟上月，且须一尽杯中酒"，以及"生既幽幽，死亦冥冥"的哲学意念。

《大地之歌》的优秀演录不知凡几，但是这一早期磁带的单声道录音版本却是千古绝唱。这一版本于 1952 年在维也纳录音，也是大指挥家布鲁诺·瓦尔特（Bruno Walter）三度录制作品中的经典之作。瓦尔特是马勒密友，公认最清楚马勒的作曲诠释。指挥这一版本时瓦尔特已经 76 岁，担纲男高音的尤利乌斯·帕札克（Julius Patzak）是维也纳歌剧院

的传奇英雄，担任女中音的凯瑟琳·费丽尔（Kathleen Ferrier）更是传奇、凄美。她的真正演艺生涯始自 1943 年，却在巅峰的 1953 年因癌症离世。

瓦尔特认为费丽尔是演唱马勒作品的不二人选（另一位马勒提携的大指挥家克伦佩勒同样欣赏她，他指挥的马勒第二交响曲，即由费丽尔主唱，详见 Decca D264D2），他们在 1947 年首届爱丁堡音乐节中曾经合作演出《大地之歌》，当时由于费丽尔唱到曲末已泣不成声而未唱完"ewig（永远）"一词。当她向指挥说抱歉时，瓦尔特感性地回答："如果每位艺术家都能和您一样，我们也绝对会泪流不已。"

费丽尔好像马勒量身打造的剧中人的化身。她具有自然契合马勒作品的形象，而非训练得来。事实上，在录制这一版本时，瓦尔特与费丽尔都心里明白，她是以这一录音向自己告别，她只能再一次看到大地呈绿，一如马

勒，她也以最巅峰的艺术回复死亡的挑衅，虽然唱到最高的 G 音时有些吃力，但她爽朗无惧，散发出的生命热忱早已超越挑剔的乐评。

帕札克的演唱同样无懈可击。迪卡的杰作，音质之美与音域动态之宽并不因为是单声道录音而有所减损。

Walton
Façade/Siesta ; Arnold : English Dances
（London 425 661-2）

英国 20 世纪杰出作曲家威廉•沃尔顿（William Walton, 1902—1983）曾创作歌剧《特罗伊罗斯与克瑞西达》小提琴、中提琴、大提琴协奏曲，神剧《贝尔沙查之宴》，以及收录在这张唱片的《外表》（Façade，弗萨德）、《午睡》（Siesta）、《史卡匹诺序曲》《朴茨茅斯

这张 1953 年 Decca 的录音，精彩万分，管弦、打击乐、人声均清晰透明、浑润圆滑，无比优美，值得收藏

岬》等曲作。

其中，《外表》是其 19 岁时的一首才华横溢的诗歌器乐连篇妙作。发烧友认识这部作品大多通过 Reference Recordings 的一张发烧唱片（RR-16），那是由芝加哥专业音乐家合奏团演出的器乐节录版。熟悉那些旋律之后，再来聆听这张完整版会更加得心应手、感动、兴奋。

《外表》是女诗人伊迪丝•西特韦尔（Edith Sitwell, 1887—1964）与沃尔顿合作的"诗歌"。西特韦尔原本尝试作"抽象诗"，将诗韵的声音、长短、节奏作可能的探讨，结果往往导致无意义诗词，但西特韦尔认为再配上音乐就会强化声韵效果，因而促成沃尔顿的音乐。由于西特韦尔变化不一的音节、字句，沃尔顿必须以音乐同步，即兴搭配而完成整体结构；结果，西特韦尔的 22 首诗化入沃尔顿的音乐，成就《外表》。

这张唱片中的《外表》由安东尼•柯林斯（Anthony Collins）指挥，英国歌剧团演奏，由西特韦尔亲自吟诗，男歌唱家彼得•皮尔斯助阵演出，1953 年录音。半个世纪以来，无任何版本可及，精彩万分，加上 Decca 超级单声道，管弦、打击乐、人声均清晰透明、浑润圆滑，无比优美，值得乐迷收藏。这张唱片收录的其他作品有耳熟的马尔科姆•阿诺德（Malcolm Arnold）的《英国舞曲》，同样美不胜收。从这张唱片的录音中，我们可以知道 Decca 原来与 EMI（HMV）、Columbia、RCA、DGG 等相比算是录音界后辈小厂，但自磁带录音与 LP 时代开始，它的录音技术已不让各位老大哥专美于前，甚至后来居上，而以"迪卡之声"闻名至今。

Ida Haendel
plays Brahms & Tchaikovsky
（EMI Testment SBT 1038）

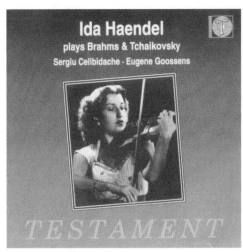

这是埃达 25 岁时的录音，已展现她的成熟与智慧

在回顾海菲兹的 9 张协奏曲重刻大碟之后，满脑子都是海菲兹小提琴炫技的声影，寻常琴声难以撼动。没想到听到埃达·亨德尔（Ida Haendel）这张 1953 年的单声道唱片，竟然惊艳不已。其琴韵之实美、诠释之虔诚，在众多勃拉姆斯与柴可夫斯基的协奏曲版本中令人耳目一新，而录音又兼具温馨与透明，在同类作品中更是少见。

埃达是 20 世纪波兰裔英国女性小提琴家，她的舞台演出持续了 60 年，却罕见唱片大量风行，这或许是她的琴艺为人低估的原因之一。她是神童型演奏家，1928 年出生，3 岁半拾起她姐姐的小提琴，竟很快能拉出她母亲所唱过的曲调。她持续从家中唱片听小提琴学习，意图心强烈的父亲为她寻找名师，却鲜有人敢担当。6 岁时移居华沙，在肖邦音乐学院受教于米哈洛维奇（Mihalowicz），7 岁开始登台，9 岁获金牌，10 岁赢得小提琴大师"胡贝尔曼大奖"（Huberman Prize），这一成功使她得到慈善团体赞助赴巴黎向大师西格提（Szigetti）学习，虽西格提对她影响甚深，终究无法教她，因而弗莱施·卡尔（Flesch Carl）成为她的主要指导，其间她也曾向罗马尼亚名作曲家兼小提琴家埃内斯库（Enesco）请教。1935 年她在"维尼亚夫斯基国际小提琴比赛"中获得特别奖，该年金银牌得主分别为后来均成名匠的吉内特·内芙（Ginette Neveu）与大卫·奥伊斯特拉赫（David Oistrakh）。1936 年 12 月她在伦敦皇后厅作独奏初演，1937 年 1 月在亨利·伍德爵士（Sir Henry Wood）指挥下演奏勃拉姆斯的小提琴协奏曲，次月再演出贝多芬的小提琴协奏曲，获得《每日电讯报》乐评人费鲁乔·博纳维亚（Ferruccio Bonavia）的评价："技巧与音乐无瑕，在天才中极为杰出。"伍德更说："她的提琴音色与音乐表情极美，仿佛老友伊萨伊（Ysaye）再现身旁。"

1939 年，在德国人侵波兰之前，她决定定居伦敦，并于次年入籍英国。战争期间她为军队与工人演奏，也出现在国家艺廊音乐会。1941 年她在德沃夏克百年音乐会中演出协奏曲，次年初演爱德华·埃尔加的小提琴协奏曲，1944 年在她的导师伍德爵士纪念音乐会上现身，1946 年 11 月赴美前夕，她初演哈恰图良的小提琴协奏曲。1947 年埃达依序与巴勒斯坦管弦乐团、以色列爱乐乐团合作演出。战后，埃达再度邂逅指挥导师谢尔盖·切利比达凯（Sergiu Celibidache），这位不爱录音的罗马尼亚大指挥，对音乐一丝不苟、虔诚奉献的理念深深影响了埃达的演奏生涯。1952 年，埃达移居蒙特利尔，与父母同住，但仍保有英国籍，她爱英伦，也一直是英国音乐大使，不断将埃尔加、布里顿与沃尔顿的音乐向世人推介。她也曾随各大乐团访问过中国、德国、澳大利亚、墨西哥等国。

埃达的演奏曲目除了古典浪漫大师名曲（包括这张唱片中的两首协奏曲），还涵盖相对罕见的欧内斯特·布洛赫（Emest Bloch）与马克斯·雷格（Max Reger）的协奏曲、路易吉·达拉皮科拉（Luigi Dallapicola）的《塔蒂尼风谣》、西贝柳斯小提琴协奏曲及瑞典作曲家阿兰·佩特松（Allan Pettersson）的作品。在演奏生涯中，她最感遗憾的是少有室内乐演出，连勃拉姆斯的双重协奏曲都不曾演奏，倒是双重奏不少，其中最心仪的是她的老师埃内斯库的《第三奏鸣曲》，这是一首少见的罗马尼亚民族风格的曲作。

埃达的手掌甚小，寻找合适的好琴不易，最初有一把 1726 年的斯特拉迪瓦里（Stradivarius），有时也借用瓜尔内里（Guarnerius），直到 1950 年初才寻获一把合适的 1696 年史特拉迪瓦里琴。她在第二次世界大战前即开始录音，她的表达一向精准、收敛，技巧扎实、节奏有致，擅长持续高速与反复乐节的处理。在舞台上她不喜作秀，她认为无须做出夸张表情来表达音乐的神情。

录制这张唱片时，埃达不到 30 岁，却已展现她的成熟与智慧。在勃拉姆斯的协奏曲中，她拉出强劲饱满的勃拉姆斯音调，弓弦际会的清澈与火花、音乐曲思的张力与贵气，在绝佳录音下一览无遗，切利比达凯带领伦敦交响乐团的烘托不着凿痕，相得益彰。在柴可夫斯基的协奏曲中，埃达的真诚浪漫诠释同样引人沉醉其间，尤金·古森斯（Eugene Goossens）指挥皇家爱乐乐团的伴奏同样呈现牡丹绿叶的效果。

1953 年的录音，其音质、音色、音响在数字时代依然可作典范，又是一张被低估、忽视，但乐迷应当收藏的唱片。

Guido Cantelli
The Debussy Recordings
（EMI Testament SBT 1011）

英年早逝的意大利指挥家吉多·坎泰利（Guido Cantelli，1920—1956）是大指挥家托斯卡尼尼宣称的真正后继者。他在 14 岁先以钢琴家的身份露面，后来进入米兰音乐学院改学作曲与指挥。1943 年在科恰剧院担任指挥与艺术指导，随即被迫入伍，由于不服纳粹管教被关入德国劳动营，之后逃亡，隐姓埋名直到战争结束。战后他随即发展指挥专长，在斯卡拉剧院等意大利音乐中心成功演出。1948 年他回到斯卡拉，与小提琴名匠内森·米尔斯坦（Nathan Milstein）合作演出勃拉姆斯小提琴协奏曲，同时演奏欣德米特（Hindemith）的《画家马迪斯交响曲》，获在场观赏的托斯卡尼尼赏识，并

坎泰利被托斯卡尼尼称为真正的指挥天才，在这张极为难得的录音中表露无遗

获邀于次年指挥 NBC 交响乐团。1949 年成功演出后，两人成为莫逆，托斯卡尼尼并称这位年轻指挥具有真正的天赋，足以将艺术带上顶峰。乐评人曼尼诺则建议说："任何音乐家都会受到同期大音乐家的影响，但是指挥家必须有个人姿态，坎泰利接近托斯卡尼尼当然很重要，因为托斯卡尼尼会说音乐，有 60 年伟大的经验，因此，如果你足够智慧，你该学他的经验。"坎泰利在美国的音乐会极为成功，1950 年转赴英国，在爱丁堡音乐节指挥斯卡拉乐团演出柴可夫斯基的《第五交响曲》。1951 年则指挥爱乐管弦乐团在全新的皇家节庆厅演奏柴可夫斯基的《罗密欧与朱丽叶序曲》，二者合作到 1954 年。同年 5 月在伦敦、9 月在爱丁堡首度指挥演奏德彪西的音乐，包括《圣塞巴斯蒂安的殉难》《海》与《牧神午后前奏曲》。当时，坎泰利已将乐团带至巅峰，名制作人华尔特·李格（Walter Legge）认为已达世界水准，遂

邀请坎泰利进录音棚录制这些曲目，成就这张唱片。但是录制过程非常艰辛，坎泰利反复检视录音带、调整管弦平衡，有时一曲要录制 20 次才满意。但是，辛苦总算有代价，这张单声道唱片如今听来依然细节周全，音响鲜活，犹如"现场演出"。

1956 年，坎泰利的事业如日中天，他接受已辞去斯卡拉剧院音乐总监的托斯卡尼尼的职位，在纽约也可能接续托斯卡尼尼的 NBC 交响乐团指挥任务，世界瞩目的爱乐管弦乐团也希望坎泰利继续带领，只可惜，悲剧突来，同年 11 月 24 日，在他从罗马飞往纽约，经过巴黎机场中转时因飞机失事而丧生。

1957 年 6 月 23 日在皇家节庆厅的一场坎泰利纪念音乐会上，贝弗利·巴克斯特爵士（Sir Beverley Baxter）写道："如果假以天年，在天上的音乐神殿，坎泰利将居难以想象之地位。在指挥的初年，他即集憧憬、细腻的心思及热忱无拘的热情于一身。"这些特质，在这张唱片中都可以感受到。为他写传记的劳伦斯·路易斯（Laurence Lewis）对这张唱片也有如下的评注："这张德彪西录音只能用'神奇'二字表达。《殉难记》可排名最伟大的录音之一……他为《海》带出地中海的温暖，完全不同于托斯卡尼尼的冷冽诠释。整体而言，《牧神午后前奏曲》诗意美感更是真正神妙，在曲尾渐退的《终止式》，坎泰利以渐弱手法将爱乐管弦乐团引入天堂。"

总之，坎泰利指挥的这 4 段管弦绝响，结构平衡、乐句完美无瑕，录音无懈可击。短暂的人生，灿烂的永恒！

Wilhelm Furtwangler
Beethoven Symphony
No.9 / No.1&No.3
（EMI CDH 7698012 / CDH 7630332）

20 世纪德国伟大指挥家威尔海姆·富特文格勒（Wilhelm Furtwangler，1886—1954）出身建筑、美术家庭，自小接受文艺美学熏陶，但是感受最深的是音乐熏陶。他很小就会钢琴，7 岁尝试作曲，17 岁已谱有交响曲、合唱曲、弦乐六重奏。他成为指挥有 3 个原因：一是他想指挥自己的作品；二是他想指挥音乐艺术；三是他想借着音乐与贝多芬进行心灵沟通。

1907 年他首度拿起指挥棒，演出布鲁克纳的《第九交响曲》、贝多芬序曲及自己的《第一交响曲》。起初，虽然显得技巧笨拙，可是

很快即发挥出他的诠释专才。25 岁那年（1911年）他接掌吕贝克歌剧院（Lübeck Opera）指挥，其间 4 年，加上之后在曼海姆歌剧院（Mannheim Opera）的 5 年，富特文格勒已成为年轻指挥家中的翘楚。自 1920 年起他又随音乐学者申客（Schenker）研究曲谱，直到 1935年申客逝世。1920 年，他接连在法兰克福博物馆音乐会与柏林国家歌剧院音乐会任指挥。大指挥家亚瑟·尼基什（Arthur Nikisch）于 1922年去世，富特文格勒顺理成章接续成为莱比锡布商大厦管弦乐团与柏林爱乐管弦乐团的双重指挥。之后 20 年，富特文格勒宏图大展，在世界各地旅行、巡回演奏直到第二次世界大战，由于牵扯到一些复杂关系，他生命的最后10 年是他最黯淡的时光。虽然美国于 1946 年对他解禁，但美国反富特文格勒运动仍在持续，即使 1949 年芝加哥交响乐团聘他担任指挥，董事会也在外力之下取消合约。

由这两张单声道唱片可以感受到富特文格勒对贝多芬乐曲组织架构的精密掌控，以及音乐中戏剧张力的收放起伏

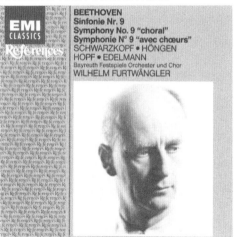

在欧洲则无困扰，他与柏林爱乐乐团、维也纳爱乐乐团及各地乐团出现在伦敦、巴黎、罗马、爱丁堡、斯德哥尔摩、萨尔茨堡、米兰（1950年与著名女高音Flagstad在斯卡拉演出瓦格纳《尼伯龙根的指环》），均极受欢迎。1951年战后首次拜鲁特音乐节，他指挥贝多芬的《第九交响曲》为开幕式献礼。这张实况录音唱片被公认是富特文格勒最伟大的演出之一，由名制作人理格策划，参与的音乐家都是一流之选，包括舒瓦兹柯芙（女高音）、哈根（女低音）、霍夫曼（男高音）与艾德曼（男低音），由拜鲁特节庆合唱团及管弦乐团通力盛演。1952年富特文格勒健康恶化，1953年在维也纳的音乐会已告不支，1954年抱病仍在拜鲁特、萨尔茨堡、卢森音乐节演出，当年11月因肺炎辞世，享年68岁。他生前长期被美国打压，死后美国却成立了全世界最大的富特文格勒协会。

富特文格勒一生精心诠释的作曲家有3位，其中指挥瓦格纳与布鲁克纳作品早为人称道，但是他最景仰的却是贝多芬。他一生不断回顾探索贝多芬的交响曲，尽管排练以精确且用心闻名，每次实演仍表达即兴的艺术。他的指挥理念传承自瓦格纳，甚至远溯至贝多芬，而异于当时门德尔松式的严格节拍、清澈质感与轻快速度，他认为指挥是作曲者的诗歌朗诵者，必须深入作曲家的心灵。因此，贝多芬的《第九交响曲》是他所能企及作曲家灵魂的至高处，更深奥的《庄严弥撒》是他心目中最伟大的人类创作，非他这凡人所能演绎。1952年在维也纳大音乐厅录制的《第一交响曲》与《第三交响曲》，他可以了解贝多芬在不同情境下不同创作乐思的细微变化，而为不同曲作导出纯正的贝多芬才气。

富特文格勒一生没有立体声录音，事实上他也不认同录音是永恒的诠释。无论如何，聆听富特文格勒的艺术，单声道可使聆听者心无旁骛，用心倾听，您会惊讶富特文格勒对乐曲组织架构的精密掌控、对音乐戏剧张力的起伏收放，随着音乐线条与节奏、整体交错与平衡带您领会作曲家所欲表达的乐念。录音虽非完美无缺，音乐却是隽永回味。

磁带录音与LP单声道唱片保存了无数人类音乐艺术珍瑰，虽然单声道LP不易搜寻，好在转制的CD尚可找到，以上介绍的几张唱片亦仅是沧海之一粟，仍有浩瀚宝藏留待有心人挖掘。

山水有情花自在　75cm×70 cm　2016　蔡克信画

7

立体声 LP 技艺的极致——直刻唱片

在介绍 LP 技艺的极致——直刻唱片时，不妨从立体声（Stereophonic Sound）谈起。

立体声的价值并非在于具有一群演奏家分立录音或将单一乐器分频展示的能力，例如夸张的乒乓效应或 4m 宽的钢琴键盘声像，这是非常错误的观念。正如 SACD 时代的环绕立体声，除非是作曲家本来的设定，否则将聆听者置身演奏团体之中的效果安排笔者并不认同，因为"临场感"绝非如此。正确的立体声应反映三维空间的幻象、透视场景比例，反映堂韵氛围与栩栩如生的本体，绝佳的立体声录音还必须传达正确的音乐性。

历史上最早作立体声示范的是克莱门特·阿德（Clement Adler），他在 1881 年巴黎博览会上使用两部电话展现。世界上最早制作立体声唱片与播放机器的是法国百代公司（第一次世界大战前，1910—1914），采用自唱片中心开始循轨的双轨双针设计。第一个获得立体声录音专利的是英国留声机公司的著名工程师艾伦·布卢姆林。布卢姆林这一专利概念包含单沟二轨的概念，所谓"VL"（Vertical-lateral）模式，即结合爱迪生滚筒刻片的"垂直"刻法与贝林纳唱片刻片的"侧向"刻法，此一观念影响到 1937 年西电／贝尔 45/45 立体声刻片系统，也促成 1958 年整个唱片业统一刻片标准。

早期立体声实验录音最为人津津乐道的是 1932 年 3 月，由音响大玩家斯托科夫斯基指挥费城管弦乐团所刻录的唱片。这是由贝尔实验室的亚瑟·凯勒（Arthur Keller）带领的录音团队使用两支话筒，采用 78 转/分的转速、双平行垂直直刻蜡盘的立体声录音。由于是实验性质，同一乐曲单声道与立体声时而交替，并且同一乐段也多次录制。当时留下的母盘与印盘，在 1979 年聘请历史录音复刻专家马斯顿复刻模拟母带，再转制 33 $\frac{1}{3}$ 转/分 LP，出版 "Early Hi-Fi" 两张专辑。1933 年英国 EMI 公司也首次录制 45/45 立体声 78 转/分唱片，但未上市销售。

其实，商业上最早使用立体声的是 1927 年制作的法国电影《拿破仑》（Napoleon Bonaparte），在 1935 年加入立体声对白与音效。第一部真正以立体声录音的电影则是迪士尼的《幻想曲》，1941 年发行，播放时采用多只音箱，由 Altec 与 RCA 设计，音乐指挥正是斯托科夫斯基，这部卡通影片是影音经典。

第一部家用双耳（binaural，双单声道）家用磁带录音机于 1949 年由美国人制造，并在纽约音响展展示，也是立体声磁带录音机的滥觞。1955 年初美国市场已有立体声音乐磁带，但未见大发展，直到 1956 年秋，RCA 终于推出成品。在英国，1955 年 4 月，由 EMI 公司在阿比路录音室制作"立体声"（Stereosonic）示范带，10 月正式上市两卷由古伊（Gui）指挥的莫扎特《费加罗的婚礼》录音带。

最先上市的立体声唱片在 1957 年由美国的埃莫里·库克（Emory Cook）制作，采用同心循轨法，单臂双针双轨。1957 年 9 月 Westrex 45/45 立体声唱片也在洛杉矶展示，随后迪卡（Decca）公司也在纽约与伦敦示范完美的"VL"立体声唱片，同时宣称另有 45/45 系统与 Livy's Carrier 系统可供选择。1958 年美国录音工业协会（Recording Industry Association of America，RIAA）最后推荐 Westrex 45/45 系统作为标准。两个月内，美国 Audio-Fidelity、Urania 与 Counterpoint 公司随即推出 45/45 立体声唱片，1958 年夏天起 RCA、London、Columbia 新格式唱片也陆续上市。在美国的 EMI 也预告推出新格式的唱片，并宣称不论是 45/45 或 VL 刻片法都是采布卢姆林 / EMI 于 1931 年取得的专利。1958 年 8 月 EMI 与 Decca 同时推出立体声唱片，并在早先一个月发行示范唱片（EMI SDD1/Decca SKL 4001），其中 Decca SKL 4001 的《立体声之旅》（*A Journey Into Stereo Sound*，1994 年发行 CD 版），后来改以 SPA 编号（系列）发行的《立体声世界》（*World of Stereo Action*），其展现的 ffss（全频立体声，Full Frequency Stereo Sound）至今可推崇为立体声"奇迹"之一！

1959 年市场上开始出现所谓"虚拟立体声"（Fake Stereo）唱片。指挥家赫尔曼·舍尔兴（Hermann Scherchen）同斯托科夫斯基一样热衷于先进的实验性录音技术。他将之前录制的一大批单声道唱片，利用分频分轨法，重制为仿真立体声。20 世纪 60 年代许多唱片公司也跟进，将旧有的单声道唱片转制"立体声"版本以应付市场需求。

经过数年"立体声"与"单声道"LP 并列发行，20 世纪 60 年代中期，立体声音响系统（唱片、功放、音箱）日益普及，单声道唱片顺势迈向黄昏。1967 年 4 月，EMI 宣布自 1968 年 7 月起，所有古典音乐录音只发行立体声唱片；1969 年 3 月，Decca 也采取同样的措

施。20 世纪 70 年代中期，单声道唱片完全走入历史。

立体声 LP 的发行如火如荼，录音技术各展神通，直到 20 世纪 80 年代数字录音崛起，CD 成为主流，LP 才逐渐衰退。虽然如今复刻片不绝如缕，近年来更精细、更高级的唱头、唱臂与唱盘也不断出新，LP 聆赏者仍属少数。但是，追求真正原音的严肃发烧友肯定奉 LP 模拟为圭臬。在立体声 LP 盛行的时期，许多记录也值得回顾：第一张卖出超过百万张的古典音乐 LP 是由范·克莱本于 1958 年获得莫斯科柴可夫斯基钢琴大赛首奖后录制的，1961 年销量达 100 万张，1965 年销量累计达 200 万张，到 1970 年 1 月销量累计达 250 万张；第一张不分类销量达到 100 万张的是飞利浦 1958 年 5 月发行的《窈窕淑女》原始角色录音；第一张古典音乐唱片进入全美排名前十的是华瓦特（后称温蒂）·卡洛斯（Walter "Wendy" Carlos）的 *Switched on Bach*《电子巴赫》，以电子合成器演奏巴赫音乐，在 1968 年登上畅销唱片榜；双片装版本全世界卖得最好的则是比吉斯的《周末夜狂热》（*Saturday Night Fever*，1977）电影原声带与约翰·屈伏塔的《火爆浪子》（*Grease*，1978），在 Polygram 记录中每种均销售超过 2500 万张；英国演奏者最畅销的唱片是由 The Pink Floyd 演奏的《月之暗面》（The *Dark side of the Moon*，1972—1973 录音），LP 卖出 1300 万张（CD、SACD 版本持续发行，音响发烧友几乎人手一张）。这些创纪录的 LP 事实上在数字时代也都有数字版本问世，但是，由于数字版本的局限

性，除了杂音极低与回放方便，以严肃发烧友观点而言，模拟 LP 仍在音乐的保真度上略胜一筹。事实上，复刻 LP 不断，二手 LP 热络，进入 LP 领域的新手日增，也有必要了解 LP 是如何制作的。

笔者将以图表说明 LP 制作的先后流程。

这是标准 LP 制作流程，其中"负面金属主盘"可以复制若干"正面金属母盘"，"正面金属母盘"可以复制若干"负面金属印盘"，当这些"盘"用罄、即告绝版，若要再发，只有从头刻起，复刻片亦遵循从"现场母带"或"录音室母带"开始的步骤。一张唱片的诞生要经历这么多阶段，杂音、失真、遗漏在所难免，这些都是 LP 至今无法完全避免

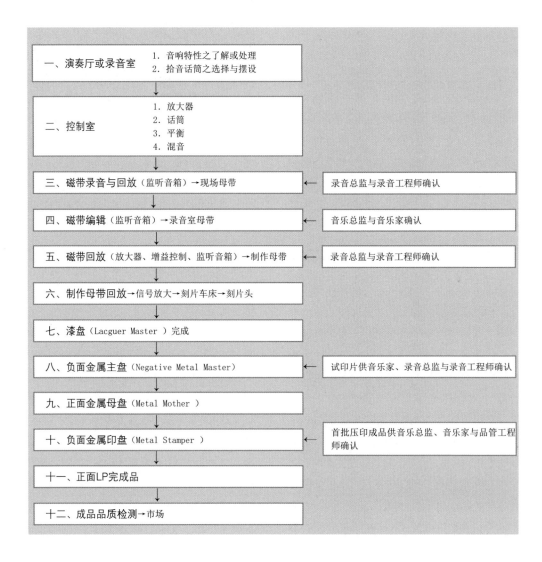

1979 年由历史录音复刻专家马斯顿复刻模拟母带，再转制 33 $\frac{1}{3}$ 转 / 分 LP，出版这两张专辑

以 SPA 系列发行的《立体声世界》，展现的全频立体声至今可推崇为立体声"奇迹"之一

的缺点。因此，为了追求极度至纯，减少制作流程与步骤是不二法门，方法有多种，其中最具成效也最珍贵的就是"直接刻片录音技术"（Direct-Cut Recording Technique）。

所谓直刻片（Direct to Disc 或 Direct-Cut）就是从流程二直接进入流程七的漆盘刻制，避开所有磁带操作，可以增加保真度，唱片表面亦无嘶声，更加寂静，也可扩大动态范围。当然要完全成功"直刻"，必须演奏、制作人、工程师、刻片师同一时间完美配合，因为没有暂停休止、编辑剪接的可能，整面唱片要从头到尾、一气呵成。完成"漆盘"之后到压制成品 LP 与标准压片相同，只是当所有"印盘"损毁之后，即无复刻的可能，因为没有磁带母带。因此，直刻唱片往往是限量版，价格亦较昂贵。许多厂商往往在作直刻录音时，同时有磁带录音甚至数字录音备份，一旦直刻唱片绝版，仍可发行磁带复刻版，所谓"无鱼虾也好"，谢菲尔德（Sheffield Lab）唱片公司就是如此。在数字时代，以备份磁带制作 CD 更是理所当然。

除了"直接刻片"，还有所谓"直接压片"（Direct-Pressed）方式，理论上也肯定比标准压片要有更好的音效。"直接压片"是从完成的流程七"漆盘"制成的"负面"金属主盘，不再翻制"正面"的金属母盘，直接拿去压制成品 LP，省去流程九与流程十，减少两个步骤，肯定减少失真与噪声，对扩大动态范围、增加频宽与瞬态响应亦有助益，这是很大的优点，较不利的是"负面"金属主盘只有一片，一般只能压印 1000 张 LP，如要

Switched-on Bach(《电子巴赫》),以电子合成器演奏巴赫的音乐,在 1968 年登上畅销唱片榜,是第一张进入全美排名前十的古典音乐唱片

双片装版本全世界销量最高的唱片——《周末夜狂热》(*Saturday Night Fever*,1977)电影原声带,在 Polygram 的记录中销售达2500 万张

再版,只有重新刻制"漆盘",因此价格也较昂贵。美国 Sonic Technology Corporation 在 1978 年曾发行此类 LP,只是 LP 产业已近黄昏。

另外,由 Telefunken 与 Decca 合作研发的所谓"直接金属主盘刻片"(Direct Metal Master Cut,DMM)也曾为多家厂商使用,如 Telefunken、Decca、Chesky、BIS 等,德国 Stockfish(老虎鱼)公司至今仍然沿用。"直接金属主盘刻片"将模拟母带或数字母带的信号传至刻片头后,不依传统刻制"漆盘",而是直接刻制"正面"金属主盘(Positive Metal Master),再转制"负面"金属母盘,较讲究的,可以将此母盘当作"印盘"直接压制成品 LP,也可以此"负面"母盘转制"正面"母盘,再转制"负面"印盘去压制成品

LP。此方式对减少杂音、增加透明度、减少前后沟槽回音(Pre and Post Groove Echo)极有助益。

以上所述改善 LP 压制的方式各有千秋。理论上,"直接压片"最为理想,但仍不免会有磁带嘶声,也未见大量发行;"直接金属主盘刻片"早年发行时并未获全力支持,当今的"老虎鱼"则令人刮目相看,因系数字录音,在无人愿意投资"直接刻片"之时,不失为良方。当然,最具挑战性而效果最佳的仍非"直接刻片"莫属。在 20 世纪 70 年代全盛时期所发行的每款直刻唱片都经事先严格规划录制,几乎每张都极为精彩,虽然纯古典音乐作品较少,以流行乐或爵士乐为主,但就音响效果而言,无疑是立体声 LP 技艺的极致。以当前而言,每张直刻唱片都

是珍瑰，因为完全绝版，也无法复刻。以下，笔者将介绍个别厂家的制作理念与杰出成品。

公司设于美国加利福尼亚州旧金山的 Crystal Clear Records 是美国最早从事"直接刻片"制作 LP 的小公司，老板伍登杰克（Wodenjak）也是位录音工程师，以追求高保真与高品质为宗旨。1976 年开始他们辉煌的录音事业，一方面采用最理想的模拟"直接刻片"制作 LP，另一方面采用最先进的数字 Soundstream 录音制作 LP（CD 问世后亦发行 CD 版）。因此，他们缔造了美国录音史上的多个第一，包括"直接刻片"与全美第一次数字录音同场进行的记录（*Virgil Vox : The Vox Touch* 管风琴独奏专辑），以及亚瑟·费德勒唯一的一张现代"直接刻片"与唯一的一次"数字录音"（*Arthur Fiedler : Capriccio*

由 Telefunken 与 Decca 合作研发的"直接金属主盘刻片"对减少杂音、增加透明度、减少前后沟槽回音极有助益

Italien.Capriccio Espagnol）。无论是模拟 LP 或数字 LP 如今都已绝版，成为藏家必藏（Collector's Item），最重要的是 Crystal Clear Records 所创造出的录音，在 30 年后的今天再来聆听，依旧历久弥新，惊心动魄。以下介绍笔者收藏的几张珍瑰。

Direct Disco
CCS 5002 45 Stereo

大家习惯把 LP 称为黑胶唱片，Crystal Clear 的多张 45 转 / 分直刻唱片却是纯白胶片，这张由基诺一族（Gino Dentie and The Family）演唱的迪斯科舞曲即是其中之一。这张唱片是 1976 年在加利福尼亚州 Kendun 唱片公司录音室刻制。

为了提升唱片品质，从话筒到刻片机都采用当时最先进的器材，尤其是刻片系统使用 Neumann SX-74 刻片机，它具有绝佳的清晰高频及更扎实的低频。此外，以 45 转 / 分的转速刻片，以物理优势，可以使高频延伸更佳，瞬态反应更佳，在大音量聆听时，更可将沟槽中的细节充分挖掘。压片品管尤其讲究，脱离"印盘"与装入"内套"时均予检视有无瑕疵，每压满 50 片，即抽样播放，检查音质有无劣化。实际聆听，品质极佳，无磁带嘶声，背景亦极为干净，提高音量，立刻可以感受惊人的动态与声压级，但是无丝毫尖锐疲惫之感。

"基诺一族"由基诺领军带唱，成员多半一人兼扮多角，吹奏不同乐器，抽空合

"基诺一族"由基诺领军带唱，由于是现场同时收音，堂音气韵一致，人声与乐器相当，声像的实体感与自然性表达出直刻唱片的"直接无遮"的特性

San Francisco Ltd.

CCS 5004 45 Stereo

这是"旧金山有限公司"爵士乐队的直刻专辑。该乐队是 20 世纪 70 年代旧金山最佳乐手的组合，由女声 Terry Garthwaite 领唱，鼓手 Robert Eart Scott 与萨克斯手 Philip G.Smith（兼竖笛、长笛）领军。1976 年，由 Crystal Clear Records 老板伍登杰克担纲话筒平衡，录出如聆现场演奏的绝妙效果。

同样并不超宽但深度适当的声场，声像前后、左右层次分明，乐器实体感与质量感相当真切，铙钹清脆有劲、高音飞扬，大鼓厚实低沉，木管圆润婉转又气韵如流，在极大动态对比下显得栩栩如生。

唱片第一面由乐团以快速黑人灵歌风格的摇滚节奏热闹开场，Terry 随着旋律节拍喃喃吟唱，中间插入竖笛华彩独奏，在尾段 Terry 又回来竞唱，苦口婆心。第二面非常精彩，以南美拉丁萨尔萨舞曲（Salsa）为基调，鼓手挑大梁纵横全场，当中以长笛宣导旋律，人声口技模仿土著舞蹈，极低频清楚又有力，如低音提琴（或低音吉他）仿佛"数字低音"，既与高音鼓组形成对比，也与低音大鼓强烈共鸣。鼓手传神、如真，极少有录音可臻此妙境。

唱片第二面第一曲 *Just A Closer Walk With Thee* 由 Philip G.Smith 以独奏竖笛唱出哀伤曲调，逐渐展开，达到迪克西兰爵士乐风高潮。第二曲 *What's The Mother With Love* 改编自 Bob Dylan 名曲，Terry 以独有慵懒唱腔、20 世

唱，乐器有吉他、风琴、合成器、钢琴、鼓组、萨克斯、长笛、小号、粗管短号、低音吉他及各式打击乐器，非常复杂，但是稳而不乱，对答有趣。由于是现场同时收音，堂音气韵一致，声场虽仅及左右音箱，但深度十足，前后、左右透视比例适当，中间毫无空洞，混音技术高超、音域平衡，人声与乐器相当，更突显临场感。声像的实体感与自然性表达出直刻唱片的"直接无遮"的特性。

唱片 A 面收录 *Moving*、*Happy Music* 与 *The Hustle* 三曲，B 面收录 *Sexy*、*Express* 与 *Get Down Tonight* 三曲。"基诺一族"默契十足，热情奔放、动感活泼、旋律优美、节奏有序，不禁手舞足蹈。

20 世纪 70 年代旧金山最佳乐手组合 "旧金山有限公司" 爵士乐队，1976 年录制

纪 40 年代风味，唱出这首悠哉歌谣。第三曲出自萨克斯手 Phili P G.Smith 手笔，是向爵士名家 Cannonball Adderley 致敬之作，因此取名 *Cannonball*，模仿带有蓝调味的爵士乐。40 多年前的直刻录音，在顶级 LP 系统重放，仿如昨日（刚刚出炉）。

Laurindo Almeida
Virtuoso Guitar

CCS 8001 45 Stereo

这张录制于 1977 年的《吉他炫技》，融合爵士与古典曲风，展现吉他大家 Laurindo Almeida 杰出的音乐艺术。横跨古典、爵士、电影、流行乐界的 Laurindo 录制唱片超过 50 张，为电影与电视配乐无数，谱写爵士原创曲与古典正统乐也不遗余力。他的成就不断

受到美国录音艺术与科学学院肯定，获颁 10 座格莱美奖。

这张唱片的第一面收录有戏剧性诠释披头士（Lennon and McCartney）的 *Yesterday* 以及 Laurindo 自己编谱的 *Jazz-Tuno at the Mission* 与 *Last Last Night*。参与演出的，还有低音提琴、钢琴、鼓组、马林巴木琴与打击乐器等。这 3 首曲作都具有柔雅优美的抒情曲风，虽然由吉他主导，但是每一件乐器都有独唱的机会，即兴与默契浑然天成，直刻录音的自然与保真同样毫无凿痕地呈现。

唱片第二面是巴西古典音乐作曲家 Radames Gnattali 的《吉他与大提琴奏鸣曲》，这场录音也是世界首录，大提琴名家 Frederick Seykora 与 Laurindo Almeida 的高妙对应，加上打击乐手 Chuck Flores 的在旁助兴，演奏充满拉丁节奏、维拉·罗勃士巴西风，是一张既竞

Laurindo Almeida：Virtuoso Guitar 录制于 1977 年，是融合爵士与古典曲风的专辑，虽名为《吉他炫技》，其实参与演出的每一位乐手都极为精彩

奏又合唱的雅集。近距离话筒拾音，吉他与大提琴形体清晰，回音丰润。

总之，这张专辑虽然名为《炫技吉他》，其实参与演出的每一位乐手都极精彩，录音中规中矩。

Peter Nero
The Wiz

CCS 6001 45 Stereo

1977 年，在直接刻片录音下，爵士钢琴手 Peter Nero 高超的钢琴独奏与管弦齐全的大乐团擦出灿烂火花。他带领的这个乐团包括 1 把低音提琴、2 把大提琴、3 把中提琴、6 把小提琴、1 组打击乐器、5 支木管和 3 支长号。

唱片的第一面是改编自电影《新绿野仙踪》（The Wiz）配乐的组曲（串歌），采用中远距离拾音，钢琴居声场右侧、乐团之前。钢琴本身另加有点话筒，因此钢琴的音量足以与整个乐团抗衡。这一录音室中高频混响时间极短，低音稍长，因此乐器声直接透明，简洁利落，钢琴落键则是静如处子、动如脱兔。

唱片的第二面收录 3 首乐曲：Send in The Clowns、Laughter in The Rain 与 Never Can Say Goodbye 都是爵士经典歌曲，Peter Nero 发挥他指尖的魅力，以音乐拟人，叙说一段段动人的回忆与温馨的故事。在这一面的录音，话筒显然移近，乐器形体较大，例如在 Send in The Clowns 一曲中，有如在琴旁聆听，钢琴从缓缓独语到昂奋高歌，通过直接刻片的优势录音，高、低音琴键之晶莹与圆沉，既呈现细节，也展示动态，可谓能量惊心动魄，

乐声悠扬动人。

无论如何，Crystal Clear Records 从这张现场直刻的 BigBand 录音开始拥有录制大型管弦乐队或繁复音响效果的经验。

Peter Nero：The Wiz 第一面是改编自电影《新绿野仙踪》配乐的组曲（串歌），乐器声直接透明，简洁利落，钢琴落键则是静如处子，动如脱兔

Virgil Fox
The Fox Touch

Vol.1 CCS-7001 / Vol.2 CCS-7002. 33$\frac{1}{3}$ Stereo

20 世纪最伟大的管风琴演奏家 Virgil Fox（1912—1980）在 1977 年 为 Crystal Clear Records 录制了这两辑流芳百世的唱片，在音乐与音响两方面同等卓绝，可能无人能出其右。

在 Virgil Fox 一生不朽的事业中，他一向被认为是个革新者，也是少数古典音乐家中，热衷于追求最先进的录音技术以呈现他最好

的音乐的管风琴家。他在 1930 年的第一次录音即是 RCA 的早期直刻片，20 世纪 40 年代与 50 年代为 RCA Victor 与 Columbia 唱片公司录制的唱片，在 20 世纪 70 年代仍然陆续再版。先后于 20 世纪 50 年代末至 60 年代初为 Capital 公司、1963 年为 Columbia 公司使用 35mm 影片胶带下音效超绝的唱片。1970 年在纽约市 Fillmore East 由 Marshall Yaeger 构想的 "Heavy Organ" 巨无霸管风琴声光秀中更一展他灿烂高超的技艺，随后 MCA 公司一连串的录音，也让他成为唱片常青（畅销）的古典音乐家。

1977 年，由于罹患癌症，Virgil Fox 迫切渴望挑战最艰辛的 Crystal Clear Records 直刻录音。虽然 1930 年也有过直刻录音经历，但是当时 78 转 / 分 SP 的播放时间与音效当然无法与 LP 相比。为了这场录音，他非常慎重地选定加利福尼亚州橘园（Garden Grove）社区教堂的 Ruffatti 辉煌管风琴，于 1977 年 8 月 28 日至 31 日留下这场历史性的录音，也是他最后的"天鹅之歌"唱片，三年之后 Fox 弃世归主。

Crystal Clear Records 公司虽然知道直刻录音的录制范围为独奏至大型管弦，但是最具挑战的仍然非"乐器之王"大型管风琴莫属。管风琴具有宽广的频率响应（从 32 英尺的风管 16Hz 低频到超越 20kHz 的高频）与最宽广的动态范围，这给录音过程施加了很多压力，何况还有中频巨浪般的能量及低达 16Hz 基音的足踏音键。因此，为了这场直刻录音，他们事先设定几个基本条件：（1）演奏家必须是国际知名的专家；（2）管

风琴必须够大，规格品质最佳，音响空间最宜，并且能够让演奏家挥洒所长；（3）录音必须最高保真，必须表达艺术的真谛，从话筒到刻片头之间的任何环节都毫无妥协地采用最好的技术。

Virgil Fox 是不二人选，他有完整的科班训练经历，在美国拜在管风琴巨匠 Wilhelm Middelschulte 与 Louis Robert 门下，在法国接受名家 Louis Vierne 与 Joseph Bonnet 指导。他虽然对历史古风琴不感兴趣，却也是第一位受邀在莱比锡托马斯教堂演奏管风琴的非德国人。他认为 20 世纪在美国对管风琴的制作与声响最具贡献的是 E.M.Skinner，他创造出所谓管弦乐声，虽然并不被美国管风琴家认同。Virgil Fox 在同侪中特立独行，他比较喜欢直接面对听众，而不在意与乐评家或同行互动。他不强调巴赫的诠释，因为当代人的耳闻与生活不同于往昔，这并无碍他对巴赫作品的热忱，他认为巴赫属于全世界、全宇宙，也应给予每一个当代的观点空间。此外，他最尊崇的作曲家包括 Cesar Frank、Louis Vierne、Franz Liszt、Johannes Brahms、Felix Mendelssohn 等。此外，他也不墨守成规，重视电子风琴。20 世纪 60 年代，他认为电子风琴方便随身携带，也有助于他吸引新的听众，他虽然因演奏电子风琴被批评，但是他认为音乐比媒介重要，能吸引原本就只听"流行"与"摇滚"的听众驻足聆听古典管风琴音乐更具意义。整体而言，Virgil Fox 是古典与浪漫传统的综合，也是演奏 20 世纪中叶建造的当代管风琴的泰斗，因此他既非新巴洛克，也非新古典，而是血性赤忱的当代美国管风琴音乐家。他的演奏自成风格，技

法与聆感可说自巴赫以来无人相比。在古典音乐界，他也常被抹黑为"秀人"（showman，似乎重视录音与音响的都会招致此种非议，斯托科夫斯基与费德勒都是前例），事实上他非常严肃地面对音乐。1980年10月25日，他在庆祝第54个音乐季的第一场音乐会后去世。

选定的极大型意大利Ruffatti管风琴是部新乐器，具有116个混合音拴与6791个风管，于1977年6月由Virgil Fox奉献。这部管风琴具有电磁式键盘系统，只要按键，风管即刻响应，而一般管风琴在按键后会稍许延迟才发声，这对演奏者的音乐表达与音乐衔接有极大的助益。此外，这部管风琴也具有清晰、亮丽、准确的音质，尤其是这一教堂的2.5s混响时间也能保有温暖的堂韵与透彻的细节，绝佳的清晰度与灿烂的音色。一般教堂4.6s混响时间易致声音模糊，在这一教堂，Virgil Fox好像就在音乐厅中演出，既能将他的乐念尽情诠释，也能将Ruffatti的潜质全力展现。

为了这场直刻录音，工作人员可谓历经千辛万苦，任何环节有闪失，漆盘即告作废，需要重新开始。由于音量惊人，有数次在半夜还引来警察关切，有一面绝佳的录音也因低飞的直升机而告毁。所有话筒都是特别订制的，以应付超宽频、大动态及超大能量，调音台也是特别打造的，采用分离电路以确保声音清晰。线路全程无变压器，不均衡（EQ）、不压缩、不限幅，以确保以最纯净信号传至刻片头。并请出著名录音师伯特·怀特（Bert Whyte）与高明刻片师斯坦·瑞克

20世纪最伟大的管风琴演奏家Virgil Fox是少数古典音乐家中，一生热衷于追求先进的录音技术以呈现他最好的音乐的管风琴家

（Stan Ricker）与理查德·辛普森（Richard Simpson），特别器材制作约翰·梅耶尔（John Meyer），调音台线路设计师约翰·库尔（John Curl）等音响界响当当的人物，当然还有灵魂人物伍登杰克。在播放这套 LP 时，唱片公司特别建议提高音量，但也特别警告在 16Hz～1.5kHz 的中、低频段有极大的能量输出，某些如雷的足踏低频更持续数秒，也有损伤音箱之虞。当然，如果音响系统具备足够的超低音，就会感受其威力，也会对超低音上的花费感到欣慰。事实上，这次录音除了做直接刻片录音，也做了模拟磁带录音，还进行了全美国第一次数字录音。数字录音采用 Soundstream 数字录音系统，频率平衡与直刻录音有所差异，因此并非同时双录，而是现场重新演奏再录制，之后也发行数字版的 LP 与 CD。

这张 CD 一直是笔者二十年来的参考唱

The Digital Fox（Bainbrige Records BCD 8104）这张 CD，其频宽与精确无可挑剔，但相较于直刻 LP，还是少了几分自然鲜活与温馨人气

片，其频宽与精确度无可挑剔，但是直刻 LP 毕竟还是多了几分自然鲜活与温馨人气。

LP 唱片第一辑第一面收录有巴赫的《托卡塔、快板与赋格》，第二面收录了巴赫的《d 小调托卡塔与赋格》及戎冈的《交响协奏曲中的托卡塔》；第二辑第一面收录了弗兰克的《英雄作品》、阿莱茵的《连串祷文》与维多的《第五交响曲中的托卡塔》，第二面收录有杜普雷的《g 小调前奏与赋格》、吉古特的《托卡塔》与维尔纳的《第六交响曲终曲》。

这些曲目包括许多托卡塔（Toccata）。所谓托卡塔是 16 世纪意大利键盘作曲家发明的，专为大键琴、古钢琴或管风琴而作。托卡塔采用自由速度、精致和弦与快速过乐，常出现走句、琶音与装饰音，有时还模仿对位乐段交替演奏，可表达高尚、卓越曲思，也可表现演奏者的独特炫技。另外还有赋格（fugue）。所谓赋格是具有严格规则，由两个或多个声部采用短小主题相互对答的一种曲式，原本是文艺复兴时期留下的声乐作品，后来应用于器乐，到巴洛克时代，许多键盘大师对赋格做出极大的贡献，到巴赫达到完美阶段。

因此，这两辑管风琴曲具有极高的对位技巧、明晰的曲式结构、精准的和声处理，当然也考验演奏家的功力。Virgil Fox 的技巧无懈可击，诠释灵巧出新，尊重传统而不墨守成规，保有巴洛克的精致，又富有现代人的率性，加上完美的直接刻片、毫无压缩限幅的录音，呈现极其自然的声响，达到录音艺术的极致。现在以最高规格的音响系统聆赏，仍然臣服于其高妙的演奏与卓绝的录音，正是君临天下，所向披靡。

Arthur Fiedler And The Boston Pops/
Capriccio Italien、
Capriccio Espagnol

CCS 7003 33⅓ Stereo

1977 年 8 月录制的旷世管风琴曲集（*The Fox Touch*）大获赞誉之后，Crystal Clear Records 原班人马（刻片组增加 George Piros）再接再厉，于同年 10 月 31 日与 11 月 1 日移师波士顿交响音乐厅，以全新的 Ortofon DSS 732 刻片系统再度开创录音史上的新纪录。这是第一个由"小"公司录制，由大指挥家费德勒指挥名满天下的波士顿大众管弦乐团这一大乐团的壮举，曲目包括柴可夫斯基的《意大利随想曲》与里姆斯基·柯萨科夫的《西班牙随想曲》。事实上，这场录音为指挥大师带来录音史上"唯一"地位，也就是他是唯一在同时段进行"三式录音"的指挥家——直接刻片、模拟磁带与数字录音，指挥家中也只有他经历过每一种录音媒介——从 1917 年最早的声学录音、电子早期直刻录音、模拟磁带录音、四声道录音、现代直刻录音到数字录音。

柴可夫斯基的《意大利随想曲》是旅行罗马的回忆，曲思明朗愉悦，乐曲从旅馆前庭意大利骑兵队的鼓号曲开始，中途穿插双簧管吹奏的意大利民谣《美丽的姑娘》旋律，最后在管弦交鸣中以铃鼓拍敲的塔朗泰拉舞曲节

Arthur Fiedler And The Boston Pops/Capriccio Italien、Capriccio Espagnol 直刻 LP 见证 Crystal Clear Records 录制大型管弦的功力

奏中活泼有力地结束。里姆斯基·柯萨科夫的《西班牙随想曲》则是由《晨歌》《变奏曲》《情景与吉卜赛之歌》与《阿斯图里亚斯的方登戈舞曲》构成，全曲管弦繁复，技艺非凡，将优雅、遐想、哀愁、喧嚣、狂热、灿烂交织出令人耳迷目眩的音乐幻象。这两首曲作在费德勒与波士顿大众管弦乐团的精湛演绎下，将其音乐性与音响性发挥得淋漓尽致。

这张直刻 LP 见证了 Crystal Clear Records 录制大型管弦乐的功力，采用中距离拾音，在温暖的堂韵中，乐团层次分明，声像细节质感如真，乐器活生有神，发声自然松逸，铙钹高频清脆飘逸，大鼓低频直捣地心，类似的低频振动与能量乃至下沉与淡出，都是管弦演奏录音中的最佳示范。这是费德勒过世前两年的录音，为大众管弦乐的雅俗真谛

留下传世佳话。

Gould Conducts Gould

CCS 7005 33$\frac{1}{3}$ Stereo

Crystal Clear Records 自从有录音师怀特助阵，录音更是如虎添翼，尤其在录制大型管弦乐作品、再现音乐厅现场规模与氛围等方面的成就完全可以与任何大公司的知名录音师相提并论，由美国现代作曲家莫顿·古尔德（Morton Gould）指挥自己作品的这张直刻 LP *Gould Conducts Gould*《古尔德指挥古尔德》就是最好的证明。

古尔德于 1913 年出生于纽约，自小展现出作曲与钢琴方面的才气。8 岁获音乐机构奖学金，随后也接受正统学院训练，但是仍专注于作曲与指挥。21 岁编曲并指挥一系列广播电台音乐会。他曲作颇丰，如《管弦乐灵歌》《拉丁美洲交响乐曲》《相互交映》《美国礼敬》与《福斯特艺廊》等古典音乐，也为百老汇音乐与影片、芭蕾舞乐谱曲，是美国最具才气的音乐家之一。

这张唱片第一面即收录了《管弦乐灵歌》（1941 年），这是公认的古尔德最好的作品之一。虽然其中音乐要素来源于爵士乐与黑人民谣，但不直接挪用黑人灵歌。全曲由"公告""布道""小罪""抗议"与"节庆"5 个部分组成，音乐极具动态表情，从寂静抒情的"布道"到惊人的铁砧敲击加上定音鼓鼓噪的"抗议"和尘滚喧器的铜管咆哮的"节庆"都可以感受到。

Gould Conducts Gould 是 1978 年 在伦敦沃特福德市政厅，使用 Ortofon Extended Range 刻片系统现场直接刻片。采用远距离拾音，在丰润的堂韵下，管弦整体呈现十足的透视感

唱片第二面的《福斯特艺廊》（1939 年）则是以史蒂芬·福斯特（Stephen Foster）的歌曲旋律为素材，例如《康城赛马》《老黑爵》《珍妮有头淡棕发》等耳熟曲调，不只是改编，而是以个人的艺术手法展现原曲的强度、情感、真诚与单纯的精神，全曲极具抒情性，动感十足。

这张唱片是 1978 年 10 月 24 日、29 日在伦敦沃特福德市政厅，使用 Ortofon Extended Range 刻片系统所做的现场直接刻片。这次 Crystal Clear Records 移师英国，作品由伦敦爱乐管弦乐团演奏，伦敦沃特福德市政厅这个著名的音乐厅，也是 Decca 和 EMI 许多名盘的录音场所。这次录音采用远距离拾音，在丰润的堂韵下，管弦整体呈现十足的透视感，请特别注意绵密柔美的弦乐群，浑圆亮丽的铜管和极具权威的大鼓，特别是大鼓的量感与地板的超低音反响烘托出绝佳的现场规模，因此，再度提醒，要聆赏这张唱片，您的音箱必须能发出超低音，至少达 30Hz，若有超高音更佳！

Walter Susskind Conducting
The London Philharmonic
CCS 7006 33⅓ Stereo

一向有"指挥中的指挥"美誉的瓦尔特 • 萨斯坎德指挥伦敦爱乐管弦乐团演奏

这张唱片与上一张同样是由移师伦敦的原班人马与器材录制，同一地点，于 1978 年 10 月 19 日与 23 日录音。由老牌指挥瓦尔特 • 萨斯坎德（Walter Susskind）指挥伦敦爱乐管弦乐团演奏。

1913 年出生于捷克布拉格的萨斯坎德一直享有"指挥中的指挥"的美誉，主要是人们尊敬他的艺术才华及对宽广曲目的诠释技巧。早年曾在布拉格国家歌剧院担任大指挥家塞尔的助理，1946 年开始他的交响乐指挥生涯。他曾指挥过柏林爱乐乐团、阿姆斯特丹音乐会堂乐团、费城管弦乐团与克利夫兰交响乐团，曾任圣路易斯交响乐团音乐总监 7 年，也曾与伦敦爱乐乐团长期合作，仅 1978 年音乐季就指挥演出 14 场，彼此默契十足。

这张 LP 的第一面收录了普罗科菲耶夫的《三个橘子之恋》组曲，这是普罗科菲耶夫自其 1921 年的同名歌剧音乐摘录组成，成为世界各地音乐会极受欢迎的曲目。全曲灿烂生动，在萨斯坎德的诠释下极其壮丽，令人兴奋。唱片的第二面则有拉威尔的《圆舞曲》与法雅的《短促的人生》舞曲。《圆舞曲》原名《维也纳》，副标题是"维也纳华尔兹乐章"，这首拉威尔以讽刺手法处理的维也纳圆舞曲，成为音乐会极受欢迎的常客。法雅 1905 年的歌剧《短促的人生》只有其选曲较为人知，其中《第一号舞曲》最受喜爱，活泼有力。

这张唱片与《古尔德指挥古尔德》（CCS 7005）可谓姊妹作，同样是直刻录音的经典。

1685: A Sound Odyssey
CCS 7007 33⅓ Stereo

这是由当代大键琴演奏家费尔南多 • 瓦伦蒂（Fernando Valenti）演奏的多位巴洛克作曲大师的大键琴作品集，于 1978 年 12 月 2 日、3 日由录音师帕特 • 马洛尼

（Pat Malony）、刻片师拉里·范·瓦尔肯堡（Larry Van Valkenburg）在美国加利福尼亚州伯克利 Crystal Clear Studio 所做的直接刻片录音。

瓦伦蒂是大键琴音乐的文艺复兴者，他录过斯卡拉蒂（Scarlatti）550 首作品中的 408 首（Westminster 单声道唱片），也录过巴赫（Bach）、亨德尔（Handel）、拉莫（Rameau）、索莱尔（Soler）的 46 首作品，选入这张 LP 的曲目正是其中的代表作。巴赫、亨德尔与斯卡拉蒂号称大键琴作曲三大家。

通过瓦伦蒂的巧手，大键琴可以带您在 17 世纪的音乐中漫游。虽然大键琴不具有势不可挡的音量，却具有丰富的音色与透明的细节，因此演奏不易，再生也不易。

唱片第一面收录了斯卡拉蒂的 4 首奏鸣曲、巴赫的"两首小步舞曲"与亨德尔的《萨

1685: A Sound Odyssey，使用当代大键琴比 18 世纪古乐器理想

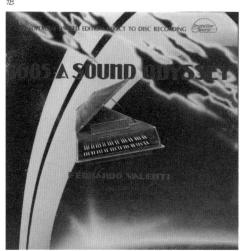

拉班德舞曲》。第二面则收录有索莱尔的《G 大调奏鸣曲》、拉莫的《弥赛特舞曲与塔波舞曲》、普赛尔（Purcell）的《G 大调组曲》、巴赫的"两首小前奏曲"及斯卡拉蒂的《第九奏鸣曲》。巴赫的音乐博大精深，却也有较简短轻快的乐曲，如"两首小前奏曲"与"两首小步舞曲"，仍是珠玑之作。斯卡拉蒂与巴赫同年，在生命最后的 20 年写下 550 首大键琴曲，他的曲作特征是善用西班牙民谣与意大利那不勒斯歌剧，从而发挥绚烂的技巧与无限的想象力。身为撒克逊人的亨德尔是当时的乐坛红人，影响力胜过巴赫，他擅于反复使用自己的旋律或挪用他人主题，《萨拉班德舞曲》取自《D 小调组曲》，具有令人印象深刻的主题，也为电影 *Barry Lyndon* 采用。普赛尔英才早逝，他的声乐与器乐曲作极丰，这首组曲是短小精悍之作。拉莫以歌剧著称，他从歌剧取材改编的大键琴作品广受欢迎，音乐模仿风笛，并具精美装饰的特殊风格，这首《塔波舞曲》即是范例。这张 LP 采用近距离拾音，触键、踏板、敲弦及机械声响巨细靡遗，动态极大，能量十足，频域宽广，古色古香，直刻录音没有添油加醋，也没有遗漏丝毫。

Space Organ

CCS 6003 33¹/₃ Stereo

用剧院巨型管风琴演奏太空电影音乐比管弦乐团更添增一份神秘氛围。Crystal Clear Records 于 1979 年 4 月 5 日、6 日在俄勒冈州

波特兰的风琴磨坊以直接刻片录制这张《太空风琴》专辑，带领聆者神游太虚，经历一场惊心动魄的星战之旅。

风琴磨坊是一家比萨餐厅，装有当时世界最大的一部剧院管风琴，这是管风琴制造工程师丹尼斯·海德伯格（Dennis HedBerg）经历 16 年收集风管组装而成。管风琴装在 3 个房间，特别设计的弯角墙与天花板作为传声号角将音乐传播到餐厅的每一个角落。这是一部结合了机械和电磁操作的乐器，主要的动能即来自约 44kW 的电动机所产生的每分钟高达 6000ft³（约169.9m³）的风量。担任这张唱片演奏的乔纳斯·诺德沃尔（Jonas Nordwall）是风琴磨坊的首席风琴师，他对这部乐器的性能与操作极为熟悉，也极具音乐才气，是这张录音的不二人选。

唱片第一面是由选自《星球大战》与《第三类接触》的电影配乐组曲，第二面则取材自电影《超人》与《太空堡垒卡拉狄加》配乐。

这张 LP 唱片发挥了直接刻片惊人的录音音效，剧院管风琴的非凡能量与超大动态、模仿管弦各部之逼真、上天入地的宽频域，令人目瞪口呆、大开眼界。要播放这张唱片也不容易，您的唱头循轨要好，您的音箱要够牢固，也要能重放超低音，因为连续极低频强震可能让人大呼过瘾，也可能令人"唉声叹气"！

剧院管风琴的非凡能量与超大动态、模仿管弦各部之逼真、上天入地的宽频域，令人目瞪口呆、大开眼界

Richard Morris / Atlanta Brass Ensemble：

Sonic Fireworks Vol. I & Vol. II

CCS 7010 & 7011 33¹/₃ Stereo

1979 年 3 月，仅仅花了 3 个夜晚，管风琴家 Richard Morris 与 12 位铜管好手（包括小号炫技名家 John Head）、两位打击乐手、指挥 Jere Flint 与 Crystal Clear Records 的超级录音团队，在美国佐治亚州亚特兰大的王者基督大教堂以直接刻片完成两张管风琴、铜管与打击乐器的音乐专辑。担任现场混音录音的仍是为前两张唱片 1685：A Sound Odyssey 与 Space Organ 操刀的 Pat Malony。

教堂里的这部 Fratelli Ruffatti 管风琴具

这两张专辑总标题为"Sonic Fireworks"。Fireworks 一般译为烟火、烟花、焰火,专辑里每一首曲作犹如管风琴、铜管、打击乐交织出奇幻音响,犹如欣赏变化无穷的火花

有 3 排键盘、59 个混合音拴,与 *Virgil Fox : The Fox Touch* 使用的那部来自同一厂家:意大利的 Padua,规模虽小,却也是令人兴奋之作。主奏管风琴的 Richard Morris 正是亚特兰大人,12 岁即成为亚特兰大大众管弦乐团的独奏家,曾在维也纳音乐学院受教于 Nadia Boulanger 与 Robert and Jean Casadesus,曾登上纽约卡内基音乐厅与林肯中心爱丽丝·杜莉音乐厅,是当代美国管风琴炫技名家。

这两张专辑总标题名为"Sonic Fireworks"。Fireworks 一般译为烟火、烟花、焰火。在听过这张专辑后,笔者认为译为"音响火花"最为传神,因为每一首由管风琴、铜管、打击乐器交织出的奇幻音响,有如欣赏变化无穷的火花。

唱片第一辑 A 面从著名的《凡人鼓号曲》(Aaron Copland 曲)拉开序幕,从大鼓的擂击、振动空气的音浪、铜管的穿透、嘹亮泛金的咆哮、定音鼓的利落、弹跳鼓皮的明晰,即可明白这是一场卓绝的录音。到第二首《致敬》(Arthur Bliss 曲),管风琴以君临天下之姿引入,惊人的超低音令人毛发悚然。第三首《不再有事让你悲伤》(Johannes Brahms 曲),管风琴与铜管悲悯合奏,仿佛勃拉姆斯《安魂曲》的弥撒。唱片 B 面第一首是尤金·吉古特的《大合唱对话》,原曲是以法国风琴的第四键盘与整部管风琴的对话,Morris 的改编曲再加入铜管合奏,结果在层层高潮的管风琴音浪中增添了无比灿烂亮丽的音彩。第二首是巴赫著名的《d 小调托卡塔与赋格》,测试管风琴下行音阶的"肺活量",当然也测试音响系统的极端频域与能量,也测试演奏者的速度、准度与流畅度,Morris 展现了圆滑流畅的技艺，但是仍然不及 Virgil Fox 的沉稳与动态。

唱片第二辑 A 面从《查拉图斯特拉如是说》（Richard Strauss 曲）序奏开始，滚滚而来的是又沉又厚的管风琴前导，右后侧的铜管群与左后侧的定音鼓随后对答，通过直刻模拟录音，我们可以极真实地感受铜管的音色，以及非电子风琴所能表达的"风管"传音。第二曲是《第五交响曲中的托卡塔》（Charles-Marie Widor 曲），铜管群与管风琴融为一体，排山倒海般地阵阵袭来，极为震撼，请特别留意在乐曲开头由管风琴 32 英尺轰击管（Bombarde）产生的仿真鼓声。第三首是《英雄诗篇》（Marcel Dupré 曲），管风琴与鼓号乐队非常传神地描绘英雄的事迹与精神。B 面收录 3 首 17、18 世纪曲作，古意盎然又鲜趣层出。第一首是《古轮旋曲》（Jean-Joseph Mouret 曲），为路易十四时代的戏剧音乐，在此改编为管风琴与铜管群演奏，活泼愉悦。第二首是《夏康舞曲》（Louis Couperin 曲），通常由大键琴演奏，在此改编为管风琴与铜管群的对话。第三首《小号歌调与曲调》极为特别，由三段音乐组成，第一段是独奏即兴小号与管风琴的竞奏，第二段是管风琴即兴独奏，第三段则加入另一即兴小号，与管风琴齐鸣庆典音乐，热闹、庄严，极其精彩。

1979 年后，数字录音崛起，也未见 Crystal Clear Records 陆续发行直刻唱片。无论如何，在录音历史上，他们已树立多个里程碑，即便到了 SACD 时代，这些直刻唱片的录音成就也不会动摇。严肃的发烧友若有机会在二手市场发现这些唱片，请不用怀疑，务必抢购。

Gershwin Fantasia

CCS-6002 45 Stereo

《格什温狂想曲》（Gershwin Fantasia）这张直刻唱片收录了两首取材自"格什温歌曲"串接而成的双钢琴幻想曲，由来自西雅图的菲利浦斯（Phillips）与来自纽约的伦祖利（Renzulli）联手演奏。乔治·格什温（George Gershwin，1898—1937），这位美国作曲家的地位无人可抵，尽管他的管弦技法并不高超，但是他成功地将切分拍子、黑人灵歌、蓝调爵士、拉丁舞曲融入严肃的古典音乐，奠定他独特的历史地位。他的作品以歌剧《波吉和贝丝（乞丐与荡妇）》（Porgy and Bess）、《蓝色狂想曲》《一个美国人在巴黎》最脍炙人口，他与兄长艾拉·格什温（Ira Gershwin）以及杰罗姆·科恩（Jerome Kern）、K. 韦尔（K. Weill）等词曲作家合作的歌曲至今传唱不衰。

唱片第一面收录珀西·格兰杰（Percy Grainger，1882—1961）编曲的《格什温：波吉和贝丝幻想曲》。出生于澳大利亚的天才美国作曲家兼钢琴家格兰杰，以丰富的想象力自歌剧中选出 10 首歌曲编串成曲，双钢琴一搭一调的拟人表情，仿佛歌剧的缩影。全曲由《第二幕前奏曲》《我的男人走了》《无须如此》《克拉拉，你不要沮丧嘛！》《草莓》《夏日时光》《贝丝，现在你是我的女人了！》《赋格》《我一无所有》与《主啊！我已经上路了！》十曲组成。

唱片第二面的曲目则是这两位钢琴家改编的 6 首格什温的歌曲。其中《极其美妙》有莫扎特与贝多芬的古典风格；《我爱你，波吉》

《格什温狂想曲》录音时采用两部 Hamburg Steinway 钢琴，展现近距离拾音的细节与动态，自然与透明

谢菲尔德实验室的直刻唱片，张张精彩，款款极致

有印象派拉威尔的味道;《我抓住节奏》让《疯狂女孩》歌舞剧中的艾赛尔·默曼一夕成名;《爱情走来》则是重被挖掘的遗作;《有雾的日子》是影片《少女的哀愁》主题曲;《丽莎》是《歌舞女郎》的开场曲。这组双钢琴同样挥洒飞翔的幻想，自由又感性地以钢琴对歌。

这场在 1979 年 2 月 4 日于 Crystal Clear Records 录音室的直接刻片录音，采用两部 Hamburg Steinway 钢琴演奏，展现近距离拾音的细节与动态，自然与透明，直如现场。

Charlie Byrd

CCS 8002 45 Stereo

《查理·伯德》(Charlie Byrd) 是张具有南美拉丁曲风的融合爵士乐唱片，所有曲目虽然均由查理改编或谱写，但每一位乐手却都有足够的表现空间。

查理·伯德是 20 世纪 70 年代享誉国际的爵士吉他名家，他获奖无数，录过五十多张唱片。

这张以《查理·伯德》为名的直刻唱片有着较少见的组合，查理主奏吉他，乔·伯德(Joe Byrd) 是低音提琴手，韦恩·菲利普斯 (Wayne Philips) 负责鼓组，保拉·海切尔 (Paula Hatcher) 吹奏长笛，比尔·赖兴巴赫 (Bill Reichenbach) 担当长号。所有演出曲目均由查理改编或谱写，都是具有南美拉丁曲风的融合爵士乐。负责现场混音的与前面介绍过的 San Francisco Ltd 唱片同为汤姆·华莱士 (Tom Wallace)，录音仍主要由 Crystal Clear Records 的老板伍登杰克负责，采用 45 转 / 分的转速在录音室直接刻片，同样极其考验演奏者与录音师的功力。

这是一场小型乐团的演出，声场左右不超出音箱侧缘，深度则适度，吉他手居声场正中，右侧有低音提琴与长笛，左侧是长号，鼓组横跨于最后排。透明、直接、鲜活、自然是这场录音的写照；瞬态响应利落，呈现直刻录音的优点；乐手声像比例正确，极具真实感，展现话筒摆位之高超与模拟录音的长处。吉他拨奏的铿锵、低音提琴拨弦的弹性、长笛悠扬的雅韵、长号浑圆的低鸣以及鼓组纵横的气势，既明察秋毫又动态十足，极为传神。

唱片第一面收录《摩里恩多咖啡馆（迷情咖啡屋）》与《古老赞美诗》，第二面收录《十七岁》《摇摆》与《真相大白》。这些曲目都具有优美的旋律与强烈的节奏，几乎没有不协和的咆勃。虽然由比尔德主导旋律，每一位乐手也都有一展身手的空间，其中以比尔德谱写的《古老赞美诗》最为精彩，曲子一开头即由吉他主导一长段的高低双弦序奏，只有鼓手以拉丁铁铃在后场摇曳，接着全体合奏，热闹应答，转入中段改由低音提琴手即兴独奏一段，再由鼓手接手做一场精彩的个人秀，从鼓皮的轻颤到铜锣的裂响，无比保真，最后再由全体合奏高潮淡出。仅此一曲，值回片价，也只有模拟、无法修正的直刻录音才能捕获现场乐手一曲到底默契无间的氛围。

虽然"直刻唱片"的介绍从 Crystal Clear Records 开始，其实"发烧友参考级"的直接刻片录音仍应推崇最早的"谢菲尔德实验室"（Sheffield Lab，俗称"喇叭花"）的直刻唱片，张张精彩，款款极致，即使进入 CD 时代，不论采用模拟录音还是数字录音，仍然一如直接刻片，现场直入两轨录制，精准的声场声像，精致的堂音声色，使得它的唱片具有独有的"自然声响"，这正是经过细心营造、优雅华丽的"谢菲尔德之声"（Sheffield Sound）。虽然在 1985 年后不再出新片，淡出业界，但是它那令众多发烧友怀念的音色，即使到 2003 年仍有我国香港的马浚（Winston Ma）

《查理·伯德》是张具有南美拉丁曲风的融合爵士乐唱片，所有曲目虽然均由查理改编或谱写，但每一位乐手却都有足够的表现空间

设法说服谢菲尔德老板 Doug Sax 并取得模拟母带，以 JVC XRCD24 技术复刻 CD 问世。

由于直接刻片录音所费心力、物力极巨，在 20 世纪 70 年代后期也只有少数几家唱片公司敢于尝试，其中美国加利福尼亚州的 Century Records、The Great American Gramophone Company、德国的 Jeton、日本的 Toshiba，以及日本 RCA 仍有少数作品留世，如今重聆，弥足珍贵，以下陆续介绍，或可供拥有者印证，至少可作纸上神游幻听。

Buddy Rich / Class of '78
Century Records GP3602 33⅓ Stereo

巴迪·瑞奇（Buddy Rich，1917—1987）这位鼓手大师在年轻时，既是歌手也跳踢踏舞，在 20 世纪 30 年代末至 40 年代，他受到竖笛手 Artie Shaw 提拔，在小号手 Benny Berigan、萨克斯手 Benny Carter 及长号手 Tommy Dorsey 所领导的摇摆大乐队中开始鼓手生涯。20 世纪 40 年代还与爵士大师在爱乐厅（Philharmonic）同台演出，包括 Charlie Parker（萨克斯）、Harry Edison（小号）、Lester Young（萨克斯）及 Oscar Peterson（钢琴）。1946 年，在以前 Dorsey 同僚弗兰克·辛纳特拉（Frank Sinatra）的协助下，成立自己的乐团。此后二十年，始终梦想能拥有一个真正的大乐队，但并不如意，反而成为小号手 Harry James 乐团的重要鼓手。

1966 年在经历一场心脏病劫之后，他成立一个较另类的乐队，曲目不缅怀既往而是能与新生代接轨，同时能吸引他的长期乐迷。1974 年因故再度放弃大乐队，但是 1975 年觉悟到大乐队若无新鲜血液，势必后继无力，因此从得克萨斯州北部与伯克利学院寻找年轻好手。参与这张唱片演奏录音的俱是其中的青年才俊，他们充满活力与昂扬的乐声，经过无剪接、无混音、无花样的直接刻片，让大乐队的现场感如幻再生。

唱片第一面收录有 Weather Report 乐团键盘手 Joe Zawinul 原作的《鸟地》（Bird land）改编曲，这是一首优雅又有力量的融合爵士，穿插高音萨克斯手 Steve Marcus 绝妙的莺啼鸟鸣。另一首是《与巴德共跃》（Bouncing With Bud）则是巴德·鲍威尔（Bud Powel）的咆哮经典，其中钢琴手 Barry Keiner 与次中音萨克斯手 Gary Bribek 颇具 Bud Powel 与 Sonny Rollins 的台风但又附加了个人色彩，编曲者 Frank Perowsky 更将巴德原作中的部分独奏以萨克斯群合奏展现。

唱片第二面的第一首是改编自名家 Horace Silver 的《佛得角蓝调》（Cape Verdean Blues），极尽摇摆，小号手 Dean Pratt 与钢琴手 Barry Keiner 的独奏更如画龙点睛。第二首是改编自电子爵士 Chick Corea 的《节庆》（Fiesta），在此以不插电的 Barry Keiner 钢琴、Tommy Warrington 的低音提琴与 Buddy Rich 的鼓组三重奏形式演出，旗鼓相当、和谐共鸣。压轴的是热闹非凡的《放克城市》（Funk-City-Ola），虽然次中音萨克斯双雄 Gary Bribek 与 Steve Marcus 领军高歌，清脆的高铙与低沉的低音提琴、长号更烘托出全曲的壮观。

整张唱片具有清晰、宽频的录音特色，每一乐器均轻盈明晰，高低音域清楚可辨，乐队层次透明、声音清澈利落，充分发挥直刻唱片的优点

全辑由 Buddy Rich 大乐队伴奏，MelTorme 主唱，其缓和、原实的歌声，游走于流行与爵士间

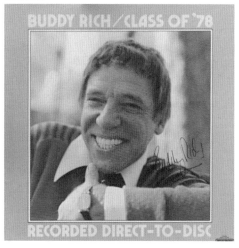

这张直刻唱片由 Century Records 与 RCA 共同制作，1977 年 10 月在纽约 RCA 录音棚录制，由 Keith Grant 与 Dick Baxter 担任录音，两方人马各派技师操作刻盘。整张唱片具有清晰、宽频的录音特色，每一乐器均轻盈明晰，但是超高至超低音域又清楚可辨，乐队层次分明、声音清澈利落，充分发挥直刻唱片的优点。特别值得一提的是鼓手 Buddy Rich 在全张唱片并未安排独奏，却是支撑每一首音乐的灵魂人物，可谓老姜嫩枝，活力无限。

Together Again —
For The First Time
Mel Torme and Buddy Rich

Century Records GP 3603 33¹/₃ Stereo

Century Records 公司的制作人 Norman Schwartz 与 Glen Glancy 成功地录制了上一张

Buddy Rich/Class of '78 专辑之后，于 1978 年 1 月策划两大爵士名家的首度同台录音，男歌手 Mel Torme（1925—1999）与鼓手 Buddy Rich 曾经多次在同一场合演出，此次再度相逢即采用当时录制 LP 最高技艺的直接刻片方式留下绝响。

录制这张唱片时，Buddy Rich 已经 61 岁，Mel Torme 开玩笑地说，他小时候即随父母观赏 Buddy、Artie Shaw 与 Tommy Dorsey 的演出，这么老了还能敲鼓？等到正式开录，他佩服地说，姜是老的辣，他展现的活力与艺术不亚于年轻人，这次合作的成果也是 Mel Torme 演艺生涯最引以为傲的一张 LP 唱片。另一方面，Buddy 则"吃亏"，Mel Torme 从 1942 年起就唱"死"，这张唱片是他的"重生"，但是即使他死了，仍旧是 Buddy 心目中最具有才华的男歌手。全辑由 Buddy Rich 大乐队伴奏，Mel Torme 主唱各式爵士歌曲。Mel Torme 以 *The Velvet Fog* 一曲走红，他缓和、厚

实的歌声，游走于流行与爵士间，能登上卡内基音乐厅，也入驻麦克酒馆，1990 年的 *Fujitsu-Concord American Songbook*（Telarc 唱片）依然荡气回肠。

唱片第一面收录的原本是 Peggy Lee 主唱的《当我找到你》（*When I Found You*），此改编曲虽然复杂，尤其是大型乐队分量极重，但是难不倒既是歌手也具编曲经验的 Mel Torme。第二首《就在雨天》（*Here's That Rainy Day*），改编曲基本上以此为主旋律，又加上《就要下雨了》（*Soon It's Gonna Rain*）一曲烘托氛围。较特别的是，并非 Buddy 乐团成员的大师级中音萨克斯管手 Phil Woods 担任独奏一角，而是由他演绎前奏、伴奏及与钢琴手 Barry Keiner 的深情对话，这都为这首优美歌曲增添了亮点。此外，编曲特意加上大号延展频域，额外附加歌词增添曲思，也都出自 Mel Torme 的创意。第三首《夜间蓝调》（*Blue in the Night*）原是名作曲家 Harold Arlen 之作，在此改编版中有极特殊的铺排，例如华丽地使用长笛与静音铜管，Mel Torme 演唱中介入的大号及乐团奏出孤寂的笛音，中继的 Buddy Rich 主导的一段节奏乐段，Mel Torme 与低音提琴手合唱片刻又随着乐队摇摆，最后终于回归原作的正宗蓝调歌谣。

唱片第二面第一首的《蓝调》（*Bluesette*）原本由比利时口风琴家 Toots Thielelmans 谱曲，后来由 Norman Gimbel 填上歌词。Mel Torme 一展热情洋溢的轻快节奏，并且忘神地以 Scat（一连串无歌词仿乐器般的乐节）唱腔奔驰，无比流畅，这种艺术只有少数真正的大师才能完美表现（如 Louis Armstrong、Ella Fitzgerald 等）。曲中，次高音萨克斯管手 Steve Marcus 与鼓手 Buddy Rich 亦有精彩表现，而 Mel Torme 的最后一个音符在鼓手与乐队的交替哄抬下，不断持续高吟，极具效果。第二首《你是我生命的阳光》（*You Are the Sunshine of My Life*）改编自 Stevie Wonder 的原作，同样地，Mel Torme 以古典 "You Are My Sun Shine" 开头再转唱主题。他采用轻快拉丁八节拍唱法，乐队则是贝西伯爵大乐团风格，巧妙的是 Mel Torme 突然提高八度结束。

第三首《我不能一天没有你》（*I Won't Last a Day Without You*）是较接近流行歌谣的款款情歌。压轴的《好女士》（*Lady Be Good*）是 Mel Torme 向 Ella Fitzgerald 致敬之歌，曲调从他自写的歌词"她是世界最伟大的，从 ChickWebb 的大乐队唱起之时"过渡到格什温兄弟原创的《好女士》。其中大部分是精彩无比的 Scat 飙唱，有 Ella 原始版片段，但大多是 Mel Torme 的自创变奏。Mel Torme 的 Scat 功力在此展现无遗，既展现他的扎实声底与咆勃，也展现他的超宽音域与转音技艺，从高至低确实极其稳定。同时，Buddy Rich 的鼓组竞奏，所表达出的昂奋与张力，与 Mel Torme 可谓默契天成，即兴高妙。仅此一曲，值回片价。这张唱片与上一张的录音师与录音地点相同，音色也相同，只是这张还加上居声场中间正前方的人声，乐队清越犀利，人声温暖扎实，声场三维空间、声像前后层次都清晰明辨，人声稍予凸显如独奏乐器，整体而言，依旧呈现直接刻片的自然、活生、透明的状态。

Les Brown and his band of renown : Goes Direct To Disc

The Great American Gramophone Company

GADD-1010 33⅓ Stereo

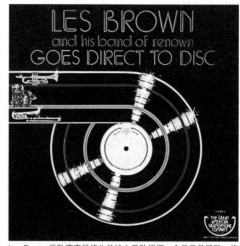

Les Brown 乐队演奏风格为传统大乐队摇摆，全是柔美雅致、旋律丰富的悦耳音乐。这张唱片的音色较温暖，但是声场声像之明晰、现场氛围之营造依然呈现直刻录音的强项

截至 1947 年，Les Brown 领导一个大乐队已有十年之久，已进入半退休状态，移居加利福尼亚州。战后许多退伍的音乐家重回纽约、芝加哥、洛杉矶的录音棚，但是物换星移，人们已改变了对音乐的需求，少有大乐队生存的空间，Les Brown 是少数可以创作乐曲与维持大乐队的人之一，主要原因是他选择定居的洛杉矶已经是世界电影之都，在 20 世纪 40 年代末也成为广播电视制作中心，加上 20 世纪 50 年代纽约又复苏成为录音重镇，因此，音乐的需求量也随之增加。最大的转折点是 Les Brown 结识大明星鲍勃·霍普（Bob Hope），不但参加每年海外演出活动，也以乐队形式登上霍普的广播电视节目。此外，另一明星狄恩·马丁也开辟电视节目，Les Brown 乐队同样获邀相随。一连串的好运，让 Les Brown 乐队进入乐队领班生涯第 40 个年头。在落脚加利福尼亚州 30 年之后，Les Brown 过着闲适的生活，一周有四天打高尔夫，每天下午打桥牌，他的乐团演奏行程也排到下一年度，因此，这一张唱片能够以直接刻片录制 Les Brown 乐队的最真实声音，也就弥足珍贵。

Les Brown 乐队成员甚多，加上指挥共有二十名，包括小号、长号、萨克斯管（兼竖笛或长笛）、钢琴、低音提琴、鼓、吉他与震音铁琴等乐手。演奏风格是传统大乐队摇摆，虽然不免受西岸酷派爵士乃至 20 世纪 70 年代所谓"当代爵士"（contemporary jazz，一个极不适切的名称）的影响，但是基本上仍然是不插电演奏，全是柔美雅致、旋律丰富的悦耳音乐。

唱片第一面第一首的《在绿海豚街上》（On Green Dolphin Street）原本是 1947 年米高梅电影主题曲，1948 年经 Jimmy Dorsey 大乐团录音的唱片成为畅销曲，1958 年由 Miles Davis 演奏成为爵士经典曲目，后来也成为 Bill Evans 钢琴三重奏与 Oscar Peterson 三重奏的名作。Les Brown 乐队的各个独奏家的演出尽情尽兴，也为绝佳响亮音准作了脚注。第二首《劳拉》（Laura）也改编自电影主题曲，自 1945 年起即成为爵士经典曲目，Les Brown 乐队展现了丰富的和声及 20 世纪 40 年代的乡愁氛围。第三首《可怜的蝴蝶》（*Poor Butterfly*）是首快节奏的 Les Brown 招牌舞曲，其中长号的流畅柔美令人印象深刻。第四首是《再度孤寂》（*Alone Again Naturally*）是 20 世纪 70 年代流行曲调改编，正可表达 Les Brown 乐队的典型风格——整齐优雅、生动悦耳。第五首《公爵》（*Sir Duke*）改编自 Stevie Wonder 的歌曲，极巧妙地让整个乐队以反复八小节形式表现主题。

唱片第二面第一首《搔趾》（*Tickle Toe*）原是萨克斯管名家 Lester Young 的原作，在此由贝西伯爵演奏，节奏轻快，在颤音琴与低音提琴的节拍下，每一位乐手都欢喜放歌。第二首《缎绣娃娃》（*Satin Doll*）是 Duke Ellinton 的名曲，在一次电视演出时邀请公爵客串，在听过 Les Brown 的版本后，主动认可加入钢琴合奏的版本。第三首《飞向月亮》（*Fly me to the moon*）是以两把中音长笛与次中音萨克斯管在颤音琴陪伴下陈述主题，再由整体乐队各部热情对话的曲作。第四首《现在就要飞了》（*Gonna Fly Now*）改编自电影《洛基》的主题曲，同样呈现 Les Brown 乐队生气勃勃、华美利落的风格。

这张唱片由 The Great American Gramophone Company 与 Capitol Records 合作录制，于 1977 年 5 月 11 日、12 日在好莱坞 Capitol Studio 以 Neumann SX74 刻片系统、分别由两家公司工程师各自操作母机直接刻制，再由 Century Records Teldec 负责压片。录音与混音工程师 Wally Heider 与 Hugh Davis 采用较近距离拾音，因此，制作人 Glen Glancy 虽然也担纲先前介绍的 Century Records 直刻唱片，但两张唱片的音效仍有明显的差别。这张唱片的音色较温暖，但是声场声像之明晰、现场氛围之营造依然呈现直刻录音的优势。

Robert Cundick at the Mormon Tabernacle Organ

The Great American Gramophone Company
GADD-1040 33$^1/_3$ sterso

位于美国犹他州盐湖城市摩门教堂的管风琴应是美国广受喜爱的乐器之王。当初的管风琴是由 Joseph H. Ridges 成为摩门教徒后逐步建构，历经多次改造，直到 20 世纪 40 年代。由于当时兴起美国式管风琴风潮，1945 年 Aeolian Skinner 公司受托重建，1948 年完成这部至今仍存在的至尊管风琴。这部乐器频域 16 ～ 16000Hz，动态从最小声的 ppp 到最响的 fff，加上在教堂内能发出既清晰又温暖饱满的声音，所以其音响令人难忘。因此，为了录制这部管风琴，必须仔细挑选能吻合与容纳管风琴与教堂之音色与频宽的话筒，调音台也必须具备 10 ～ 50000Hz ±0 的频宽，以应付无限幅的动态与频域。话筒拾取的信号通过调音台输出，直入置于教堂地下室的 Neumann SX 74 刻片系统，直接刻制主盘。这是对录音工程师一次极大的挑战，没想到制作人 Glen Glancy 也担任录音，他获得一张卓绝的管风琴音乐唱片，也是 1977 年 10 月 31

日与 11 月 1 日心血的结晶。

管风琴演奏者是出生于犹他州的罗伯特·康迪克（Robert Cundick），他是位管风琴演奏家，也是作曲家，他的管风琴训练主要来源于摩门教堂管风琴师亚历山大·施莱纳（Alexander Schreiner），他也在犹他大学获得作曲哲学博士学位。

唱片第一面第一首是康迪克谱写的《号角曲》（Fanfare），这是他的《礼拜天早晨音乐》第二辑中的第三首，这个系列以"前奏、即兴、后奏"成集以供欣赏。康迪克的曲作具有丰富的和声与鲜明的旋律，节奏多变，擅长切分音、变更节拍与转移重音，并且采用容易与聆听者沟通的结构，如 ABA 三段式作曲。第二首是路易·维尔纳（Vierne）的《摇篮曲》（Berceuse），采用半音体系（chromaticism）以改变和声，全曲平和静谧、神游入梦。第三首是威廉·沃隆德（Walond）的《即兴风琴曲》（Voluntary），通常作为英国国教礼拜仪式开始前或结束后演奏的管风琴独奏曲，此曲呈现悠闲、轻盈、高雅、愉悦的风格。第四首是巴赫（Bach）的《e 小调前奏曲与赋格》（Prelude and Fugue in E Minor BWV 533），巴赫写作有十多首"前奏曲与赋格"，这首昵称"教堂"的作品为早期之作，虽稍显浓缩、简洁，但仍具张力与宏伟架构，从昂扬的起头进入稳定陈述的前奏曲，再由全体管风琴合奏完成，展现戏剧性的频宽与动态。

唱片第二面第一首是亨德尔（Handel）的《森林音乐》（Forest Music），原本是为两把圆号演奏的"森林和声"，后改为小提琴与大键琴、军乐队、钢琴及管风琴演奏曲，全曲由快板、如歌的行板与"吉格快舞"的终曲三个短乐章组成，抒情优雅。第二首是卡格 - 埃勒特（Sigfrid Karg-Elert）的《月光曲》（Clair de Lune），非常罕见的一首印象派乐曲，流畅的节奏、丰富的和声、半音全音的交织令人痴醉，尤其是绵软的超低音足键音符。第三首是舒曼的《降 D 大调素描》（Sketch in D-Major，Op.58，No.4），这是由他的足键钢琴（Pedal Flugel）曲改编，为 ABA 形式的谐谑曲，头尾乐章对比强烈，中间乐章色彩缤纷。第四首是塞萨尔·弗兰克（Franck）的《英雄乐章》（Piece heroique），是他著名的"三首作品集"的最后一首，全曲由两个主题构成，一个是强烈的尚武精神，另一个是庄严的圣咏曲风，两个主题各自展开，最后仍由圣咏带领迈向戏剧性高潮。

从这张唱片我们可以领会摩门教堂绝佳的音效，有音乐厅般的适度残响，清晰呈现管风琴的极宽音域与巨大动态

从这张直刻唱片，我们可以领会摩门教堂绝佳的音效，有音乐厅般的适度残响，清晰呈现管风琴的极宽音域与巨大动态，也见识到这部管风琴名不虚传，其音色之清实，规模之宏伟令人震惊。录音卓越，巨细全收，超低音的风管音浪、极细致的机械动作都一"览"无遗。

Charly Antolini: MENUE
Jeton 100.3327 33 ¹⁄₃ stereo

20 世纪 60 年代，年轻爵士乐手为探索全新表现形式或为表达内心情感，发展出"自由派爵士"与"前卫派爵士"，严格说两者有所差别，但又时常混用，无论如何，它形成一股爵士潮流。Miles Davis 是一位历经了与 Charlie Parker、Dizzy Gillespie 等大师

同台的 Pop 时期、西岸酷派、硬式 Pop 的小号手，在 20 世纪 60 年代又与年轻一代的电吉他手 John Mclaughlin、电钢琴手 Herbie Hancock、Chick Corea 等以小号结合电子乐器，并且采用放克（Funk）与摇滚（Rock）元素，形成另一种风格，即所谓的融合乐（Fusion）。

德国 Jeton 唱片公司于 1982 年 5 月，在路德维希 Tonstudio Bauer 录音棚，由录音师 Carlos Albrecht 操刀，现场刻录由鼓手 Charly Antolini、贝斯手 Wolfgang Schmid、键盘手 Geoff Stradling 与打击乐手 Nippi Noya 演出的 9 首短曲组成具有爵士／摇滚乐风格的《菜单》专辑。1983 年 3 月，原班人马再度以直接刻片录制具摇滚／Pop 风格的《终曲》（Finale）专辑。这两张专辑于 1987 年出版 CD 合辑，不仅是融合乐示范，也是发烧片经典。

《菜单》当年出版时，由于第一面第一曲《就是我》（That's Me）鼓手精彩无比的独奏身手，被香港发烧友以"打断鼓槌"戏称，从清脆飘逸的高钹，细微震荡的鼓皮，木质扎实的鼓缘到厚重低沉的大鼓均可令人感受其瞬态响应细节之非凡，频域动态之宽阔及栩栩如生之临场感，充分呈现直刻唱片之卓绝。第二曲《冈比亚》（Gambia）的合成器键盘与不插电乐器水乳交融，欢欣昂奋，可与"喇叭花"（Sheffield Lab）的 James Newton Howard & Friends 专辑分庭抗礼。其他曲目虽然每首不到 5 分钟长度，但仍完整表达标题意义。

Jun Fukamachi at Steinway

Toshiba LF-95001 33$\frac{1}{3}$ stereo

Emergency/ Count Baffalos

Toshiba LF-95002 33$\frac{1}{3}$ stereo

由钢琴奇才深町纯自编独奏的钢琴曲专辑

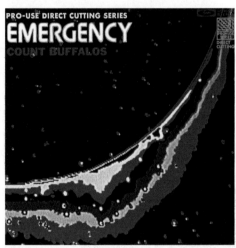

由鼓手石川晶领导的"小牛伯爵"乐队演奏6首爵士乐
这两张LP整体音效正如日本录音的特色——干净利落、一丝不苟

日本东芝EMI以"Pro-use Direct Cutting Series"为名，于1976年7月一口气发行两张爵士乐直刻唱片。一张是由钢琴奇才深町纯（Jun Fukamachi）自编的钢琴独奏专辑，包括肖邦的《降E大调夜曲》、日本民谣《桃源乡》、《烂漫》与爵士乐《不要杀我，我只是个钢琴手》；另一张是由鼓手石川晶（Akira Ishikawa）领导的"水牛伯爵"（Count Baffalos）乐队演奏，包括6首爵士乐。

负责这两场直刻的录音师是行方洋一（Youichi Namekata），使用的刻片系统是Neumann X-74，录音场所在Toshiba EMI No.1 Studio，采用典型日本录音的模式与音效。日本录音师喜欢"小题大作"（采用大量话筒），但是又能获得很好的录音效果，这两张唱片也不例外。在钢琴独奏使用Neumann M-269与M-49b各两支，在 *Emergency* 则采用各种品牌话筒共12支。除了多话筒，他们还将各乐手隔离，从其录音棚配置图我们可以清楚乐手的位置，但是从成品LP来听，其相关位置并非如此，就像在正常的演奏现场的分布，呈现前后、左右层次有序的声场与声像，也就是说，乐手录音位置虽隔离开来，但是经过调音台混音时予以调整再行录制。厉害的是，混杂了AKG、Shure、Beyer、Neumann多品牌多型号的话筒，经过混音重组，还能保持统一的相位与堂韵，实在不简单。

就整体音效而言，干净利落、一丝不苟

是日本录音的特色，这两张 LP 唱片殆无疑义。同样拜直接刻片之优点所赐，超宽频、大动态也充分体现。至于音乐，深町纯才气横溢，改编曲既富有创意，也有浓郁的即兴味道；"水牛伯爵"乐队则是默契十足，整齐划一。

Zyklus and Eclogue

RCA RDC-1 45 stereo

Vivaldi: Concerto "Spring" / The beatles Medley

RCA RDC-2 45 stereo

Beethoven: "Appassionata"

RCA RDC-4 45 stereo

这 3 张以 45 转 / 分直接刻片方式录成的 LP 唱片，在日本国内以"Direct Cutting Master Lab Series"为系列发行，这一系列录音采用的器材极多，从中可充分领会日本式录音的特色。

20 世纪 70 年代后期的直接刻片录音风潮，RCA 也未缺席，特别是日本 RCA（即 RVC 株式会社）。为了追求极致音乐会现场氛围，1977 年 1 月 19 日，他们走出录音棚，将当时属于日本 Victor 公司的 Victor 刻片中心的刻片机拆卸，装上卡车进驻东京市郊的"入间市民会馆"（Iruma Metropolitan Hall），经过组装试车，于 23 日夜间调试妥当，期间克服了电路的过负荷、杂音与干扰、鸣辘声等困难。接着，于 1 月 24—26 日、1 月 31 日与 2 月 2 日分别以 45 转 / 分的转速、直接刻片方式录成这 3 张 LP 唱片，在日本国内以"Direct Cutting Master Lab Series"系列发行，在国外则以"Highest Fidelity Direct Master Series"（编号多了字母 E）为系列名称。

这一系列录音采用的器材极多，话筒即有 Neumann（SM-69、M-49、U-87、U-67）、Electro Voice RE-20 与 Schoeps CMT-56，调音台有 Studer 8 In-4 Out（订制）与 Quad Eight LM-6200 6 In-2 Out，刻片控制器 Victor PC' 77，刻片功放 Neumann SAL-74（600W × 2），刻片头 Neumann SX-74 与监听音箱 JBL 4320、

这一系列录音采用的器材极多，从中可充分领会日本式录音的特色

JBL 4325、KEF 104。制作人井阪纮（Hiroshi Isaka）、录音师大野正树（Masaki Ohno）率领多位人员工作，可谓任重道远，好在不辱使命，比 Toshiba 录音室作品有更佳的音乐性，也在直刻唱片史上留下录音典范（RDC-1 与 RDC-4）。

多话筒拾音方式符合日本录音传统，以施托克豪森（Stockhausen）的 *Zyklus* 一曲为例，一共使用了 15 支话筒，配置如下页图所示，在观众席有 4 支环境话筒，在舞台上左右各一支 Shoeps CMT-56 作主话筒，整体拾音，其余每一种打击乐器依需有 1～3 支点话筒作近距离重点拾音。所有信号经过调音台混音后即直接刻制主盘（master）。在这样一个大会堂，经过这么多支话筒，要呈现出近距离拾音巨细靡遗的声场声像，非常不容易。这位录音师的确是录音、混音高手，捕获了非常自然、丰润的音乐厅混响，也重现没有相位偏差的、极清楚的定位与层次。担任独奏的打击乐手吉原（Sumire Yoshihara）小姐身手矫健、动作准

确，轻重缓急拿捏有致，让高钹的轻盈飘逸、大鼓的厚重低沉、小鼓的利落弹跳、各式打击乐器的扎实，带出了超宽频域与无穷动态，其鲜活如生、历历在目展现直刻唱片的透明。同一张唱片另一面为"长笛与打击乐器序曲"，其中长笛呈现柱状形体与细微气韵，也是模拟录音。

由神谷郁代（Ikuyo Kamiya）女士弹奏的贝多芬《热情奏鸣曲》，在钢琴前配置 2 支 Schoeps CMT-56，在观众席则有 Neumann U-67 与 U-87 各 2 支，算是较单纯的话筒摆设，但是效果惊人，Bosendorfer Imperial 巨型钢琴通透晶莹的琴韵与气壮山河的声量，演奏家指尖流露的音乐与内心情感，纤毫毕露、一展无遗，加上音乐会堂适度的混响，让这部帝王型钢琴更显温馨动人。这是钢琴音乐近距离拾音的典范，也是音乐会现场第一排聆听的感受。

在由早川正昭指挥东京维瓦尔第合奏团演奏维瓦尔第的《春》与巴洛克风格的《披头士

Zykulus 话筒配置图

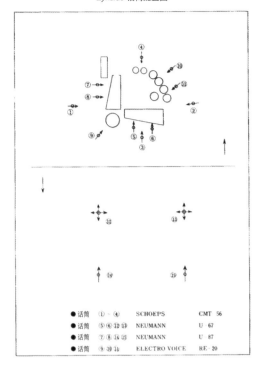

● 话筒	① - ④	SCHOEPS	CMT 56
● 话筒	⑤⑥⑫⑬	NEUMANN	U 67
● 话筒	⑦⑧⑮	NEUMANN	U 87
● 话筒	⑨⑩⑪	ELECTRO VOICE	RE-20

串歌》唱片中，13 人乐团用了 11 支话筒，虽然录出了呈弧形排列的乐队，各式弦乐器也刻画明晰，但是演奏与音色的"日本味"极浓，没有同一指挥、同一乐团受上扬唱片委托录制的"台湾四季"自然幽雅。从这一系列唱片可以充分领会日本式录音的特色。

Trackin
RCA RDC-3 45 stereo

截至 1978 年，日本 RCA 一共出版了 13 张直刻唱片，除上面的 3 张，笔者还有两张由爵士大师级夫妇——卢·塔巴金（Lew Tabackin）与秋吉敏子（Toshiko Akiyoshi）主导的唱片。这张 Trackin 是其中之一，也是其最早（1976 年 9 月）录制的直刻唱片，在美国加利福尼亚州北好莱坞的华纳兄弟录音棚录音。

演出的 Lew Tabackin Quartet 这一四重奏团员大有来头。次中音萨克斯手卢·塔巴金 1940 年出生于费城，在费城音乐学院主修长笛并获音乐学士学位，由于热爱爵士乐，于 20 世纪 60 年代后期前往纽约，将管乐天赋发挥于次中音萨克斯，并参与 Maynard Ferguson、Cab Calloway 与 Thad Jones-Mel Lewis 乐团的演出。1968 年与后来成为妻子的日籍钢琴家、编曲家兼大乐队指挥秋吉敏子合作，在日本巡回表演，并于 1973 年成立大乐团，定居洛杉矶。他的萨克斯技艺效前辈 Coleman Hawkins、Chu Berry 与 Ben Webster，但也自行探讨爵士传统，建立自己的绅士、歌谣般的演奏风格。钢琴手秋吉敏子于 1929 年出生，原修古典乐，因听到钢琴手 Teddy Wilson 的演奏而改习爵士，20 世纪 40 年代末在日本经常演出。20 世纪 50 年代获爵士钢琴大师 Oscar Peterson 与 Norman Grantz 访日时欣赏，1956 年至 1959 年到波士顿伯克利音乐学院专攻爵士乐。20 世纪 70 年代从纽约回到美国西海岸，师法 Duke Ellington 成立大乐团，受到肯定，可惜唱片叫好不叫座。她的编曲被推崇为 Ellington 第二，她的钢琴则深受 Bud Powell 影响。贝斯手鲍勃·多尔蒂（Bob Dougherty）于 1940 年出生于俄亥俄州，20 世纪 60 年代参与 Woody Herman Orchestra、Chuck Israel Band 的演出，以及与秋吉敏子搭档演出。鼓手谢利·梅恩（Shelly Manne）于 1920 年出生于纽约，1946 年加入 Stan Kenton Orchestra 后声名大噪，之后参与各大乐团演出，包括 Woody Herman Orchestra、JATP、The Lighthouse All-Stars、Shorty Roger 's Giant 等。他与吉他手 Jack Marshall 于 1962 年合作的 *Sounds Unheard Of*（重刻片由 Analogue Productions 以 Revival Series APR 3009 发行）至今依然是发烧录音经典。

这张唱片由四位名家演出，精彩自是可期，固然彼此相互扶持，缺一不可，但是卢•塔巴金依然最为耀眼，从 *I'm All Smile*、*Cotton Tail* 到 *Trackin*，我们可以完全欣赏塔巴金的次中音萨克斯技艺，不论音乐如何复杂转折，他总是不疾不徐、风度优雅，气韵温厚地表达。*Summertime* 一曲更将长笛的曼妙展露无遗。

录音非常自然，没有一般录音室的干涩，各乐器比例相对真实，有着直刻唱片的优秀音响效果。

Vintage Tenor

RDCE-11 33¹/₃ stereo

1978 年 4 月由 RVC 制作人井阪纮率领录音师 Eiji Uchinuma 团队再度回到东京市郊的"入间市民会馆"，尝试在音乐厅以直接刻片方式录制爵士大乐团演奏。担任主奏的是次高音萨克斯名家卢•塔巴金，搭配由 Toshiyuki Miyama 领军的 18 人乐队，包括小号手（4 人）、长号手（4 人）、中音萨克斯手（2 人）、次中音萨克斯手（2 人）、上低音萨克斯手（1 人）、钢琴手（1 人）、吉他手（1 人）、低音提琴手（1 人）、鼓手（1 人）与颤音琴手（1 人）。唱片封面以葡萄酒瓶标示演出者与录音年份、产地，加上以"Vintage Tenor"为题，显然宣示这是一张

这是日本 RCA 最早录制的直刻唱片之一，其录音非常自然，没有一般录音室的干涩，各乐器相对比例真实，有直刻唱片的优秀音响效果

Vintage Tenor 是塔巴金缅怀 6 位次中音萨克斯大师先贤的献歌

好年份（Vintage）制作的"次中音"（Tenor Sax）萨克斯管主奏的唱片。

即使是在有 1200 个座位的音乐厅，日本人录音的模式也不会改变，从下图中，我们可以看到舞台上有林林总总 18 支话筒，外加舞台正前方左右各一支涵盖全局的主话筒 Neumann M-49C。各个乐组仍然以屏板隔离，减少干扰与串音，有意思的是这一录音排列绝非正常演出时的阵仗，但是从唱片聆听却有现场观赏时的场景与临场感，这就是录音师话筒摆位与混音的高明之处。

这张唱片可以说是塔巴金缅怀 6 位次中音萨克斯大师先贤的献歌。唱片第一面第一首《白尾野兔》（Cottontail）原是 Ben Webster（1909—1973）的代表作，塔巴金演奏，先由大乐队合奏三段，再由他随兴吹奏四段曼妙乐节后再由乐队接手，他最后则以"华采"方式奏完全曲，高雅、温馨兼而有之。第二首《灵与肉》（Body and Soul）原是 Coleman Hawkins（1904—1969）惊世的慢歌（Ballad），这位萨

克斯吹奏技法的拓荒者，也是将萨克斯引入爵士乐的关键人物，对后继 Pop 大师 Charlie Parker 影响至深，塔巴金在此以大乐队诠释此曲，向 Hawkins 致敬，平顺又复杂的摇摆。第三首《教义》（Doxy）是当今仍活跃在乐坛的 Sonny Rollins 所作，这位根植于 Pop，又受 Hawkins 启发的现代爵士指针式人物，他的豪爽与激昂的次中音萨克斯音色颇为塔巴金景仰，在这张唱片中，塔巴金则更加细腻与深情。

唱片第二面第一首是《毕雅斯点滴》（A Bit Byas'd），这是塔巴金纪念 Byas（1912—1972）的作品，采用与 Don Redman、Andy Kirk 与 Dizzy Gillespie 大乐队相当规模的演奏。音乐在平顺浓郁的摇摆与快速复杂的 Pop 间游走。第二首是《机会魅影》（A Ghost of a Chance），为纪念英年早逝的 Leon "Chu" Berry（1910—1941）而作，塔巴金在此以超绝的慢歌诠释，搭配优美的乐队伴唱，极为动人。第三首《搔趾》（Tickle Toe），献给乐音甜美的 Lester Young（1909—1959），这张唱片的编曲将次中音萨克斯与乐队交融，在彼此应答中愉悦地展演全曲，让独奏者与大乐队才华尽现。

总之，这是一张音乐高妙、音响超绝的直刻唱片，乐器的实体与音色，音乐的表情与细节，都令人仿佛置身现场，自然、透明、轻松、愉悦。

模拟立体声 LP 技艺的极致——直刻唱片，在 20 世纪 80 年代数字录音崛起之后，快速画下句号，即使是整体成就最高的谢菲尔德

实验室也无法力挽狂澜。但是，存世的每一张直刻唱片都是珍宝，都是精湛工艺的结晶，即使是最先进的数字唱片都无法撼动它的"真"与"美"。

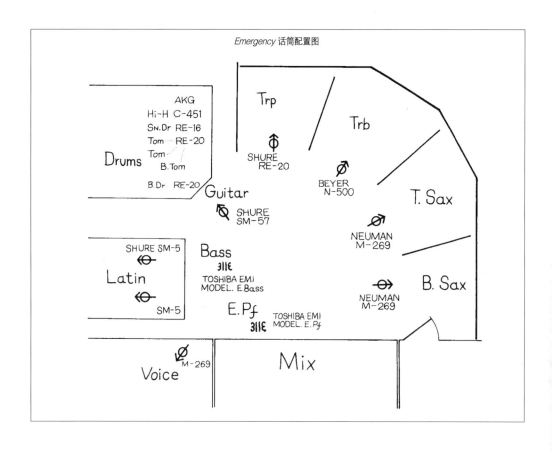

Emergency 话筒配置图

云想衣裳花想容　75cm×70 cm　2016　蔡克信画

8
Telarc / Soundstream 发烧数字录音的先锋

20世纪70年代末，LP唱片的模拟录制技术已臻巅峰，鉴于磁带母带不易保存，加上计算机科技运用日趋成熟，工程师们认真寻求突破传统的模拟录音方式，探求数字录音的良方。英国迪卡（Decca）唱片公司经过三年多的研发，自行设计一套数字录音设备，于1979年元旦在维也纳大音乐厅，进行全欧洲第一次数字录音，录下由博斯科夫斯基（Boskovsky）指挥维也纳爱乐乐团演奏的新年音乐会实况，同年3月16日即推出两张一套的LP唱片，是首套获得美国电子与工程奖的数字录音唱片。之后，各大唱片厂家群起效仿，纷纷投入数字录音的行列。

其实，在美国从事数字录音的厂家比迪卡更早起步，其中以标榜"发烧友的唱片"起家的"泰拉克"（Telarc）公司更是匹黑马。Telarc采用Soundstream数字录音机录制的每

一款LP，在CD问世之前，常是发烧友作为调整、考验、展示音响系统的参考，例如1978年录音的柴可夫斯基《1812序曲》一片中挑战的十六响炮声至今依然是众多发烧友难以忘怀的一段爱恨情仇。

数字录音初期的LP唱片最为人诟病的是清冷刺耳的"数码声"（一如CD初始），但是这一现象在Telarc/Soundstream LP中几乎不可闻，并且以独特的丝光飘逸的弦群、气韵悠扬的木管、圆润破金的铜管、沉稳巨响的大鼓、清脆利落的敲击、如临现场的氛围，令发烧友神魂颠倒。进入CD时代，这批Soundstream录音当然也转制CD发行，只是多年来笔者心中一直纳闷：为何CD版与LP版在音质或细节上的差异如此之大？这个谜团直到今年才通过SACD版得以解开。

Telarc/Soundstream的数字录音采用50kHz

由波斯科夫斯基指挥维也纳爱乐乐团演奏的新年音乐会实况（Decca D147D-2, LP）

圣路易交响乐团演奏的 CARMEN PEER GYNT（TELARC 10048, LP）

《竖琴的世界》
（DELOS-D/DMS 3005，LP）

《普罗科菲耶夫：灰姑娘组曲》
（RCA/ARC1-5321，LP）

的采样率，高于 CD 的 44.1kHz 标准。这种较高的采样率可以让高频延伸至 25kHz，也能够较完整地保存音乐信号的细节。为了符合 CD 的规格，Soundstream 信号采样率势必从 50kHz 降低为 44.1kHz，这一转换过程，由于欠缺一套能够完整再生 Soundstream 的数字信号的数字转换系统，不可避免地降低了频率响应上限，也损失了质感。这也是当 CD 逐渐取代 LP 之后，Telarc 以及其他采用 Soundstream 数字录音系统的公司（如 Delos、RCA 等）不得不放弃 Soundstream，而陆续采用 SONY PCM 1610 数字录音机或 Nakamichi DMP-100 数字录音机的原因。

直接比特流（Direct Stream Digital，DSD）录音技术的发明让频率响应能够超越 100kHz，这不但引发音响器材的革命，也有机会让 Telarc/ Soundstream 母带能以真正的原始面貌重见天日。这批经 DSD 转制的 SACD，保留了原有的宽频带，因信号转换拙劣造成 CD 的人为失真也同时被避免，原始录音工程师的心血结晶在等待了 15 年之后终于得以为世人欣赏。因此，新版的 Telarc/ Soundstream SACD/CD 都采用 DSD 转制，与早年发行的 CD 已大相径庭。这批录音，当初号称"发烧唱片"，其实不乏大师绝佳的音乐诠释，正是所谓"演录超绝、隽永常青"的经典唱片。Telarc/ Soundstream 不但是发烧数字录音的先锋，也是数字录音史上矗立的重要标杆。

接下来，笔者将选择 Telarc/Soundstream SACD 唱片探讨录音与音乐，所采用的监听系统中包括了 Ayre C-5xe SACD/CD 唱盘、Audio Research Reference Two MK2 电子管前级功放，再以 Audio Research VM220 电子管后级与 Theta Enterprise 晶体管后级分别推动 Nola Grand Reference II 音响系统的主音箱与低音音箱。

Frederick Fennell
The Cleveland Symphonic Winds
Holst / Handle / Sousa And More

SACD-60639

由芬奈尔指挥克利夫兰交响管乐团演奏古斯塔夫·霍尔斯特（Gustav Holst，1874—1934）的《第一与第二组曲》以及亨德尔（Handel，1685—1759）的《皇家烟火组曲》是 Telarc/Soundstream 于 1978 年的数字录音第一弹。2004年以 DSD 重制的 SACD/CD 版朴收入原班人马于 1978 年与 1979 年录制的约翰·苏萨（John Sousa，1854—1932）《星条旗进行曲》、利奥·阿诺德（Leo Arnaud，1904—1991）《奥运主题曲》、卡尔·金（Karl King，1891—1991）《马戏嬉乐》、约翰·施特劳斯（Johann Strauss，1804—1849）《拉德斯基进行曲》、沃恩·威廉斯（Vaughan Williams，1872—1958）《民歌组曲》、格兰杰《林肯郡小花束》与《牧羊人的招呼》等作品，两片合一，可谓物超所值，更为"木管、铜管、打击乐器"构成的交响管乐团演奏与录音立下迄今难以超越的里程碑。

这两场录音都是在克利夫兰西弗连斯厅进行，采用 Schoeps 电子管话筒（1979 年另加 B&K 话筒）、Soundstream 数字录音机与 Studer Model 169 调音台，由 Telarc 录音工程师罗伯特·伍德（Robert Wood）担任制作，杰克·雷纳（Jack Renner）负责录音。监听系统从 1978 年的 ADS Model BC-8 音箱/Threshold Model 400A 功放演进到 1979 年的 ADS Model BC-8II 音箱，以及 ADS 分频器、Threshold Model 4000 双功放驱动、Audio-Technica 线材与 Sonex 声学材料等，几乎与当时发烧友的观念与处置同步，可见其为制作"发烧唱片"的用心。

音乐部分则是指挥家芬奈尔宝刀未老的功力展现。芬奈尔为这一新世代的录音，邀集克利夫兰交响管乐团的高手共襄盛举，类似规格的演出，在职业交响乐团录音史上是屈指可数的，弥足珍贵。整体演出流畅圆熟，成绩斐然，尤其难得。

结合音响与音乐，笔者以"老姜犀辣、乐曲沸腾，频域宽广、动态巨大、声像浮凸、质地精细、声色华丽、氛围鲜活"形容这张唱片，可谓贴切。发烧友不妨注意从极小声的管乐到轰地震响的大鼓所展现的巨大动态，注意木管柱状气韵、柔雅悠扬的吟哦，注意铜乐形体扎实、浑厚泛金的咆哮，注意小鼓或三角铁等其他打击乐器清脆利落的瞬态，

结合音响与音乐，Telarc/Soundstream 这张交响管乐专辑可谓频域宽广、动态巨大、质地精细（SACD-60639）

注意木管与铜管共鸣之和谐。当然，还得特别注意Telarc著名的"大鼓"，不论轻敲或重击，除了沉稳凝聚之外，超低频的反响必不可少，这不但点出了宽阔空间感，也烘托出乐团的气势。

经过近半个世纪，再听 Telarc/ Soundstream 这张交响管乐专辑，音乐依然鲜活，音响震撼，推为经典，值得荣耀。

Telarc/Soundstream 绝佳的拾音使听众可以明显体验到交响厅堂韵浓厚、音色偏暖，但乐器与人声仍活跃其间、清晰有序的感受（SACD-60039）

Stravinsky The Firebird
Borodin：Music from Prince Igor
Robert Shaw / The Atlanta
Symphony Orchestra and Chorus
SACD-60039

伊格尔·斯特拉文斯基（Igor Stravinsky，1882—1971）于1910—1913年为谢尔盖·达基列夫（Sergei Diaghilev）制作的三部俄罗斯芭蕾舞剧《火鸟》、《彼得洛希卡》与《春之祭》谱曲，从而奠定乐坛大师根基。《火鸟》中幻化的和声与节奏，灿烂的管弦与音效，极戏剧性地表现俄罗斯民间传奇"火鸟"的神秘与现实氛围。虽然他从其师里姆斯基·柯萨科夫《金鸡》组曲获得全音阶与半音阶象征自然与神秘的灵感，整部曲作反倒青出于蓝。德彪西听过《火鸟》后评说："虽然并非完美无瑕，细究之下却发现其清澄优美；并非屈就于舞蹈的音乐，并偶见奇罕的韵律组合。"其后的作品在当时总成为争议风暴的中心，但是，时间证明他毕竟是影响后人的20世纪一代宗师，《火鸟》芭蕾舞乐也是最受欢迎的一部管弦作品。

亚历山大·鲍罗丁（Alexander Borodin，1833—1887）是乔治亚贵族后裔，他是位医生，也是享誉欧洲的实验化学家。他虽自认为是"星期日作曲家"，但是德彪西给他的交响曲评价甚至高过柴可夫斯基的后3首，他的歌剧《伊果王子》虽然由里姆斯基·柯萨科夫与格拉祖诺夫完成，但是其中的《鞑靼人之舞》《鞑靼女之舞》与《鞑靼人进行曲》仍然脍炙人口。收录在这张SACD中的"序曲"也有可能是由格拉祖诺夫依据鲍罗丁的一次钢琴弹奏记忆谱成，另外取自第二幕中的《鞑靼舞曲》则是具有激烈节奏、浓郁音响、异国风情并附有男女声合唱的灿烂管弦作品。

罗伯特·肖原是著名的合唱指挥，1978年应Telarc邀请指挥亚特兰大交响管弦乐团暨合唱团演出两位作曲家的名作，凭着Telarc/ Soundstream 绝佳的拾音技术及数字录音的频宽与动态，营造出高度凝聚的戏剧张力与氛围，也活泼生动地诠释了作品。

这张唱片于 1978 年 6 月在亚特兰大艺术中心交响厅录制。早期的 Telarc 都采用较简单的 Schoeps 电子管话筒组合、Soundstream 数字录音与 Studer Model 169 调音台。2000 年以 DSD 转制则采用 dcs 972 采样转换器（近年直接 DSD 录音则多采用 EMM Lab Meitner 转换器）供制作 SACD，而 CD 层则以 DSD 采用 Sony Super Bit Mapping Direct 做 PCM 编码。

从 SACD 版，我们可以感受交响厅的堂韵浓厚，音色偏暖，活跃其间的乐器与人声依然清晰有序。通过中远距离拾音的方法，合唱团居管弦乐团之后稍高处，二者以适当透视比例呈现。发烧友可以注意《火鸟》在"序曲"与"终曲"的极宽动态，尤其是"序曲"一开头的超低频，甚至比当红的帕佛•贾维（Paavo Järvi）/辛辛那提版（Telarc SACD-60587）更加沉厚。另外，请留意《伊果王子》"序曲"中第 5 ～ 6 分钟右声道极低声的低音弦之透明质感，以及《鞑靼舞曲》曲尾大鼓与打击乐器之震撼能量。总之，在众多优秀版本中，这是一张因优秀录音加分而值得一赏的唱片 0。

Tchaikovsky: 1812
Gershwin：Rhapsody in Blue、An American in Paris
Erich Kunzel / Cincinnati Symphony Orchestra

SACD-60646

Telarc/Soundstream 录制的柴可夫斯基《1812 序曲》是当年闻名音响界，让 Telarc 与发烧唱片画上等号的名作。2004 年以 DSD 重新转制的 SACD 是由原来发行的两张唱片合并，均由大众王子康泽尔指挥辛辛那提交响乐团演奏。一张是柴可夫斯基的《1812》《意大利随想曲》与《哥萨克舞曲》，另一张是格什温的《蓝色狂想曲》与《一个美国人在巴黎》。

《1812 序曲》是首庆典序曲，描写 1812 年拿破仑率领六十万大军攻陷莫斯科后，因严冬缺粮，遭受俄军反击而战败的故事。乐曲后段法国国歌《马赛曲》在大炮声中消失，俄罗斯国歌随即昂扬为庆贺的百钟齐鸣。

《意大利随想曲》是典型意大利民俗舞曲与歌谣的结合，包括《威尼斯船歌》与《罗马军进行曲》，全曲明朗愉悦。

《哥萨克舞曲》是采自柴可夫斯基不成功的歌剧《马泽帕》（Mazeppa，一个乌克兰的哥

Telarc/Soundstream 录制的柴可夫斯基《1812 序曲》是当年炮打音响界，让 Telarc 与发烧唱片画上等号的名作（SACD-60646）

萨克酋长），描绘了一对恋人的舞蹈与对唱。

《蓝色狂想曲》是格什温接受当时爵士乐团教父保罗·怀特曼（Paul Whiteman，1890—1967）委托谱写的交响爵士乐。实际上格什温只写成钢琴独奏与爵士乐队曲谱，而由格罗菲（Grofe，1892—1972,《大峡谷组曲》作者）完成管弦编曲。全曲由复音拍子、蓝调和声与音符的独特哀愁曲调发展成具有狂想风格的爵士管弦。

《一个美国人在巴黎》是格什温旅游巴黎的印象写照，他以带有幽默的手笔，吐露旅者怀乡的感伤，感受花都之繁荣与嘈杂。原本管弦乐法贫乏的格什温是想到法国取经，最终仍靠自己摸索而折中融合拉威尔、德彪西、查尔斯顿与蓝调完成这首名曲。

两场演奏会分别于 1978 年 9 月与 1981 年 1 月在辛辛那提音乐厅录制，仍采用 Soundstream、Schoeps 与 Studer 组合器材，只是监听系统在 1978 年仍采用 ADS Model BC-8/II、ADS 分频器、Threshold Model 4000 双功放，至 1981 年已改为 ADS Model 1530、ADS Model C 2000 分频器与 Threshold Model 4000 双功放。基本上，二者堂韵氛围浓郁相当，只是由于乐曲规模与编制不同，1978 年采用稍远距拾音，不过二者在表现弦群之丝绸质感、木管之悠扬气韵、铜管之润厚明亮、大鼓之扎实低沉均是 Telarc/Soundstream 的招牌风格。动态范围极大，您必须开高音量才能享受完整信息。值得注意的是，在《蓝色狂想曲》中独奏钢琴与管弦乐团呈音乐会比例，未特别强调，极为自然。另外，音乐迷最关心的《1812》中的十六响大炮，在 SACD 版中要完整重现已不费吹灰之力，LP 时代跳针的梦魇不再，但是发烧友仍得警觉，毕竟炮声之能量仍然巨大，音箱不胜负荷的危机依然存在。此外，要完全欣赏这张 SACD 录音之精妙，音响系统必须具备再生 30Hz 以下超低频的能力。至于指挥与乐团，可以"纯熟流畅、中规中矩"名之。

Carl Orff
Carmina Burana
Robert Show Atlanta Symphony Orchestra & Chorus

SACD-60056

1847 年，史美勒（Schmeller）将 1803 年在布伊伦本笃派修道院（Benediktbeuen）发现的世俗诗歌集——拉丁与德文诗歌完整出版，总称《布兰诗歌》（Carmina Burana），原稿目前保存在慕尼黑。原曲主要是世俗与讽刺曲作，本是中世纪放浪各地的修士及弟子们所写的二百多篇作品，但是其中也有些极其严肃的宗教圣诗。这一剧本，没有明确的线谱，男高音的曲调也只是简约标示，因此，法国的马塞尔·佩雷斯（Marcel Peres）指挥圣殿骑士乐团（Ensemble Organum）依据中世纪牧歌与格里高利圣歌整理演出此剧，而有最接近原曲的《布兰诗歌》古乐版（Harmonia Mundi 901323.24）。现在大家所知道的《布兰诗歌》则是由德国巴伐利亚作曲家卡尔·奥尔夫（Carl Orff，1895—1982）从世俗诗歌集中选出 24 首诗，分成《春光》《酒馆里》与

《爱殿》三部谱曲，并在序奏与结尾安排《统治世界的命运女神》之歌构成全曲。这部完成于1936年并附有"器乐伴奏舞台用世俗清唱剧"副标题的作品与1943年完成的《卡图利诗歌》（Catulli Carmina）、1952年谱成的《爱神的胜利》一起构成"胜利三部曲"。三部原则上都是舞台演出，有时配以芭蕾象征歌剧，或演唱者穿着戏服表达剧情，大多是清唱演出，管弦伴奏，也有打击乐器室内乐版（Chamber Version BIS CD-734）。

奥尔夫的《布兰诗歌》由序奏《统治世界的命运女神》——（1）噢，命运女神（大合唱），（2）悲悯命运女神之伤（大合唱）开始，进入第一部《春光》：前半部"春日"——（1）春日愉悦的表情（小合唱），（2）太阳主掌万物（男中音），（3）期待（大合唱）；后半部"草地"——（1）舞蹈（大合唱），（2）林木盛开（大、小合唱），（3）老板，给我些胭脂（女高音与大合唱），（4）圆舞曲（管弦）与歌唱（大合唱），（5）不管世事多变（大合唱）。第二部是《酒馆里》——（1）暴怒（男中音），（2）曾住河畔（男高音与男声合唱），（3）我是酒店店主（男中音与男声合唱），（4）酒令轮唱（男声合唱）。第三部是《爱殿》——（1）爱随处飞舞（女高音与男童合唱），（2）日以继夜（男中音），（3）少女伫立（女高音），（4）天啊，我的心（男中音与大合唱），（5）如果男孩与女孩溜走（六重唱），（6）来吧，不用迟疑（双重合唱），（7）心中双重矛盾（女高音），（8）季节在呼唤（女高音、男中音与大合唱），（9）最可爱的男孩（女高音）。到最后一段《布兰基富罗与海伦娜》，赞颂最美的你（大合唱）。终曲又回到序奏的《噢，命运女神》而结束。

这是罗伯特·肖指挥亚特兰大交响乐团与合唱团的一场精彩演出，不论独唱、合唱还是管弦演奏，有中世纪古味，却又具有现代神韵，更将沃尔夫独特的节奏、简洁的形式、率真的和声在各种打击乐器带领下引发聆听者内在的共鸣。

1980年11月在伍德拉夫艺术中心交响厅的录音，采用与1979年录音相同的器材，SACD转制则使用dcs 927转换器。交响厅的堂韵偏暖，人声与管弦、敲击仍然非常清晰自然，频宽与动态毫不压缩，正是Telarc/Soundstream的典型录音。

《布兰诗歌》是Telarc/Soundstream的典型录音（SACD-60056）

Vaughan Williams
Barber / Pachelbel / Tchaikovsky /
Grainger / Faure
Leonard Slatkin / Saint Louis
Symphony Orchestra

SACD-60641

这张唱片是 Telarc/Soundstream 为大型弦乐团所作的录音典范，也是斯拉特金细腻诠释耳熟名曲的手法展示。

拉尔夫•沃恩•威廉斯（Ralph Vaughan William，1872—7958）的《塔利斯主题幻想曲》（*Fantasia on a Theme by Thomas Tallis*）是一首供弦乐二重奏与弦乐四重奏共演的弦乐曲，以"英国教会音乐之父"托马斯•塔利斯（Thomas Tallis，1505—1585）的第三号旋律为主题，呈现 16 世纪音乐神秘交唱之美；另一首《绿袖子幻想曲》（*Fantasia on Greensleeves*）则是在他搜集英国赞美诗的过程中发展出的自己的风格，并以民间歌谣《绿袖子》旋律衍化。

塞缪尔•巴伯（Samuel Barber，1910—1981）的《弦乐慢板》（*Adagio for Strings*）是由其《第一弦乐四重奏》的第二乐章改编而成，托斯卡尼尼首演后反而比原作更受欢迎，全曲具有罗马风格，朴素的复音音乐从精简的主题

由斯拉特金指挥圣路易交响乐团演奏的这张专辑，经 Telarc/Soundstream 录音群及雷纳主导，把乐团的层次与透明、弦乐的质感与密度，细腻地诠释出来（SACD-60641）

以对位法缓慢展开，营造悬疑，逐步达到高潮，洋溢着清纯与热情。

加布里埃尔·福雷（Gabriel Faure，1845—1924）的《巴望舞曲》，20世纪40年代由萨金特爵士指挥首演时伴有合唱，之后多以弦乐呈现。这是福雷从西班牙舞曲得到灵感，带有温柔感伤、赤忱乡愁之作。约翰·帕切贝尔（Johann Pachelbel，1653—1706）的《卡农》是以弦乐合奏和数字低音形式演出，全曲是以两小节的低音主题反复以卡农发展演奏28次，具有高度的对位技巧与优雅华美的旋律，成为巴洛克音乐中特别受欢迎的曲作。

柴可夫斯基的《C大调弦乐小夜曲》不同于莫扎特的室内乐风格，是大规模的弦乐合奏作品，全曲由"小奏鸣曲式""圆舞曲""悲歌"与"俄罗斯主题"四个乐章构成，是先贤（莫扎特）、挚友（梅克夫人）、怀乡（俄罗斯）、喜乐（自我）的写照，具有平衡、优雅、清澈的古典曲风。格兰杰的《丹尼男孩》这首爱尔兰乡村歌调，是这位作曲家为"怀念在澳大利亚的爱尔兰童伴"儿歌作词，怀乡念故、淡愁轻扬，传唱全世界。

这张专辑是1981年3月与1982年10月在密苏里州圣路易交响厅的录音，Telarc/Soundstream录音群，在雷纳主导下，将原本最难以数字录音表现的弦乐乐群各部完美呈现，乐团的层次与透明感，弦乐的质感与密度，均达到可以"模拟乱真"的情境，SACD优于CD在这一专辑得到更明确的肯定。

BEETHOVEN Piano Concerto No. 5 & Symphony No. 5/ Seiji Ozawa / Boston Symphony Orchestra（TELARC/SACD–60566）

VIVALDI Four Seasons/ Seiji Ozawa / Boston / Silverstein, Violin（TELARC/SACD–60070）

Shostakovich :
Symphony No.5
Tchaikovsky :
Romeo & Juliet Fantasy-Overture

SACD-60561

肖斯塔科维奇（Shostakovich，1906—1975）是 20 世纪最伟大的作曲家之一。《第五交响曲》即其最典型作品，与贝多芬的《命运交响曲》异曲同工。

肖斯塔科维奇对这一作品的自述："本交响曲的主题在于人性的确立。作品始终以抒情贯穿，在其中心则设定了一个人的体验。终乐章则将前面乐章累积的悲剧予以解放，并引导走向光明灿烂的人生。"

第一乐章（中板—从容的快板）从低音弦与高音弦作八度音程的对话导出主题旋律，充满不安与紧张，前段以弦乐铺陈，再由长笛与竖笛承接，中段由低音弦与钢琴并进，圆号、小号、木管加入发展，再以连续鼓声攀向高峰，后段则是铜管、木管、弦群交响的斗争性"进行曲"。

第二乐章（稍快板），低音弦奏出强而有力的主题后，呈现肖斯塔科维奇惯有的讽刺性的传统诙谐乐章。

第三乐章（最缓板），是全曲中最具有内涵、最纯美的乐章，不采用铜管配器，以小提琴三群、中提琴与大提琴各二群与低音提琴一群，营造纤细精妙的音响，反映苦恼悲伤的情绪。

第四乐章（不太快的快板），一反之前乐章的风格，以狂爆怒吼的铜管与打击乐器，以活泼生动、扫尽阴霾的方式呈现出进行曲风格的胜利战斗。

从音乐中，我们可以发现肖斯塔科维奇的《第五交响曲》曲式衍自莫扎特，和声借自普罗科菲耶夫，管弦比拟柴可夫斯基，节奏有如斯特拉文斯基，旋律回响似马勒，他的巧妙折中与挪用竟能再创令人耳目一新的管弦乐，传递出作曲家的意念与情感。

这张唱片是洛林·马泽尔（Lorin Maazel）指挥克利夫兰管弦乐团于 1981 年 4 月在克利夫兰共济会大会堂的录音，仍是由 Telarc/Soundstream 录音组担纲。马泽尔采取较一般速度略快的诠释，由于极具自信且乐团演艺精湛，全曲发展进行缓急有序，流水行云，细腻

SACD-60042

SACD-60634

SACD-60650

SACD-60563

马泽尔指挥克利夫兰管弦乐团。
发烧友可从这张 SACD 充分领
会到模拟弦质，金亮铜管，悠
扬木管与利落敲击等精妙乐声
（SACD- 60561）

自然，高潮迭起，超绝录音，烘托出音乐的精妙。发烧友从这张 SACD 可以充分领会模拟弦质，金亮铜管，悠扬木管与利落敲击，更特别的是其共鸣交响时彼此间的形体、动态、层次都清晰无比，肯定是 Telarc/Soundstream 的经典杰作。

Telarc/Soundstream 以 所 谓 "50kHz Master Transfer to DSD" 发行的 SACD 已有多款，还有许多杰出录音母带定会陆续转制。这里，笔者再以若干赘言比较同一母带的 SACD 与 LP 的差异。当年 Telarc/Soundstream 出版的 LP 虽然是数字录音，但是制作 LP 时因不受限于 CD 的规格，较传统模拟录音在频宽、动态、嘶声、抖动方面更优，因此，即使数字录音第一次拾音由模拟转成数字势必有若干遗漏，但是转制 LP 时还原成模拟信号，其信息量虽然不可能是拾音时的模拟信息量，但重塑模拟信号理论上并不会漏失信号，也比数字录音转制数字唱片，通过数字唱盘再转模拟输出更佳。

实际聆听比较，Telarc/Soundstream 的 LP 仍

William Tell & Other Favorite Overtures（DG–10116，LP）

Ein Straussfest（DG–10098，LP）

像传统 LP，对声像定位的刻画更明晰，较具"人气"，在质感、量感、频宽、动态等方面，SACD 毫不逊色，LP 反倒在杂音、循轨、稳定、连贯方面居于劣势。

Telarc/Soundstream 是制作发烧数字录音唱片的开拓先锋，虽然在 LP 黄昏、CD 曙光中有志难伸，在 SACD 时代再获荣耀，相信是发烧友极为乐见的好消息。

器树静月　4F　1992　蔡克信画

9

音响大玩家斯托科夫斯基

英裔美籍指挥家列奥波德·斯托科夫斯基（Leopold Stokowski, 1882—1977）得天独厚，他热爱编曲、录音，更是乐团的音响"大玩家"。他的一生可以说是数字录音前的录音史，这要归功于他的健康长寿，以及他对录音与音响的投入与创意。虽然乐坛对他的评价褒贬不一，有"天才"与"郎中"之两极评语，但是从"唱片与音响"的角度审视，笔者更愿称其为"伟大"。

一手带起费城管弦乐团

斯托科夫斯基于1882年4月18日生于伦敦一工人家庭，Stokowski这一姓氏来自波兰裔祖父。那时，瓦格纳正在拜鲁特准备他的歌剧《帕西法尔》的首演，勃拉姆斯正写作《第三交响曲》，西贝柳斯只有17岁，德彪西只有20岁，斯特拉文斯基尚未诞生。印象派绘画已占有画坛，真正的英国音乐只有吉尔伯特与沙利文（Gilbert and Sullivan）的轻歌剧，美国音乐只有福斯特（Foster）歌谣。奥匈帝国的约翰·施特劳斯（Johann Strauss）在乐界称王。穆索尔斯基刚去世，列宁才12岁。中国的孙逸仙16岁。

斯托科夫斯基5岁时，爱迪生发明了留声机，他在13岁进入皇家音乐学院，师从霍伊特（Hoyte）、戴维斯（Davies）与斯坦福（Stanford）修习管风琴演奏与合唱指挥，而于1900年获得文凭，并在巴黎与柏林旅游后回到伦敦，在查令十字路口的圣玛利教堂组成圣歌队。1902年在皮卡迪利广场的圣詹姆斯教堂担任管风琴师与合唱团指挥，次年获得牛津皇后学院音乐学士学位。1905年移居美国，在纽

约圣巴托洛密教堂担任风琴师（1905—1908）。后又回到欧洲寻求指挥机会，而于1908年在巴黎初试身手。1909年得到钢琴家奥尔加·萨马洛夫（Olga Samaroff，后来成为他的第一任夫人）协助，获得辛辛那提响乐团指挥职位（1909—1912）。任内，他努力学习，练就坚实的指挥技巧。1912年接掌费城交响乐团，在之后的24年间，他以过人的体力，极具天赋的才华与敏锐的本能，将原本不著名的州立乐队，训练成世界级乐团。1936年交棒给名指挥奥曼迪（Ormandy），只担任兼职指挥，直到1940年。

辉煌的指挥生涯

1941年之后的20年间，斯托科夫斯基以自由指挥身份指挥许多乐团，包括他创办的"全美青年管弦乐团"（All-American Youth Orchestra, 1940—1941）、纽约市立交响乐团（1944）、好莱坞碗交响乐团（1945）、NBC交响乐团（1941—1942，1942—1944与托斯卡尼尼共同指挥）、纽约爱乐交响乐团（1947—1949，1949—1950与米特罗普洛斯共同指挥）。1955—1960年担任休斯敦交响乐团音乐总监，1960年在纽约大都会歌剧院指挥歌剧《图兰朵公主》演出。1962年，80岁的斯托科夫斯基创办"美国交响乐团"（American Symphony Orchestra），并于1965年首度完整演奏艾夫斯（Ives）的《第四交响曲》，这个乐团依每场音乐会之需挑选成员。在20世纪50年代与60年代，他也极频繁地担任欧洲各大交响乐团的客座指挥，也成为最受欢迎的唱片录音艺术家。后来，80多岁的斯托科夫斯基终于回到老家伦

敦，在罕布夏尔乡下购屋定居，但是仍继续指挥伦敦交响乐团及其他团体直到1975年，同时，在迪卡唱片（Decca）的录音计划则持续到1977年（95岁）逝世前仍未停歇。

引领美国交响乐团史

坦率地说，斯托科夫斯基具有强烈的个人英雄主义与时代使命感，因此，有人称他为"秀人"（showman）亦无不当。在他的时代，他完全掌握时代的脉搏，也引导潮流，他深谙公众喜好与形象建构，善于利用科技与媒体。他明白美国需要在欧洲文化羽翼下寻求突破，知道如何在欧洲疲惫的音乐氛围中注入新的活力，以及如何激发音乐的文艺复兴。这些使命完全依靠他提携青年作曲家与演奏家才得以完成，这也是他先后不计酬劳创办"全美青年管弦乐团"、"市中心交响乐团"（1944年，后来成为伯恩斯坦的第一个乐团）与"美国交响乐团"的原因。因此，他被后人普遍认为是塑造20世纪美国人的管弦乐形式与曲目品位的灵魂人物，其影响力更甚托斯卡尼尼或库塞维茨基。

从他1905年到达美国之后开始，他即提供美国作曲家作品发表的机会，包括最早的莱夫勒（Charles Martin Loeffler）、麦克

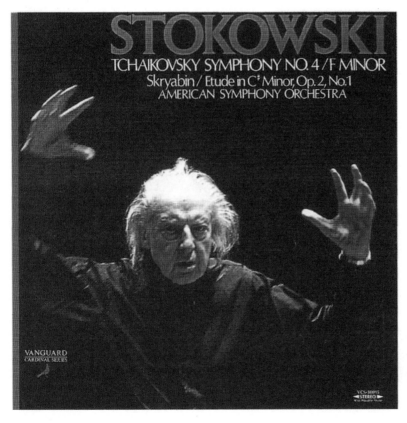

（左）
斯托科夫斯基指挥美国交响乐团演奏柴可夫斯基与斯克里亚宾的作品（Vanguard VCS 10095，LP）

（下）
斯托科夫斯基指挥费城管弦乐团，演奏里姆斯基·柯萨科夫的《天方夜谭》（RCA AGL1-5213，LP）

斯托科夫斯基指挥
伦敦交响乐团，
演奏瓦格纳的歌
剧《诸神的黄昏》
（RCA AGL1-3709，LP）

斯托科夫斯基指挥芝加哥交响乐团演奏肖斯塔科维奇的《第六交
响曲》（RCA AGL1-5063，LP）

道威尔（Edward Mac Dowell）、谢林（Ernest
Schelling）、奥恩斯坦（Leo Ornstein），到后来
的查辛斯（Abram Chasins）、艾希海姆（Henry
Eicheim）、泰勒（Deems Taylor）、索尔比（Leo
Sowerby）与乔斯滕（Warner Josten）。此外，在
美国音乐会节目几乎都为欧洲作曲家主导之
时，他常演出柯普兰（Aaron Copland）、巴伯
（Samuel Barber）与斯蒂尔（William Grant Still）
的曲作。

音响大玩家

斯托科夫斯基的指挥艺术特征是具有强劲又稳定的节拍,他营造的是独特的丰润、温暖与具有高度美感的声音。他为了追求乐团的整体音色平衡,常常尝试非正统的乐团排列方式,也开创弦乐群不一致下弓与木管异步吹奏以达到"歌唱"平顺的延迟效果。他也喜欢做出极度的动态对比,也常不依正统习惯做出个人化的分句氛围。他也常有细微的指挥者的弹性速度(rubato),也常不遵守作曲家的指示,让曲作随他自由挥洒(包括管弦演奏法、节奏、动态)但仍忠于原作精神。这就是笔者认为他是音响"大玩家"的理由之一。

斯托科夫斯基的演出曲目极其宽广,并且常常具有革命性的内容,尽管费城的听众相当保守,乐团董事会的阻力亦大,他仍惊人地演奏埃德加·瓦雷兹(Edgard Varèse)、斯特拉文斯基、勋伯格(Schoenberg)、普罗科菲耶夫、肖斯塔科维奇,以及20世纪重要乐派的曲作。此外,斯托科夫斯基也偏好不朽的经典作品,例如马勒的在美国首演的《千人交响曲》(第八交响曲),勋伯格的《古雷之歌》与布鲁克纳的交响曲。

在当时,瓦雷兹与勋伯格除了斯托科夫斯基外无人演出,而如今家喻户晓的斯特拉文斯基与其他俄罗斯现代作曲家的作品能够得到传播,斯托科夫斯基也有一定的功劳。令人惊奇的是巴赫(除了兰朵斯卡及少数专家演奏)在当时竟然不为绝大多数乐迷熟悉,直到斯托科夫斯基改编他的管风琴曲、组曲及其他键盘曲作才令巴赫复活。斯托科夫斯基在1926年指

斯托科夫斯基指挥国家爱乐管弦乐团的交响乐作品(Nimbus 45204,LP),录音时间为1975年11月,当时斯托科夫斯基已届93岁高龄

挥费城管弦乐团演出全部巴赫作品,包含安可曲。他的饶富趣味又生龙活虎的"巴赫"风靡了费城,在1925—1940年的演出曲目甚至超过柴可夫斯基、施特劳斯与莫扎特,仅低于处在最高位的贝多芬与勃拉姆斯。

斯托科夫斯基曾说,他之所以演奏管风琴是因为它最能模仿管弦乐团。因此,他的管弦改编曲只不过是成为指挥家之前的一项反向动作。在他的许多改编曲中,有些极接近原作,如博凯里尼的《小步舞曲》,有些则是以现代管弦呈现,如阿尔贝尼兹的《赛维尔节日》、德彪西的《沉默的教堂》与《月光》,有些则是混合版本,如穆索尔斯基的《荒山之夜》,即综合原曲与里姆斯基·柯萨科夫的管弦版谱成。至于最具争议的巴赫改编曲即不下36首,其中以《d小调托卡塔与赋格》

（*Toccata and Fugue*）最为著名，这也是迪士尼的卡通电影《幻想曲》令人难忘的开场曲，斯托科夫斯基本人就录过此曲7次。《g小调小赋格》在斯托科夫斯基的事业中亦有重要意义，也是斯托科夫斯基公开演出的最后曲目。在这最后的音乐会（1975年在法国），斯托科夫斯基将此曲以弦乐改编曲演出，也是最后一首改编曲。除此之外，斯托科夫斯基还改编过贝多芬的《月光奏鸣曲》的持续慢板乐章、拉赫玛尼诺夫的《c小调前奏曲》、穆索尔斯基的《图画展览会》、比尔德的《巴望舞曲》、克拉克的《小号独奏曲》、舒伯特的"瞬间即兴曲"、肖邦的《a小调玛祖卡舞曲》与肖斯塔科维奇的《降E大调前奏曲》。这些都是斯托科夫斯基热爱编曲的例证，从编曲中展现他音响"大玩家"的本色。

录音作品等身

斯托科夫斯基有几乎长达60年录音经验，从最早的号角留声机到四声道录音都没有遗漏。他不像大多数的指挥家害怕甚至痛恨录音，他积极表达对录音的兴趣，有时由于他的介入，还引起录音工程师的恼怒。他是第一位进行78转/分电子录音的美国指挥家，也是指挥家中最早进行立体声录音的实验者，早在1931—1932年磁带录音之前，即与贝尔实验室合作进行立体声直刻，后来更说服迪士尼花费巨资进行多轨立体声录音，而1940年发行的《幻想曲》卡通影片即采用四轨混音，引为经典。

在指挥费城管弦乐团的黄金时代，斯托科夫斯基也有许多最为人津津乐道的录音，

包括德彪西的《云》（1929、1937）、《节庆》（1929、1937、1939）、《人鱼》（1939），德沃夏克的《新世界交响曲》（1927、1934），弗兰克的《d小调交响曲》（1927、1935），斯托科夫斯基改编穆索尔斯基的《荒山之夜》（1939）、《图画展览会》（1939）与《鲍利斯•郭德诺夫交响合成曲》（1936），拉赫玛尼诺夫的《第二钢琴协奏曲》（1929）与《帕格尼尼狂想曲》（1934）（均由作曲家担任钢琴主奏），拉威尔的《西班牙狂想曲》（1934），里姆斯基•柯萨科夫的《天方夜谭》（1927、1934）与《俄罗斯复活节序曲》（1929），圣-桑的《动物狂欢节》（1929），勋伯格的《古雷之歌》（1932），肖斯塔科维奇的《第一交响曲》（1933），西贝柳斯的《第四交响曲》，理查德•施特劳斯的《死与净化》（1934），柴可夫斯基的《第四交响曲》（1928）、《第五交响曲》（1934）、《1812序曲》（1930）、《罗密欧与朱丽叶》（1926）、《胡

这张由斯托科夫斯基指挥，以弦乐为主的专辑，包含巴赫、亨德尔、柴可夫斯基、鲍罗丁、拉赫玛尼诺夫及帕格尼尼等人的作品（EMI SXLP 30174，LP）

桃夹子组曲》（1926）以及瓦格纳的许多歌剧选曲，例如《特里斯坦与伊索尔德》的《前奏曲》与《爱之死》。也就是说，在1926年至1940年间，斯托科夫斯基与费城管弦乐团的录音奠定了斯托科夫斯基与乐团在全世界的名望与声誉，也让Victor唱片公司即使在大萧条时期仍持续录制他指挥演奏的唱片。

一生追求高保真录音

在20世纪30年代，指挥家急着学习斯托科夫斯基空前未有的亮丽管弦音响录音，其中，马尔科姆·萨金特爵士（Sir Malcolm Sargent）更以斯托科夫斯基为偶像，大众更将斯托科夫斯基的大名与最佳录音画上等号。事实上，斯托科夫斯基是能够将交响乐团万花筒般的声色以最保真的录音再生的第一人，他也是将演奏录音再现音乐厅声像的先行者。另外值得一提的是，他不采用多次预演才正式录音的办法，而是立即录音，然后与团队成员共同从回放中检讨缺失，再进行第二次录音，通常在第三次即达成任务，完成的母带往往有着首次演出的生动活力与激情。

斯托科夫斯基晚年玩录音有时甚至非常"过火"。作曲家冈瑟·舒勒（Gunther Schuller）曾回顾指挥哈恰图良的《第二交响曲》录音轶事：录音时完全依曲谱记载与正确动态进行，但是在编辑时，斯托科夫斯基操控调音台，重新编组、重新平衡、重新混音，达到完全不像现场演出的效果。理论上，这种做法是不可思议的事，但精明的钢琴家格伦·古尔德（Glenn Gould）的评论却是正面的，他认为这是诠释者的再诠释，正如影片制作人依据原著增添即兴与意念一样，只要音符、节奏与动态变得更为迷人，有何不可？综观斯托科夫斯基的一生，从1917年开始录音，一甲子追求高保真，试问，有谁能与这位音响"大玩家"相比？

斯托科夫斯基指挥休斯敦交响乐团演奏格里埃尔的《第三交响曲》（Seraphim S-60089, LP）

斯托科夫斯基指挥伦敦交响乐团演奏巴赫的作品（RCA AGL1-3656, LP）

塑造美国管弦乐团的典型

斯托科夫斯基虽然善于作秀，但他塑造出美国管弦乐团的典型，他的录音遗珍也将长久地影响后世。他的名字也许会如同许多名震时代的指挥家，如门格尔贝格（Mengelberg）、穆克（Muck）、托斯卡尼尼（Toscanini）或富特文格勒（Furtwangler）一样

逐渐为人淡忘，但是他对美国音乐不可磨灭的烙印，势必会被人们铭记。1976年他还与CBS唱片公司签下6年合同，1977年7月4日，在庆祝他的95岁生日数周后，他进行了最后的录音。同年9月13日猝逝，当时录音间早已排定他尚未录过的拉赫玛尼诺夫的《第二交响曲》，无论如何，这位仅用双手，不用指

斯托科夫斯基指挥 RCA 交响乐团演奏亨德尔的《水上音乐》及《皇家烟火音乐》
（ RCA AGL1–2704, LP ）

STOKOWSKI ENCORES
Leopold Stokowski conducting

THE CZECH PHILHARMONIC ORCHESTRA
THE LONDON SYMPHONY ORCHESTRA
Howard Snell—Solo Trumpet, David Gray—Solo Horn

斯托科夫斯基指挥伦敦交响乐团与捷克爱乐乐团，演奏拉赫玛尼诺夫、肖邦、舒伯特、德沃夏克及柴可夫斯基等人的作品

挥棒的大师，我们从他的唱片，不论是单声道唱片还是立体声唱片，都可以感受那份无可抗拒的权威与魅力。以下，笔者将介绍若干斯托科夫斯基的代表作。说真的，即使是很多年前的录音，那种栩栩如生、光芒万丈的氛围仍然极其令人感动，至于晚期的立体声录音，特别是迪卡的"四相"（Phase 4）录音更是发烧友的最爱。

Leopold Stokowski Conductor

（Andante 2986-2989）

　　Andante 唱片公司以保存世界古典音乐录音遗珍为宗旨，虽然所有的模拟唱片，不论是最早期的声学唱片还是最高技艺的黑胶大碟，都无法避免唱片表面噪声的存在。Andante 尽量去除表面噪声以保存原始录音之

最细微（naunce）特质，以获得最真实、最丰富的原貌。

　　为了达成制作目标，Andante 采用 CAP 440 数字母带再制技术。CAP 440 在巴黎的 Art & Son 录音棚由众多音乐家、音乐学者与录音专家共创。例如为了复刻 78 转 / 分唱片，CAP 440 首先需搜寻最适当的唱针以拾取唱片信号，也需要最先进的前级功放，并控制放音速度，减少抖晃并维持高音稳定。另外再采用 24 位数字母带机及 CEDAR 去杂音机，但是以不牺牲音乐信号为前提，并且以均衡器修正，以吻合原始录音状态。经过每一个精细步骤，重刻的历史录音可以复刻至原始保真状态，比聆听原始唱片效果更佳。

　　《斯托科夫斯基》这一专辑由 4 张 CD 组成，全部都是电子录音时期、磁带录音之前（1926—1941 年）的作品，由于他对录音的严谨，以及对 78 转 / 分唱片录制过程的耐性，如今，从复刻唱片，我们可以了解这位音响玩家的先知先觉，在同一时期，他的作品音效比同行（如托斯卡尼尼、富特文格勒）更优秀，对后世乐迷了解他的指挥艺术有更正确的指引。

CD-1 Andante 2986

　　这 4 张专集可谓琳琅满目，所选录音与诠释也是他指挥的同一版本中的佼佼者。在 CD-1 中我们可以听到 4 个乐章的里姆斯基•柯萨科夫的《天方夜谭》交响组曲，这是斯托科夫斯基在音乐会或唱片录音的展示曲目。他早在 78 转 / 分角录音时期即有第三、四乐章节缩编版录音，在录音室做过 5 次完整版录音，

其中1927年与1934年版最能呈现费城管弦乐团的风貌。这张CD收录的1934年版在音响上最具冲击力，不论高音还是低音，细腻厚实兼而有之。另外，原始78转/分唱片共用了12面（通常只用10面）录制，以便斯托科夫斯基有更宽裕的空间在第一与第四乐章陈述更感人的曲思乐节。其次可以听到鲍罗丁《伊果王子》歌剧中的《鞑靼舞曲》，1937年的录音采用斯托科夫斯基以管弦代替合唱的改编版，光芒四射。最后的安可曲是斯托科夫斯基改编柴可夫斯基歌曲《孤寂》的管弦版，这一1937年的录音绽放出费城管弦乐团的青春花束，是他四次录音中的杰作。

CD-2 Andante 2987

首先展示斯托科夫斯基的管弦改编曲招牌——巴赫的《托卡塔与赋格》，这一1927年费城管弦乐团的录音也是他八次录音中的最佳版本，情感表达最炽热，演奏技法最炫目。接着是比才的《阿莱城姑娘第一组曲》（含第二组曲中的《普罗旺斯舞曲》），歌咏出戏剧张力的南法风情。其次是圣-桑的《动物狂欢节》，这一1929年的演奏录音，也是极少见的双钢琴与管弦乐达到融合与平衡的版本，演出"天鹅"的大提琴也呈现银亮清澈音色。压轴的是柴可夫斯基的《胡桃夹子组曲》，这一1926年的版本在管弦角色特征的呈示与演进方面令人印象深刻，也是电子录音婴儿期的最佳录音版本。

（上）
这4张一套的CD唱片，CD中间的圆形卷标模仿LP标签，是贴上去的

（下）
这一专辑由4张CD组成，全部都是电子录音时期、磁带录音之前（1926至1941）斯托科夫斯基的作品，由78转/分唱片直接转录而成（Andante 2986–2989）

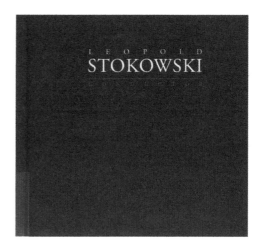

CD-3 Andante 2988

另一首斯托科夫斯基改编巴赫作品的招牌曲《c小调帕萨卡雅与赋格》,开启CD-3费城管弦乐团的丝绸般弦乐,悠扬木管、闪亮铜管,有如春风,有若天籁。李斯特的《第二匈牙利狂想曲》虽然奔放,这一1936年的录音,斯托科夫斯基精致雕琢出另一种神秘氛围,跳脱表面喧嚣。西贝柳斯的《黄泉的天鹅》与《悲伤圆舞曲》呈现北国萧瑟景象与悲惨风情,凄美动听。

最后是1932年首演录音的斯克里亚宾的《火之诗》与《狂喜之诗》,处于经济大萧条时期的乐团缩编,采用近距离话筒拾音,虽然整体管弦较显单薄,反而清晰透明,好像现代录音效果。

CD-4 Andante 2989

首先上场的是德沃夏克的《新世界交响曲》,斯托科夫斯基早在电子录音初始(1925年)即录制此曲,随着录音技术的进步,他在1927年与1934年(即本版本)予以重录,这也是首度以CD发行的版本,密实饱满。斯托科夫斯基原本特立独行的乐句强调与自由挥洒的节奏操控,淡化了管弦乐团的高雅与简洁表达中。虽然1934年录制的理查德·施特劳斯的《死与净化》是斯托科夫斯基录音中最具说服力的版本,在高潮乐段较不易急躁昂扬,但是收录在此的1941年全美青年管弦乐团演奏的版本则展现年轻乐手的高超技艺。肖斯塔科维奇一向欣赏斯托科夫斯基的

观点,他的第一、五、六、十一交响曲都由斯托科夫斯基指挥,作美国首度录音。这张CD即以肖斯塔科维奇的《降e小调前奏曲》改编版本作为尾曲。斯托科夫斯基的管弦法以朦胧铜管搭配丰郁弦群营造出乐曲幽暗沉思的氛围。

从这4张CD可以体会斯托科夫斯基在录音创作方面的苦心,事实上这也是磁带录音发明前的"直刻唱片",只是当时刻片与压片技术与立体声时代的"直刻唱片"技术不可相提并论,但是Andante制作群能复刻出如此宽频与动态CD,并且乐器音质栩栩如生,不只是弦乐群演奏如丝绸,木管也呈现极难得的柱状气韵,值得敬佩。有一点与一般单声道唱片不同的是,它的单声道声音来自声场右中位置,即正中与右侧音箱间距之中,发烧友可予留意。

Andante还出版两辑斯托科夫斯基的历史录音,一辑是 *Philadelphia Orchestra*(1937—1936),另一辑是 *Wagner by Stokowski*。

Early Hi-Fi
Leopold Stokowski Conducting the Philadelphia Orchestra 1931—1932
(Bell Laboratories LP)

20世纪80年代,笔者从美国购买到这两张 *Early Hi-Fi* LP 唱片(分别于1979年、1980年发行),之后亦未见CD版本上市,因此弥足珍贵。因为这是音响"大玩家"斯托科夫斯基指挥费城管弦乐团的实验性录音,

也是录音史上的重要文献，原本就没打算压制唱片发行。当初贝尔公司的录音工程师并没有兴趣录制完整乐曲，只选择性测试其录音器材的功能极限，好在由于每段音乐须多次拾音，因此，从原始直刻的多张唱片可以拼凑出全曲，其中许多唱片还只是留下"印盘"（stamper，即用以压制唱片的金属盘）。这些原始盘不适用于现代压片机器，因此，贝尔实验室只得寻求外援。著名的历史唱片收藏家兼转制家，费城的马斯顿荣膺大任。

马斯顿1952年出生，先天性眼盲，多年收集了几万张古典名作，在威廉姆斯学院求学时即在广播电台服务，1979年即因复刻贝尔实验室这套早期高保真实验唱片，成为著名的复刻片制作人。之后，他为许多唱片公司制作特殊专业唱片，后来则专注于Naxos唱片公司的"历史录音系列"复刻。他特别钟情于78转/分唱片的数字转化，态度是尽可能地复刻原始自然生动的录音，特别是许多乐迷必须聆听的伟大音乐家的音乐。因此，在复刻这套 *Early Hi-Fi* 的过程中，马斯顿采用唱片翻录入录音带的方式（当时尚无数字录音机），使用各种仪器，包括能够读取"负片—金属印盘"的特殊器材。完成模拟录音

Early Hi-Fi 第一辑，从这里可以初窥早期电子录音与立体声的初步样貌

母带之后，再用现代 LP 制作方式压制 LP 唱片。因此，对此一历史事件，笔者认为值得发烧友深入了解。

贝尔公司开始电子录音实验

贝尔的电话与爱迪生的留声机，都在 1878 年内相继发明，两者的目的都是为了人声转化与再生，电话是为了跨越"空间"传递，留声机则是超越"时间"回放。只是发明伊始，二者自然声音的保存受到扭曲甚至漏失。但是，经历几十年的发展改良，电话工程师不断尝试各种方法，反复录制人声、重放，设法突破当时的机械能量转换极限；商用留声机系统由于是纯机械式的，在录制人声与音乐时仍靠号角集中拾音，再传递到刻针刻录到旋转的蜡筒上，当高音超出 2500Hz、低音低于 250Hz 时，音量都受到极大的限制且有失真。

在 1915 年，贝尔公司的工程师阿诺德（Anold）建议，要获得较佳的录音品质，刻片针系统必须依靠电子（Electric）手段而非声学（Acoustic）手段，并且应该同电话传输一样采用电子管功放。但这也只能解决部分问题，为了求得高保真，仍必须具备一间优良的录音棚或音乐厅，有好的话筒拾音，有好的功放与刻头，以及优质的蜡筒与之后的金属印盘，当然也要有好的唱针、唱头前级放大器与音箱。电话业务使贝尔公司的工程师汇集了有关电子线路与声音重放的理论与实际经验，因此其科学家团队的克拉夫特（Craft）、克兰戴尔（Crandall）、弗烈切尔（Fletcher）、哈里森（Harrison）、马克斯菲尔德（Maxfield）与温特（Wente）合作设计出一套电子式录音与再生系

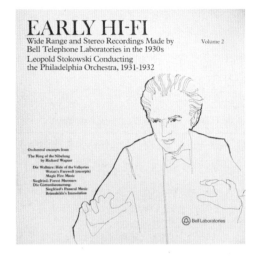

Early Hi-Fi 第二辑。20 世纪 30 年代初期能有如此宽频域、广动态的录音，已经相当令人感动

统，同时还发明了一套唱片播放系统。这一所谓的"正声"（Orthophonic）唱片系统，具有前所未有的绝佳音效。起初，唱片业界并不感兴趣，但是历经行业不景气，唱片滞销，胜利公司（Victor Talking Machine Company）才向贝尔公司要求获得授权并使用其设计。整套录音制片设备实际上由西电（Western Electric）公司提供。1925 年圣诞节，新的电子录音唱片问世，"正声"唱片系统也为唱片工业的复苏作出极大贡献。

在 20 世纪 20 年代末与 20 世纪 30 年代初，贝尔实验室的科学家与工程师持续研究以改进录音与再生的品质，特别是频域两端的延伸、动态细节的对比以及高音量时音乐信息的平稳。接着为了减少唱片表面杂音与失真，在材质上以塑料取代虫胶，在压片上则使用喷金镀铜母盘。在重放方面，发明轻质量电子唱头

20 世纪 30 年代的斯托科夫斯基与费城管弦乐团

唱针，引进 $33\frac{1}{3}$ 转速并成为 LP 的标准规格。还设计出新式话筒与音箱、公共广播系统。此外，影音同步录音（Vitaphone）与声音叠录导致了电影工业的革命。

立体声时代来临

贝尔实验室另外一项创新技术，就是立体声的录制与重放。由于音响器材的进步，重放音质的缺陷或失真愈发显著，贝尔实验室的凯勒（Keller）与拉斐斯（Rafuse）首先构想分别同时录制高、低频域以减少失真，后来发现可同时在一道沟槽录下完整的两轨，回放时则使用单一拾音唱针，同时播放双轨录音，可将干扰减至最低。基于这一概念，可以进一步在同一沟槽分别自左右话筒录下完整频域的声音。这就是立体声技术的先导，1938 年，凯勒与拉斐斯据此获得专利。

由于立体声唱片需要昂贵的拾音唱针、双功放、双音箱，在 20 世纪 30 年代经济萧条时期，很难获致市场认同。直到第二次世界大战结束后，20 世纪 50 年代末、60 年代初，立体声音响系统才逐渐在普通家庭流行。贝尔将商用音响部门划归 Westrex 分支机构负责，实验室本身仍持续研究语言与音乐的高保真重放与传递，即使到磁带录音、计算机、数字时代亦不停歇。

在高保真与立体声录音发展的年代，许多演艺人员或知名人士纷纷沉迷于此。其中指挥家斯托科夫斯基，小提琴家海菲兹与艾尔曼，歌唱家尼尔生·艾迪、约翰·查尔斯·托马斯、葛拉丁·法拉，演员乔治·阿尔利斯与艾尔西·贾尼斯更亲赴纽约市的贝尔录音棚录音，并试听全频域、宽动态的声音效果。

贝尔实验室的工程师也携带他们的录音设备到费城音乐学院、河岸教堂、纽约罗西剧院等大厅堂录制现场演奏。大量的实验性录音母

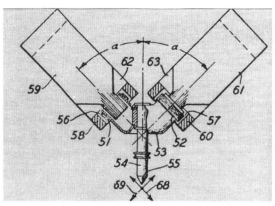

获得美国专利的凯勒与拉斐斯设计的立体声刻片系统结构图（部分）

斯托科夫斯基在 1933 年立体声示范会上亲自操作贝尔实验室的器材

片随后储存在实验室长达半世纪之久，直到有心人在 1979 年、1980 年才想到予以复刻这套 *Early Hi-Fi*。

电子录音先锋——斯托科夫斯基

斯托科夫斯基在当时是少数不畏惧唱片录音的指挥家，他认为唱片具有将美好音乐带给广大民众的巨大潜力。由于他对录音技术的高度兴趣，1932 年 5 月，在美国音响展上，他力陈电子艺术将为音乐开启崭新的篇章，同时示范他指挥费城管弦乐团的上百个实验性录音片段。这套 *Early Hi-Fi* 即自其中选辑而成。虽然蒙尘几十年，表面不免有杂音，但仍呈现极高的音质；录制这些乐段的费城管弦乐团也正值演奏巅峰时期，尤其珍贵。

第一辑第一面收录有柏辽兹的《罗马狂欢节序曲》、韦伯的《邀舞》、门德尔松的《仲夏夜之梦回旋曲》、瓦格纳的《特里斯坦与伊索尔德》的《前奏曲》与《爱之死》，全都是宽频单声道录音，均录自 1931 年 12 月音乐会现场。第二面收录有斯克里亚宾的《火之诗》选曲，全部为立体声录音，于 1932 年 3 月录制，另一首则是拉威尔管弦乐版的穆索尔斯基《图画展览会》，部分单声道，部分立体声。

第二辑于 1932 年 4 月 29 日与 30 日在费城音乐学院录音，全部选自瓦格纳《尼伯龙根的指环》中的管弦曲，即斯托科夫斯基所谓的"交响综合版"。第一面收录了《女武神的骑行》《沃旦的告别》与《齐格弗里德的森林细语》，采用立体声与单声道交替展示。第二面收录有《诸神的黄昏》中的《齐格弗里德的送葬进行曲》与《布伦希尔德的献祭》，均用宽频单声道录制，最后则有斯托科夫斯基在演奏会结束时向听众的简短致词。由于

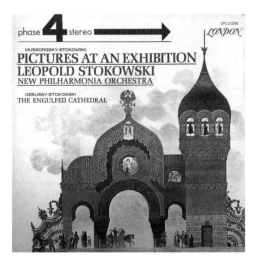

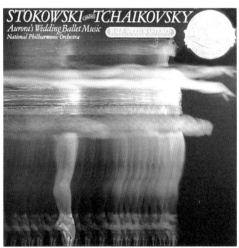

是实验性录音，贝尔工程师只在音乐会作部分立体声录音，其余多为宽频单声道。这两辑复刻片则为求音乐的完整性，除了尽量刻入立体声部分，也选择不同场次原盘状况较佳者剪辑而成，因此单声道、立体声交错出现就不足为奇。平心而论，在 20 世纪 30 年代初期能有如此宽频域、广动态的录音已经相当令人感动，何况还有立体声可听，虽然杂音与炒豆不断，但是不减音乐的活生感。以《女武神的骑行》一曲为例，它展现的音乐氛围，与喇叭花唱片那张莱因斯多夫指挥洛杉矶爱乐乐团的同曲直刻发烧 LP 有几分神似，堪称难得！

这部分立体声实验录音在 1933 年的芝加哥世界展览会公开示范展示。这段唱片历史，音响"大玩家"斯托科夫斯基功不可没。

斯托科夫斯基 1932 年 3 月指挥费城管弦乐团在费城音乐学院为贝尔实验室录制多段立体声用于直刻唱片，当时采用两支话筒，使用双平行垂直刻针以 78 转 / 分录于蜡质圆盘上，而于次年芝加哥世界展览会公开示范。同时，斯托科夫斯基在费城的音乐会也实验性地通过两条特殊的导线传递至华盛顿，让那里的听众有三维空间的幻象听感。总之，这位音响"大玩家"对重放高保真音乐的兴趣与热忱始终不减。

1952 年，伊利诺伊大学学生交响乐团与清唱剧协会为了做教学用的立体声磁带录音，寻求斯托科夫斯基的协助。录音过程采用多支话筒与二轨磁带，当进行立体声广播时，一声道通过 FM 播出，另一声道则通过 AM 播出，听众只要备有两部收音机，调至适当频率，即可收听到立体声音效（许多地方在立体调频广播节目开播前，也有过类似的实验性广播）。

在介绍斯托科夫斯基指挥录音的唱片之前，先插播一段他备受关注的婚姻轶事。斯托科夫斯基的三次婚姻都为他带来艺术与经济效应。第一任妻子是刚蹿红的年轻钢琴家奥尔加·萨马洛夫（Olga Samaroff），当时这对郎才女貌的年轻人，以才气与风度风靡辛辛那提文化圈。1912 年春天，斯托科夫斯基突然辞去辛辛那提交响乐团指挥，改投费城交响乐团，他的妻子在 1921 年产下一女。然而这段婚姻只维持到 1923 年，斯托科夫斯基在付出 10 万美元的赡养费后结束婚姻。1926年，斯托科夫斯基再婚，对象是著名药厂强生（Johnson & Johnson）的继承人伊万杰琳·强生（Evangeline Johnson）。斯托科夫斯基谎报年龄 38 岁（其实是 43 岁），而伊万杰琳28 岁。自此，斯托科夫斯基即展开与媒体的长期"年龄"之战，直到他 80 大寿时才承认。他与妻子在 1927 年与 1930 年分别生下一女。但在 1937 年时，由于与女星葛丽泰·嘉宝（Greta Garbo）的绯闻而结束第二次婚姻。1945 年，斯托科夫斯基与刚离婚的格洛丽亚·范德比尔特（Gloria Vanderbilt）结婚，她 21 岁，他 63 岁，婚后生下两个男孩。不过婚姻维持不到十年（其实从第一年即开始摔碗盘），这是斯托科夫斯基的第三次婚姻，也是最后一次。

言归正传，回归斯托科夫斯基的录音珍宝吧！

Leopold Stokowski
Concert Performance on the Music & Arts

Music & Arts 唱片是美国音乐与艺术节目公司以出版历史珍贵录音为宗旨的品牌，作品以未曾正式发行的音乐会或广播录音为主。莱纳（Reiner）、富特文格勒（Furtwangler）、瓦尔特（Walter）、比彻姆（Beecham）、塞尔、托斯卡尼尼（Toscanini）及斯托科夫斯基等指挥的遗珍都在目录之内，其中尤以斯托科夫斯基的最为丰富。

Stokowski：Conducts Music From Russia Ⅱ（CD-831）收集自斯托科夫斯基 1951 年、1955年与 1970 年的三场广播录音，都是俄罗斯作曲家的作品。1951 年指挥 The Hague Residentie Orchestra 演奏柴可夫斯基的《罗密欧与朱丽叶幻想序曲》是单声道录音，未听到磁带嘶声，有些表面杂音，可能仍是直刻蜡质圆盘录制，乐器声响极其飘逸，音域甚广。1955 年指挥 Southwest German Radio Orchestra 演奏普罗科菲耶夫的《罗密欧与朱丽叶》芭蕾选曲，磁带录音，音域更广，能量与动态丰沛，弦乐的质感与管乐的气韵具有典型模拟录音的特征。1970 年在阿姆斯特丹指挥 Hilversam Radio Philharmonic 演奏普罗科菲耶夫的清唱剧《亚历山大·涅夫斯基》是惊艳的立体声录音，中距离拾音，声场宽深，层次完整，频域超广，超低频明确，不论管弦还是人声，独唱还是齐鸣，均栩栩如生，铿锵有力，是难得的有现场聆听感受的录音。

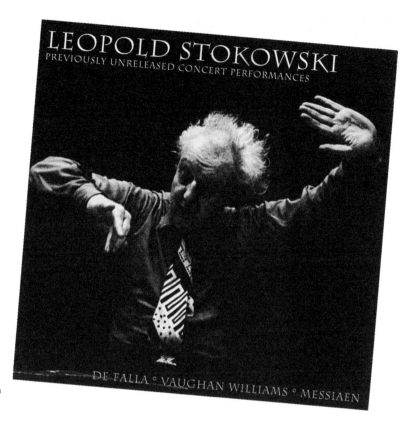

斯托科夫斯基在伦敦皇家
阿尔伯特音乐厅指挥 BBC
交响乐团演出法雅、
威廉斯与梅西安等人的作品
（Music & Arts CD–770）

斯托科夫斯基诠释其擅长的伊贝尔、拉威尔与德彪西的曲目
（Music & Arts CD–778）

Leopold Stokowski Conducts Music of France
收集了 5 首法国管弦乐曲，都是未曾发行的
音乐会实况单声道录音。斯托科夫斯基诠释
的法国乐曲，能随着曲思展现法国印象派的
光影精微，也能述说西班牙凄艳的异国氛围。
伊贝尔的《寄港地》、拉威尔的《小丑的晨
歌》与德彪西的《伊比利亚》都是他擅长的
曲目，这 3 首曲作是 1958 年斯托科夫斯基在
巴黎指挥 French National Radio Orchestra 的录
音，低频稍显模糊，高音弦群的拨奏与管乐极
为清晰。1955 年在法兰克福指挥 Hessian Radio
Orchestra（HRO）演奏德彪西的《牧神的午后

收录斯托科夫斯基于 1951、1955 与
1970 年指挥演奏俄国作曲家精湛之作
（Music & Arts CD-831）

斯托科夫斯基 1960—1970 年间指挥演
奏穆索尔斯基、瓦格纳与弗兰克的作品
（Music & Arts CD-357）

斯托科夫斯基指挥英国皇家爱乐
乐团演奏俄国作曲家作品（Music
& Arts CD-847）

前奏曲》则是近距离话筒拾音的全频域录音，
频宽与动态俱足，全曲呈现高雅细腻、浪漫
梦幻的气息。另一首 1955 年在巴登巴登指挥
Südwestfunk Orchestra 演出米侯的《打击乐与小
管弦乐团协奏曲》则是鲜有机会聆赏的杰作，
录音清晰明快，曲意直抒胸臆。

*Leopold Stokowski：Conducts De Falla，
Vaughan Williams，Messiaen*（CD-770）也是一
张未曾发行的音乐会录音唱片。1964 年 9 月
15 日，斯托科夫斯基在伦敦皇家阿尔伯特音
乐厅指挥 BBC Symphony Orchestra 演出法雅的
《爱情的魔力》芭蕾组曲与沃恩·威廉斯的《第
八交响曲》。《爱情的魔力》是一幕两场并带有
次女中音独唱的芭蕾音乐，具有南西班牙的弗
拉明戈民谣曲风，感伤激情兼而有之。《第八
交响曲》则是受印象主义影响的英国民谣风交
响曲。这两曲的录音呈现足够深的声场，但左
右宽度只限于左中至右中，是较窄的立体声录

音，不过呈现于其间的各个乐器仍然十分透
明、生气蓬勃。另一首是梅西安的《赞美诗管
弦曲》，斯托科夫斯基于 1955 年指挥 Frankfurt
Radio Symphony Orchestra 作欧洲首演时的录音，
也是罕听曲目，典型的梅西安以新的和声与节
奏铺陈浓厚宗教热情的小品，也是斯托科夫斯
基推广新音乐的例证。虽是单声道录音，但是
近距离拾音，温柔细腻。

Music & Arts 唱片公司还出版许多斯托科
夫斯基指挥的历史录音，例如收集 1969 年一
场指挥英国皇家爱乐乐团演奏全俄罗斯作曲
家 作 品 *Music From Russia，Vol III*（CD-847）；
1960—1970 年指挥演奏穆索尔斯基、瓦格纳与
弗兰克作品的 *Leopold Stokowski In Performance*
（CD-357）；1969 年指挥纽约美国交响管弦乐
团演奏勃拉姆斯的《第一钢琴协奏曲》（CD-
844）；1958—1970 年指挥演奏梅西安、艾夫斯、
布里顿、巴伯作品的《20 世纪音乐》（CD-787）；

1967 年指挥演出的柯达伊《哈利·亚诺什组曲》（CD- 771），以及更早期（1940 年、1941 年）指挥全美青年管弦乐团演奏勃拉姆斯《第四交响曲》，巴赫、门德尔松、理查德·施特劳斯管弦曲（CD-844）与 1934 年指挥费城管弦乐团演奏的贝多芬《第九交响曲》（CD-846）等，留待有兴趣的乐友去搜寻。

以下将介绍斯托科夫斯基晚期最辉煌灿烂的录音，那也是将立体声录音发挥到极致的 LP 时代，许多模拟录音在他身后转化为 CD，即使在数字时代，依然是录音经典。

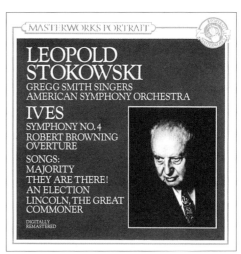

这张值得拼死以求的艾夫斯《第四交响曲》（CBS/Sony MPK 46726），不仅极具聆赏价值，更有助于乐迷了解这部需要一位指挥及两位副指挥的管弦作品

Ives：
Symphony No.4；
Robert Browning Overture；
Songs / Leopold Stokowski /
The American Symphony Orchestra
（CBS/Sony MPK 46726）

这是一张值得发烧友拼死以求的唱片，没想到 CBS（Columbia）在 1965 年能有如此伟大的录音，它足以与当今任何一张录音唱片相比，不过，笔者指的是此唱片中的《第四交响曲》。老实说，像这么一部编制庞大无比的管弦作品要录得面面俱到已不容易，要录得音乐与音响完美无缺，更是天方夜谭，因为要演奏这一作品，需要一位指挥及两位副指挥！因此，稍微了解作品的曲构与来龙去脉，更有助于聆赏。

查尔斯·爱德华·艾夫斯（Charles Edward Ives，1874—1954）是 20 世纪美国极具创意的作曲家之一。出生于辛辛那提，

13 岁即在教堂弹琴，后入耶鲁大学学习作曲，一度曾改行经营保险。他早年的作品不受重视，直至 60 岁后才逐渐出名。他在曲作中大量采用美国乡村歌曲与民谣片段作为素材；他比勋伯格更早打破传统作曲规范，例如和弦不照传统，往往不协和再堆砌不协和；节拍随意变动，常常在极其繁复的音乐交织中突现独立的片段旋律，或在一段旋律铺陈中突然再爆出个别的节奏。这些特点，在集他自创的音乐语法大成的《第四交响曲》都可察觉。

《第四交响曲》编制浩繁，包括 4 支长笛、2 支竖笛、3 支萨克斯、2 支低音管、4 支圆号、6 支小号、4 支长号、1 支大号、1 部供四手联弹的钢琴、1 部独奏钢琴以及钢片琴、管风琴、打击乐器组（包括管钟、铜锣）、弦群、合唱团，还有 1 个远距室内乐

团（包括 5 把小提琴、中提琴与竖琴）。如此史无前例的复韵律（polymetric）与复节奏（polyrhythmic）的繁复庞大音乐结构，时年 83 的斯托科夫斯基能够完美驾驭，着实伟大。事实上，艾夫斯从 1909 年（或 1910 年）开始谱写到 1916 年完稿，头两个乐章在 1927 年 1 月 29 日曾由古森斯（Goosens）指挥首演，第三乐章则到 1933 年 5 月 10 日才由赫尔曼（Hermann）指挥演出。全曲竟然在完稿半个世纪后（1965 年 4 月 26 日），才由斯托科夫斯基加上卡茨（Katz）与赛瑞布利尔（Serebrier）两位指挥在纽约卡内基音乐厅完成此艰巨任务。而这张唱片正是原班人马当时的录音。

全曲由"庄严肃穆的前奏曲"、"稍快板"、"中庸行板的遁走曲"与"庄严的最缓板"四乐章构成，演奏时间约三十分钟。依据艾夫斯的阐释，这部交响曲在第一乐章提出人生的精神何在与为何；第二乐章则是世俗人生的云游与考验；第三乐章是人生对形式与仪式的反映；第四乐章则是对人生存在与宗教体验的赞美。在各乐章进行中，不时出现耳熟的歌曲片段，如《主啊，接近汝》《遥远的仰望》《与神同在》等赞美诗，或《美国佬》《乔治亚进行曲》《稻草里的火鸡》《往事难忘》《爱尔兰的洗衣女》等民歌谣，甚至还有亨德尔《弥赛亚》中著名的《众人一齐》后半段。

对发烧友而言，这场录音是频宽与动态的极致，解析与透明的顶峰，您的系统越好，它就回馈给您越多。声场宽深、乐团层次、乐器质感、细微情境、磅礴气势、丰沛能量都

无懈可击，完美呈现。艾夫斯、斯托科夫斯基与美国交响管弦乐团为纯正美国音乐留下不朽典范。

Virgil Thomson：
Suite from "The River"；
The Plow that Broke the Plain /
Stokowski / Symphony of the Air
（Vanguard VBD-385）

这又是一张模拟录音黄金时代的佳作，斯托科夫斯基指挥空中交响乐团演奏汤姆森（Thomson）两部经典美国管弦组曲。

汤姆森出生于密苏里州堪萨斯城，12 岁即在学校与教堂当唱诗班钢琴伴奏，偶尔替代管风琴手。1921 年（25 岁）时获得哈佛合唱团员奖学金赴法一年，师从纳迪亚·布朗热（Nadia Boulanger）学作曲。1925 年返回巴黎，进入艺术圈，与拉威尔、萨蒂、斯特拉文斯基、毕加索、阿波里奈尔、乔依斯与史坦因等交流。他的音乐具有传统美国旋律与节奏，却又有法国作曲家萨蒂的气质——宁静、精准、高雅、赤忱，这些都可以从这张 CD 收录的音乐里充分体会到。

此外，这两部作品的产生同时也反映了时代背景。20 世纪 30 年代中期美国正处阴霾时期，到处土地贫瘠、人们流离失所，正是斯坦贝克的《愤怒的葡萄》小说中的写照。1936 年，美国农业部聘请帕尔·洛伦茨（Pare Lorentz）拍摄一部《犁锄大地》（*The Plow that Broke the Plains*）纪录片，汤姆森为该片配乐。1942 年，汤姆森将这部作品重新编辑为独立的管弦组

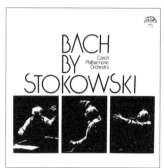

斯托科夫斯基指挥空中交响乐团，演奏汤姆森（Virgil Thomson）的《河流》《犁锄大地》两部典型美国管弦组曲（Vanguard VBD-385）

曲。同样的情况，1937 年洛伦茨的另一部影片《河流》（*The River*）也请汤姆森配乐，之后也独立成组曲，这两部组曲之后完整收录在这张唱片中。

汤姆森的音乐也是典型的美国风格，但是配器与曲构相对单纯。《河流》部分旋律为作曲家自创，部分则源自密西西比河谷，包括赞美诗歌、白人灵歌与通俗歌谣，全曲流畅、优美。《犁锄大地》则是一首忧伤中激励人生的史诗，也是一首深邃的音诗。斯托科夫斯基的诠释流畅利落、真情流露。

录音卓绝，清晰透明，温馨活生，立体声三维空间宽阔，乐器实体气韵十足。

Stokowski and Decca Phase 4 Stereo Recordings

1962 年，迪卡唱片公司突破立体声藩篱，开创所谓 Phase 4 Stereo 录音，为高保真立体声树立新里程碑。所谓 Phase 4（四相）并非四声道，而是借助录音器材与技法再造活生清晰的声场，让聆听者不论坐在哪个位置，均可听到细腻真实、毫不偏移的声像。

迪卡先采用 10 轨调音台，后增加到 20 轨，再利用精准的透视混音，可以让人声或乐器不论从极左到极右、极前到极后，都能做到精确定位。这一全新概念的录音技法当然吸引了音响大玩家斯托科夫斯基的注意，负责 Phase 4 录音的总监达马托（D'Amato）与录音师利利（Lilley）随即为斯托科夫斯基安排了一连串的录音计划，从 1965 年至 1977 年逝世，他为迪卡留下许多经典 Phase 4 录音，虽然异于他的其他许多音乐会现场录音氛围，却也展示了"人工美学"般的另类录音美学。以下介绍的几张 CD 都值得发烧友聆听。

组曲有许多管弦改编版，包括拉威尔（Ravel）、芬泰克（Funtek）、凯利特（Cailliet）、劳伦斯·伦纳德（Laurence Leonard）及收录在这张唱片中的斯托科夫斯基改编版，但是他略去法国味较浓的《御花园》（Tuileries）与《里摩市场》（The Marketplace of Limoges）两画，早在 1939 年即与费城管弦乐团首度录音。这张 CD 收录的是 1965 年指挥新爱乐管弦乐团的版本，斯托科夫斯基的诠释可谓朝气蓬勃、虎虎生风，录音也为其诠释做了最佳背书。

Stokowski Conducts Mussorgsky、Scriabin and Stravinsky

（London 443 898-2）

从辛辛那提到费城管弦乐团时代，俄罗斯音乐一直是斯托科夫斯基的常演曲目，其中以俄罗斯现代音乐家斯克里亚宾的作品为甚。20 世纪 20 年代指挥费城管弦乐团首演其《狂喜之诗》（Poem de l'extase），1932 年进行录音。这张唱片收录了这首曲作 1972 年在布拉格德沃夏克音乐厅的音乐会实况，这首曲作由年届 90 的大师指挥捷克爱乐乐团演出。

斯特拉文斯基是大师特别垂青的另一位俄罗斯现代作曲家，他的《春之祭》与《婚礼》芭蕾舞乐都由大师作美国首演。《火鸟》芭蕾组曲更是每隔十年都会重录的曲目，收录在这张唱片的 1967 年版则是最后一次录音，另一曲在其后两年录音的《田园》（Pastorale）则是斯托科夫斯基自原曲《钢琴与无言歌》改编的管弦曲。这张唱片的重头戏是穆索尔斯基的《图画展览会》。穆索尔斯基的原钢琴

Stokowski Conducts Russian Music

（London 443 896-2）

20 世纪 60 年代斯托科夫斯基决定返乡归根。1969 年，为纪念指挥生涯 60 周年，他在阿尔伯特音乐厅举办"全俄音乐会"，除了皇家爱乐管弦乐团外，更动用军乐队、合唱团及

收录 1972 年捷克爱乐乐团在布拉格德沃夏克音乐厅的音乐会实况。当时年届 90 的斯托科夫斯基仍朝气蓬勃、虎虎生风（London 443 898-2）

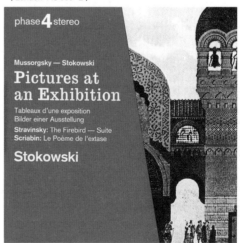

特殊音效，演奏柴可夫斯基的《1812序曲》与鲍罗丁的《鞑靼舞曲》。收录在这张唱片的两首曲作是随后移驾录音间以"Phase 4"技法重录的，它的大炮较为遥远，合唱极为悲壮，钟声更为萦绕，斯托科夫斯基的诠释颇具史诗般的辽阔与凄怆景象，录音自然生动。

这张专辑还收录斯托科夫斯基指挥伦敦爱乐乐团演奏柴可夫斯基的《斯拉夫进行曲》与穆索尔斯基的《荒山之夜》（斯托科夫斯基改编版），以及指挥瑞士罗曼德管弦乐团演奏根据穆索尔斯基歌剧《鲍利斯·郭德诺夫》改编的《交响合成曲》。这几曲都呈现斯托科夫斯基利落、明确、有重量的音乐张力，也展示出斯托科夫斯基驾驭音响、表达音乐的高超功力！

为纪念斯托科夫斯基指挥演奏60周年，在阿尔伯特音乐厅举办的"全俄音乐会"实录
（London443 896-2）

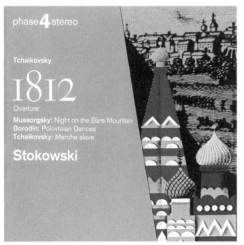

Stokowski Conducts Wagner
（London 443 901-2）

瓦格纳在创作《罗恩格林》之后，舍弃传统歌剧的方式，自《特里斯坦与伊索尔德》开始融合戏剧与音乐，确立了所谓的"乐剧"（music drama）。乐剧中往往包含了许多优美动听的乐段，经常在音乐会上单独作为管弦乐曲演奏。这种情况在瓦格纳当时已经存在，因此，擅长瓦格纳音乐的斯托科夫斯基要算是第二代指挥家。收录在这张专辑的乐剧《纽伦堡的名歌手》第一幕前奏曲正是斯托科夫斯基在辛辛那提最后音乐会的招牌，也是1912年指挥伦敦交响乐团扬名立万的曲目。1972年，已90岁的斯托科夫斯基再度指挥伦敦爱乐乐团，当时的他依然神采飞扬，挥洒出全曲的明朗生气与灿烂。

《尼伯龙根的指环》是瓦格纳毕生巨作，也是音乐史上的壮阔巨制，其中精彩乐段更是高潮迭起、绵延不绝，因此要撷取精华构成管弦乐章必花费大量心血。收录在这张唱片的五段音乐均是剧力万钧、情挚深厚之作，但是并未依全剧先后次序安排，而以组曲形式穿插。这是1966年在伦敦金斯威厅录制，是"Phase 4 Stereo"录音的经典。聆听者好像位居指挥位置，乐团任一角落的音响巨细靡遗、纤毫毕露，弦群的细腻厚实、木管的气韵声扬、铜管的金润咆哮、鼓乐的低震狂播都栩栩如生、历历在目。

Stokowski Conducts Berlioz and Dvorak
（London 448 955-2）

柏辽兹的《幻想交响曲》具有浓厚的浪漫文学气息，也有幻化的光怪陆离音响效果，非常适合斯托科夫斯基的独特才华。这部突破传统、叙述故事的五乐章交响曲，描绘了一位青年音乐家的幻想。他苦恋的情人出现在梦境中（第一乐章《梦与热情》），然后依"她"的意念主题以交响乐陈述各种煎熬与憧憬，在《舞会》（第二乐章）上撩拨其平静的心湖，在《田园风光》（第三乐章）中，他陷入孤寂，然后借助药物进入梦幻，在梦中杀死恋人而被押赴刑场（《断头台进行曲》，第四乐章），然后在他的葬礼中，女巫群魔乱舞（《魔夜之梦》，第五乐章），容貌变丑的恋人也以"竖笛"象征出现，最后在钟琴、低音管、大号诡异沉重的吊唁及阴森怪异声响下，头昏目迷地结束。全曲应是柏辽兹当时个人迷恋女伶哈丽雅特·史密森（Harriet Smithson）（后虽二人结婚但并不幸福）的写照，似乎也与极具女人缘而有三段婚姻的斯托科夫斯基前后呼应。1968年由新爱乐管弦乐团在伦敦金斯威厅演奏的录音，展现了斯托科夫斯基惯有的超级自信与对戏剧主人翁心理与情境的细腻塑造，加上"Phase 4 Stereo"显微镜般清晰的录音，是发烧友欣赏斯托科夫斯基音乐与音响的绝佳唱片。

这张唱片还收入柏辽兹《浮士德的天谴》中的《妖精之舞》与德沃夏克的《斯拉夫舞曲》这两首轻盈优美的管弦乐曲作为补充。

舍弃传统歌剧形式，以戏剧与音乐结合的"乐剧"，在音乐会上单独提出优美乐段作为管弦乐曲演奏（London 443 901-2）

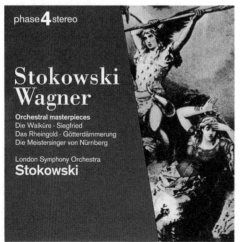

柏辽兹的《幻想交响曲》，以突破传统、叙述故事的五个乐章交响曲成为发烧友欣赏斯托科夫斯基音乐与音响成就的绝佳唱片（London 448 955-2）

Stokowski Conducts Beethoven
（London 452 487-2）

斯托科夫斯基一直是古典音乐录音的先驱，1927 年以新发明的电子录音技术成为第一位录制德沃夏克《新世界交响曲》全曲的人。同样与费城管弦乐团合作，于 1934 年录制的贝多芬《第九交响曲》亦是经典。1967 年（85 岁）指挥伦敦交响乐团与合唱团为迪卡唱片公司在金斯威厅再度录制的这张《第九交响曲》，更是他晚年的迷人之作。他仍不改其个性，例如无视原曲指示（最后乐章进入《欢乐颂》主题的大提琴与低音提琴速度变化）、夸张（乐节速度减缓）、反向（如需较长休止，他反而加速进行），但是无论如何，他是以极严肃与专注的态度处理全曲，并且采取让音乐节奏既能有呼吸的空间又能清晰表达的手法，例如"终乐章"在进行曲后的脆弱赋格风格乐段与许多缓慢乐句就以此方式完美呈现。此外，诙谐的第二乐章轻盈、充满活力，慢板的第三乐章的克制与弹性都见其指力。在众多优秀的贝多芬《第九交响曲》版本中，斯托科夫斯基的指挥并未获得乐评人特别推崇，但是站在发烧友角度，借着"Phsse 4 Stereo"录音，您可以像斯托科夫斯基那样站在指挥台享受美乐。补白的贝多芬《爱格蒙特序曲》是 1973 年的录音，也是斯托科夫斯基为迪卡唱片公司录制的天鹅之歌之一。

Stokowski Rranscriptions
（London 448 946-2）

Stokowski：
His Great Transcriptions for Orchestra / National Philharmonic Orchestra
（Columbia M34543 LP）

管弦改编曲在斯托科夫斯基的艺术生涯一直占有重要地位，这两张改编专辑正是其代表作。他对音乐的处理主观性极强，喜好神秘胜过原义，并且以自己期望的效果编曲，因此引来颇多的争议，甚至改编曲都有

斯托科夫斯基指挥伦敦交响乐团与合唱团，录制的贝多芬《第九交响曲》成为他晚年的迷人之作（London 452 487-2）

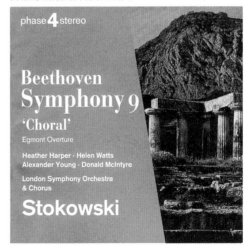

人质疑是出自竖笛手兼编曲家卢西恩·凯利特（Lucien Cailliet）。其实，凯利特只是执行斯托科夫斯基的指示在曲谱作注释而已。

斯托科夫斯基喜欢改编曲作，直到生命的末尾都未改变。1972年，90高龄的他仍在布拉格指挥捷克爱乐乐团举行了两场音乐会，演奏这些改编曲。当时，斯托科夫斯基已与迪卡签约录制一系列"Phase 4 Stereo"唱片。因此，在布拉格音乐会的6首巴赫改编曲，加上两年之后在伦敦另外录制的6首宗教音乐改编曲（包括伯德的《巴望舞曲》、克拉克的《小号独奏曲》、舒伯特的《瞬间即兴》、肖邦的《a小调玛祖卡舞曲》、柴可夫斯基的《无言圣歌》与杜帕克的《狂喜》），最后再加上布拉格音乐会的安可曲——拉赫玛尼诺夫的《升c小调前奏曲》组成这张CD（London 448946-2）。这张唱片中的巴赫改编曲是斯托科夫斯基诠释巴赫的经典录音，当时由迪卡公司发行LP，捷克的Suraphon唱片公司也同步发行，多年后，日本King Records Superanalogue发行了LP重刻片，典型迪卡"Phase 4 Stereo"的音效。

哥伦比亚（Columbia）唱片公司这张改编曲LP是斯托科夫斯基指挥国家爱乐管弦乐团的录音，这个乐团是为了录音而由伦敦各大交响乐团乐手组成的临时乐团，由小提琴名家Sidney Sax领军。第一面包括里姆斯基·柯萨科夫的《野蜂飞舞》（摘自歌剧《萨旦王的故事》）、德彪西的《月光》（取自《贝加马斯克》组曲）、肖邦的《降b小调玛祖卡舞曲》（波兰民族舞乐）、德彪西的《格拉那达之夜》（来自《版画集》）与诺瓦切克的《常动曲》（匈牙利

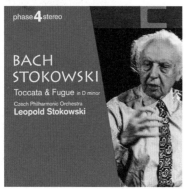

（右）Columbia百年录音纪念唱片
（Columbia M34543 LP）

（下）斯托科夫斯基指挥演奏巴赫、比尔德、克拉克、舒伯特、肖邦、柴可夫斯基等人的作品
（London 448 946-2）

风格练习曲）。第二面收录柴可夫斯基的《幽默曲》、阿尔贝尼兹的《塞维尔节庆》、肖斯塔科维奇的《降 e 小调前奏曲》、里姆斯基·柯萨科夫的《恐怖伊凡》与肖邦的《d 小调前奏曲》。这张 LP 是 Columbia 1877—1977 百年录音纪念唱片，应是 1976 年录音，也是斯托科夫斯基去世前一年的遗珍。录音异于迪卡"Phase 4 Stereo"，中远距离拾音，清晰透明又具有生动的临场感。

Stokowski: Rhapsodies

（RCA Victor LSC-2471 Living Stereo LP）

收录 1960 年斯托科夫斯基指挥 RCA Victor 交响乐团演奏 3 位作曲家的 4 首管弦名曲
（RCA Victor LSC-2471 Living Stereo LP）

这张 LP 是斯托科夫斯基在 RCA Living Stereo 系列中的经典录音，笔者聆听的是美国 Classic Records 的重刻片，其栩栩如生的乐器质感与无懈可击的音响效果，值得发烧友收藏。全片收录 1960 年斯托科夫斯基指挥 RCA Victor 交响乐团演奏 3 位作曲家的 4 首管弦名曲。

匈牙利出生的李斯特对吉卜赛音乐极为热爱，他将搜集到的吉卜赛旋律谱写成 19 首《匈牙利狂想曲》钢琴曲，其中 6 首由其高徒多普勒改编成管弦曲。这张 LP 收录的"第二号升 c 小调"最著名。此曲以和缓韵律起步，再转为快速节奏，曲构遵循传统匈牙利"士兵舞"的模式，另外添加由竖笛与长笛的装饰炫技（特别是匈牙利吉卜赛人最喜爱的弹性速度即兴演奏），斯托科夫斯基展现了优美与热情、纯朴与奔放。

罗马尼亚作曲家埃内斯库是典型爱乡主

者，小提琴家、钢琴家、指挥家与作曲家。收录在这张唱片中的《罗马尼亚狂想曲》主题即取材自家乡民俗音乐，再赋予个人独特的灵感。全曲具有吉卜赛人的自由与即兴，也有温馨的田园风光，还特别将罗马尼亚传统的牧羊歌以滑奏法呈现，并以罗马尼亚原始乐器点缀其中。通过斯托科夫斯基的诠释，乐曲轻盈与醇厚兼具，乡愁与欢乐完美融合。

捷克作曲家斯美塔那是典型波希米亚民族乐派代表与诗人音乐家，他的名作《我的祖国》是由 6 曲构成的连篇交响诗，收录在这张唱片的是其中最出名的第二号《莫尔道河》（沃尔塔瓦河），全曲写景叙情，天人合一。斯托科夫斯基的指挥将其壮阔山河、人文景致精彩演绎。另一首歌剧《被出卖的新娘》序曲是斯美塔那的成名作，描绘粗犷的乡土舞蹈与纯朴的浪漫。斯托科夫斯基将其充满生气、灵动、率性的曲调演奏得火光四射、欢乐无限。

Stokowski Conducts Great Overtures

（Dell'Arte DA 9003 LP）

这张 LP 是 1976 年 3 月在伦敦西哈姆中央传道会的录音，就在斯托科夫斯基 94 岁生日前不久，这也是他与国家爱乐管弦乐团合作的几张唱片之一，当然也是他的天鹅之歌之一。

唱片第一面收录贝多芬的《C 大调第三莱奥诺拉序曲》与舒伯特的《罗莎蒙德》序曲。贝多芬唯一的歌剧《菲岱里奥》由于重复改编而拥有 4 首序曲，其中第三号最常单独在音乐会演奏。它是首音诗，也是具备贝多芬风格的杰作。舒伯特为女剧作家赫尔米娜·切齐的舞台剧《罗莎蒙德》配乐，谱写间奏曲、芭蕾曲、合唱曲共 10 首，并未写作序曲，收录在这面唱片的序曲事实上是由多年前舒伯特为歌剧（Melodrama，17 世纪的歌剧总称）《奇妙的竖琴》谱写的序曲移用。全曲由庄严的序奏开始，再转为舒伯特式的如诗歌谣，在节奏与剧力中迭现高潮。

唱片第二面收录有柏辽兹的《罗马狂欢节》序曲、莫扎特的《唐·乔万尼》序曲与罗西尼的《威廉泰尔》序曲。《罗马狂欢节》具有甚快板的热情节庆旋律，有甜美的"爱的主题"，也有活泼的意大利萨塔瑞舞曲，更有柏辽兹独特充满活力与魔幻鬼才的个人风格。《唐·乔万尼》是歌剧序曲，依剧情谱出诡异氛围与戏剧张力，莫扎特也是首度在这一作品中使用长号。《威廉泰尔》是罗西尼 39 部歌剧的最后一部，其序曲是首叙述性的音诗，也是剧情"黎明""暴风雨""牧歌"与"瑞士独立军的行进"的浓缩。这张 LP 的录音采用中远距离拾音，音效非常自然，音乐会现场感十足，唱片封套也标有"立体声示范唱片"字样。很难想象 94 岁的斯托科夫斯基仍能一丝不苟驾驭乐团，当然这个"录音乐团"——国家爱乐管弦乐团高手云集也是成功的原因之一。

标榜示范唱片，录音采用中远距离拾音，声效自然、现场感十足的 *Stokowski Conducts Great Overtures*（Dell' Arte DA 9003 LP）

Leopold Stokowski：

Conducts Beethoven、Schubert、Wagner and Debussy

（EMI Classic Archive DVD 72434 92843 95）

百闻不如一见，这张珍贵的"指挥家中的魔术师"斯托科夫斯基的 DVD 影集可以让乐迷或音响爱好者一睹斯托科夫斯基徒手指挥的神态与风采。这张 DVD 收录了斯托科夫斯基指挥的两场音乐会实况录像。第一场是 1969 年 9 月 8 日斯托科夫斯基指挥伦敦爱乐管弦乐团在费尔菲尔德音乐厅（Fairfield Hall, Croydon）演奏贝多芬的《第五交响曲》与舒伯特的《未完成交响曲》。笔者称斯托科夫斯基为音响大玩家，主要的理由是他比吾辈寻常发烧友更幸运的是能"玩"乐团的音响。他说："我为不同的音乐厅与不同的音乐安排不同的乐手位置，通常，我喜欢将弦群摆在左侧，将木管组摆在右侧。木管组极其重要，数量虽少，却是重要的细致乐器，因此，必须妥善地安排舞台位置，因为许多交响曲经常有弦乐与木管对唱，演奏时却很少带出这一场景。"因此，我们可以看到小提琴组居整个舞台左侧，延至中间前排，其后排则为铜管组。中提琴组居舞台右侧前排，其后排即为木管组。在铜管组后方垫高的平台上安置大提琴与低音提琴组，定音鼓则放在右后侧远离木管组的位置。此外，作为管风琴家，斯托科夫斯基也极重视踏板的低沉音符，因此在管弦乐团的演奏也坚持要有强固的低音线条（重视低音、超低音是严肃音乐迷的必备要件，斯托科夫斯基不愧是大玩家！），因此，在这场音乐会上，斯托科夫斯基将大提琴组与八位低音提琴手安置在舞台后方垫高的平台中间位置，让低音能直接传向听众，而不是传统的极右或极左位置。他的低音理念在这两首交响曲中获得印证，例如贝多芬《第五交响曲》的第二乐章及舒伯特《未完成交响曲》的低音旋律线。另外值得一提的是从 1920 年就放弃使用指挥棒的斯托科夫斯基认为他不

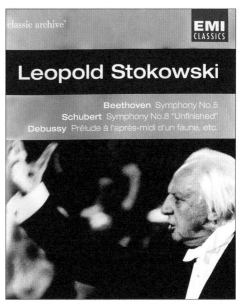

让乐迷与音响迷得以一睹斯托科夫斯基指挥风采的历史影音记录 DVD（EMI Classic Archive DVD 72434 92843 95）

用一支（指挥棒），反而有十支（手指）可用。从影片中，我们看到年届 87 岁的斯托科夫斯基依然神采奕奕，睥睨全场，手势明确，极少看谱，起止利落，自信十足，以脸部眼神的表情与十只手指的传情魔法般地营造出"斯托科夫斯基之声"。

1972 年 6 月 14 日在皇家节庆音乐厅举行的第一场音乐会具有双重意义，一方面庆祝斯托科夫斯基 90 岁诞辰，另一方面纪念斯托科夫斯基与伦敦交响乐团合作 60 周年。因此，斯托科夫斯基完全重现 1912 年那次演出，除了勃拉姆斯的《第一交响曲》与柴可夫斯基的《斯拉夫舞曲》，就是这张 DVD 收录的瓦格纳的《纽伦堡的名歌手第一幕前奏曲》与德彪西的《牧神的午后前奏曲》，当

日，英国广播公司（BBC）全程广播，迪卡唱片公司也同时进行现场录音。这场演出根据录音工程师的要求，斯托科夫斯基无可奈何地将乐团依传统位置排列，但是我们仍能见识到斯托科夫斯基著名的"斯托科夫斯基自由弓法"，即让弦乐手自由地依个人意识下弓，您可以看到小提琴组参差不齐、力度不一的落弓，结果反而营造出更丰富变化的弦乐音韵。在这场音乐会，斯托科夫斯基已现老态，眼神手势已无三年前的利落灵巧，看谱次数也增加，但是奇妙的是，瓦格纳的"名歌手"依然活泼生动，德彪西的"牧神"竟然优雅如诗。

这部音乐会影片是彩色的，画质相当清晰，只是导演运镜手法极为保守，不过或许知道这是斯托科夫斯基最后的录像，在《牧神的午后前奏曲》中，镜头几乎全都落在斯托科夫斯基的面部与手势上。无论如何，无论您听过多少次斯托科夫斯基，这张音乐会DVD，您一定要看!

1977年9月13日斯托科夫斯基辞世，著名乐评人哈罗德·C.舍恩伯格（Harold C. Schonberg）在纽约时报写下吊唁词：音乐家必定会对斯托科夫斯基的艺术有所非议，但是没有人能否认他在任何时代都是最伟大的指挥家之一。他对管弦乐团的乐曲再现无人能及，尤其是音色、精准、炫技的神奇融合。即使反对他的人质疑他为什么这么做，也不得不敬佩他是如何做到的。

长篇累牍地回顾斯托科夫斯基的唱片与音响之后，笔者仍要建议发烧友再重看1940年的迪士尼卡通影片《幻想曲》（Fantasia），体会音响大玩家斯托科夫斯基已然发烧至极的经典之作。

水之变奏曲　75 cm×70 cm　2015　蔡克信画

10

模拟 / 数字录音双全的约翰逊教授
与 RR 唱片

纵观音响唱片界，既能够设计器材又懂音乐的录音师极少，同时擅长模拟与数字录音的就更少，如果再算上能在 CD 格式中改善音质的，我想只有基思 • O. 约翰逊（Keith O. Johnson）教授一人了！将近 30 年，约翰逊教授与 RR（Reference Recordings）唱片牢不可分，他们共同见证了"后模拟录音黄金时期"再创超绝录音的传奇。尽管近几年 RR 走得并不平顺，却是除了 Telarc 唱片之外，最资深的、硕果仅存的发烧唱片公司，约翰逊教授为 RR 公司录制了 150 多款唱片作品。2003 年 RR 的唱片改由 The Dorian Group 发行，却历经一场耗时耗力的法律争议，2005 年 RR 终获胜诉，于 2005 年 10 月改由早先的合作伙伴 Allegro Corporation 再度全面上市发行。新唱片也自 2006 年 1 月出版，首张唱片 Five O'clock Foxtrot（《五点钟狐步》）是由大植英次指挥明尼苏达管弦乐团演奏的拉威尔管弦乐专辑。RR 唱片的 LP 虽然已绝版，但同版本的 CD 同样精彩，并且演录俱佳、历久弥新。

RR 公司成立于 1976 年，直到目前主导的灵魂人物仍是 Tam Henderson（JTH，也是 The Absolute Sound 著名的评论人）。约翰逊教授从唱片 RR-5 才开始加盟，取代前 4 张 LP 的录音师 Ed Long 与 Ron Wickersham。RR 公司从一开始即标榜限量的发烧唱片制作，Ed Long 提出一项 PRP（Pressure Recording Process）专利技术应用于录音，他的基本理论是在低于 20Hz 及高于 20kHz 的频率响应中，不论声压级多少，任何频域都保持增加 5dB 的信噪比，这是利用延时（小于 12 μs）

录音技术达成的，目的在于重塑录音现场的空间感与动态以增加保真度。

打破"原音重现"迷思的宗旨

开宗明义，RR 公司一开始即宣称它的目的是制作一套工具（即 LP 唱片），从而为音响卖家与严肃音乐迷评估回放作品提供器材，并且诚实告知，经过录音的音乐是不可能像原始演奏现场一模一样重现的，它只能尽可能接近精确，这也是笔者常说发烧友应打破"原音重现"迷思的理由，特别是 LP 唱片，由于唱头、唱臂、唱臂线、转盘、信号线、唱头放大器等变量极多，在自家听音室重放，只能说是重新"造境"，重要的是你要能完美再造，不仅乐器音色不能失真，频率响应也要平直，声场、声像有合理的比例，即使空间感各有不同，相信已是极接近原始录音场景所要表达的音乐，这是家庭重放音乐最重要的概念。

在录音唱片制作过程中，RR 公司采用"极简"原则，因为每一步骤都可能引入失真，因此，它使用最少的线路，所有信号都不经混音调音台、压缩器、限幅器、均衡器或效果器。此外，许多厂家不太注意的小细节，RR 公司也丝毫不疏忽，包括话筒的振幅与相位 / 频率特质与其他器材的对应关系，从音频信号到刻片沟槽之间的绝对极性（Absolute Polarity）等都极其考究。

RR 公司又认为，即便是磁带母带，在录音之后也会随着时间快速劣化，因此要尽可能快地将磁带刻制唱片并且不再使用，这也是它宣称"限量版"的缘由。刻好的漆盘也容易劣化，因此也要尽快复制金属"主盘"（Metal

Master），用这张主盘再复制 3 片金属"母盘"（Mother），每一张"母盘"仅制作 5 张"印盘"（Stamper），每一张"印盘"，只压制 1000 张 LP 唱片。

值得再提的是主盘的刻制采用当时最先进、四声道时期最严苛的 CD-4 技术，并且采用半速（half-speed）刻片，这样可以获得从低频至高频更佳的瞬态反应、更明确稳定的立体声声像、更少的沟槽回音及更透明清晰的高频信息。

这里要劝告发烧友，要回放这些唱片，你的音箱要有一致的时间与频率常数，正确的相位与绝对极性（这是绝对忠言），此外，左、右音箱之间的距离要超过 3m，听音位置要距离音箱 2.4 ～ 3.6m（这是摆位参考），如此即能体会 RR 公司录音的曼妙！

RR 初创的前 4 张 $33\frac{1}{3}$ 转 / 分的 LP 唱片中，笔者保有 RR-2、RR-3 与 RR-4 这 3 张，虽然录音的方式、风格、音色与约翰逊教授接手后的特性有极大的不同，但是 Ed Long 与 Ron Wickersham 这两位录音师仍然秉承 RR 创办时的宗旨，特别是拾取了音乐厅现场（完全不同于录音室）的自然氛围，完美的平衡、十足的音乐性。几十年后的今天重来聆听，好的音乐加上好的录音，我们可以感受到当年制作人与录音师的用心。

RR-2

Piano...Steven Gordon Plays Chopin

RR-2 *Piano...Steven Gordon Plays Chopin* 是 1976 年 11 月 12 日至 14 日在美国旧金山

老杜鲁伊德教堂的录音，由出生于洛杉矶的 Steven Gordon 用 Yamaha 9 英尺音乐会大钢琴独奏的肖邦钢琴曲。Gordon 的父亲是著名小号演奏家，他 4 岁开始习琴，9 岁即登台好莱坞碗音乐厅，11 岁投入俄罗斯名师 Sergei Tarnowsky（也是 Vladimir Horowitz 的老师）门下，擅长肖邦作品与俄罗斯作曲家曲目。在这张唱片中，他演奏了肖邦的诙谐曲、船歌、歌谣、夜曲、圆舞曲与练习曲，诠释极其生动、优雅，技术无比流畅、自然。中距离拾音、丰富温暖的堂韵，既充分展现大钢琴的形体气势，又不致令人仿佛淹没在琴体之中，但是琴键的细节、音乐的动态仍然无比清晰，的确呈现出在教堂中近距离欣赏的临场感。约翰逊教授接掌 RR 的第一张唱片

RR-2 *Piano...Steven Gordon Plays Chopin* 于 1976 年 11 月 12—14 日在美国旧金山老杜鲁伊德教堂录音

RR-5，同样是由 Steven Gordon 独奏肖邦钢琴曲，但是在不同的厅堂、采用不同的话筒摆位、使用不同厂牌的钢琴，明显呈现不同的面貌。相对之下，约翰逊采用更 Hi-Fi 的手法，较淡的堂韵，更深的刻画，更宽的频域与动态，仍然是优秀的录音，至于两张孰佳则是见仁见智。

RR-3

KOTEKAN: Percussion And...

RR-3 KOTEKAN : Percussion And... 是一张较另类的打击乐唱片，KOTEKAN 乐团由 3 位打击乐手、1 位低音提琴手、1 位长笛演奏者及 1 位女高音组成，融合各自学习的西方古典乐、巴洛克、前卫音乐、爵士、甘美兰音乐，演奏具有实验性，复杂的异同冲突节奏形成独特的乐曲结构。曲目包含 Cage、Ravel、Kvistad、Green、Peck、Bishop 等作曲家的作品，音乐具有哲理性与神秘感。这是 1976 年 11 月 26 日与 27 日在旧金山 Visitacion Valley 音乐厅的录音。

录音师 Ed Long 与 Ron Wickersham 仍然采用中距离拾音，厅堂的空间感十足，各种打击乐器也十分保真、传神，特别是改编自拉威尔的连篇歌曲《舍赫拉查德》(Shéhérazade) 第二首的《长笛颂》中长笛之悠扬气韵与如真画像，以及女高音之芝兰吐芳与栩栩如生，可见此片录音之卓越与自然。

RR-3 KOTEKAN: Percussion And... 于 1976 年 11 月 26 日、27 日在旧金山 Visitacion Valley 音乐厅录音

RR-4

Viola and... / James Carter Chamber Ensemble

RR-4 Viola and... / James Carter Chamber Ensemble 同样在 Visitacion Valley 音乐厅录制（1976 年 12 月 23 日与 30 日），为较罕见的中提琴室内乐。唱片的第一面是莫扎特（Mozart）的《降 E 调竖琴、中提琴、钢琴三重奏》。第二面第一首是霍夫迈斯特（Hoffmeister）的《F 调长笛与中提琴三重奏》，第二首则是罗耶（Loeillet）的《e 小调长笛、中提琴与钢琴三重奏》。录音同样采用中距离拾音，加上浓郁的堂韵，我们听到的不是极度 Hi-Fi、轮廓刻画极深的声像，而是极温暖的现场聆听感受，特别是中提琴的弦质与音色，也只有模拟 LP 唱片才能保真地表达。

总之，在约翰逊教授加盟前的这几张 LP 唱片仍是 RR 公司的珍贵历史记录，虽然之后也未发行 CD，但是它已为 RR 公司的"发烧唱片"

RR-4 *Viola and... / James Carter Chamber Ensemble* 于 1976 年 12 月 23 与 30 日在 Visitacion Valley 音乐厅录制

吹响序奏。

约翰逊教授的录音历程

约翰逊教授高中时代就开始自己组装一部磁带录音机。他用几乎报废的 Roebuck Sears 机组，经过多重的设计，更换多项零组件，终于改造成一部效果出色的录音机。但是，他并不以改造家用录音机为满足，通过同行获得另一个相同的录音头，并将原有的消音头取下换上，构成一部立体声录音机，而 20 世纪 50 年代后期市面上才出现预录的立体声音乐磁带，但也只有富裕人家才买得起。

这部自己组装的录音机的处女作是通过一对舒尔（Shure）水晶话筒录下的学校校训，这一历史文件虽然残存，但是已无法回放。第二次是为西部乡村乐队录制，音效绝佳，可惜母带已经遗失，当时也是通过约翰逊教授自己组装的具有优秀线路的 Williamson

功放，以及一对 5 英寸 Goodmans 无限障板音箱监听，虽然在频响两端有所限制，但整体音质在当时可谓极其优秀。

他下一步是将录音机改装成三音轨，回放使用"土炮"电子管机。这部三音轨的录音机曾经送到一次科学展展出，也引起一些反响，特别是吸引了来自录音机大厂 Ampex 一位工程师的注意。后来他也从 Ampex 借来 3 支 Altec 话筒，于 1957 年 12 月 31 日，在一场私人宴会中，录下具有宾客对话背景的 Red Norvo 爵士五重奏。当时采用 Scotch 206（或 207）厚涂红色氧化铁磁带，也是当时 Red Norvo 唯一的立体声录音，20 年后依然保存良好，其部分音乐出现在编号 RR-7 的 *Professor Johnson's Astounding Sound Show* 两张 LP 唱片中。这部全电子管三轨录音机随后也在加利福尼亚州高中音乐厅录制了一场管弦音乐会。

1965 年，约翰逊教授设计出一部全新的晶体管式、他所谓的"焦隙"（focus-gap）三轨录音机，也成为他模拟录音时期的利器。"焦隙"技术的诞生纯属偶然，当时约翰逊教授正为斯坦福音乐系录音，他发现使用一般录音机录音会有惊人的巨量高频过荷与调变噪声，可以设法提高偏置频率（Bias Frequency），高到足以快过噪声落入磁带，让每一噪声颗粒化成好几个偏置周波而达到降低调变噪声的目的。此设计可多获得 6dB 的输出声压级，因此，约翰逊教授也随之更改录音曲线，让磁带嘶声更低，也无须使用 Dolby（杜比）去噪声，同时也获得更佳的中频响应，也不强化低频，加上不使用低频均衡，因此有更多的低频动态或频域宽度。这部机器，除了在 20 世纪 60 年代末期更新晶体管外，原始设计仍然不变，并且与著名的 Gauss 复刻机的电路相当。

约翰逊的观念一直走在他人前面，他认为录音带复制是随后的潮流，但当时没有人感兴趣，甚至他将设计的新机器向 Ampex 展示也未获青睐。因此，经历一段时间的沉潜，他选择在 Ampex 工作，并获得了奖学金，躲在角落从事研究工作，然后再回到斯坦福大学参与工程科学计划。在这个时期，约翰逊教授设计出一部袖珍录音机，只比厨房火柴盒略大，功能良好，有公司称它为"迷你精准载器"（Miniature Precision Bearings），这一发明也获得了奖赏。当时报纸也大肆报道此"技术狂想"。Sherman Fairchild 注意到这一机器，聘请约翰逊为顾问。同时，约翰逊教授也为许多厂家设计录音头，特别是多音轨 1/4 英寸录音头，供录制乐器的录音机使用。

随后，Fairchild 推荐约翰逊到他认识的企业工作，也参与制作"现阶段最高技艺"设备，这台设备具有 14 音轨，每音轨具有 200MHz 的频宽，也成为日后的工业标准。之后，约翰逊教授在 Gauss 遇见他后来的生意伙伴 Paul Gregg。格雷格提出他发明的影碟（Video Disc）系统，约翰逊则提出"焦隙"理念。两人共同筹款 5000 美元为 Capitol 唱片公司设计一套录音带复制系统。他们一共制作了 3 部原型机，花光了经费。当时 Gauss 的复刻机尚未问世，他们的机器至少领先同行两年，当时也是盒式录音带（cassette）与八轨录音带（盒式 8-track）刚流行的时候。

约翰逊教授设计的"焦隙"磁带录音机伴随他多年的模拟录音生涯，但是用于拾音的话筒是录音师的"痛处"。他认为所有市面上的话筒并非买来就适用，一个严谨的录音师必须将商用话筒改造才能录得好声音。你必须先去除变压器，设定高电平放大，调整话筒

约翰逊教授组装的第一部磁带录音机

约翰逊教授与保罗·格雷格

的方向及优化话筒与演奏者之间的距离，这些都不是一般录音师的例行处置。要想获得绝佳的录音音质，话筒问题绝对要严肃对待，例如喇叭花（Sheffield，谢菲尔德）就是自行组装话筒，甚至前级功放与刻片机都自行设计。此外，要随时注意话筒的老化，例如塑料隔膜会因此改变张力而造成相位偏移和失真等。

约翰逊教授的商业录音作品最早由 Klavier 唱片公司发行，因为该公司老板 Hal Powell 从 Capitol 唱片公司知晓约翰逊的"焦隙"磁带录音机，于是要他录制格里格、拉赫玛尼诺夫、帕德雷夫斯基、斯特拉文斯基等人原先录制于 Ampico 与 DuoArt 的"钢琴卷"（Piano Roll）上的作品，于是，在莱斯音乐厅（Royce Hall），使用这部三音轨"焦隙"录音机录制重放的钢琴曲目，再转制 LP 唱片，其实在这一计划之前，约翰逊教授已经为一家电台在莱斯音乐厅录制一系列协奏曲及由文生普莱斯配音的《动物狂欢节》。

因此，约翰逊在加盟 RR 唱片公司之前已经累积了许多改装与录音经验，因此，他为 RR 唱片公司录制的第一张 LP 就从莱斯音乐厅开始，并即刻在发烧音响界打响名号，此流程顺理成章，不足为奇。

约翰逊教授的模拟 LP

RR-5

Steven Gordon Plays Chopin：The Sonata in B Minor

1978 年，约翰逊教授开始专驻 RR 唱片公司，首先从 RR-5 *Steven Gordon Plays Chopin：The Sonata in B Minor* 开始，并以"A Keith Johnson Recording"为名，从 RR-19 之后则以"A Prof. Johnson Pure Analogue Recording"标示纯模拟录音。之后从 RR-14 *Your Friendly Neighborhood Big Band* 开始，同一场演奏，除了模拟录音，还开始进行数字录音，在 CD 制作时采用数字母带，并标明"A Prof. Johnson Recording"，后又正名为"A Pro. Johnson Digital Master Recording"。因为录制 RR-14 时已是 1984 年，数字录音与 CD 唱片已蔚然成风，约翰逊教授能同时维持双管齐下，已经相当不容易。

工欲善其事，必先利其器。约翰逊教授的模拟 LP 的成功得益于他设计组装的"焦隙"磁带录音机，另一个关键则是话筒的重组与摆位。虽然他仍然采用传统的无指向型、心形指向或双指向型话筒，但话筒则是

RR-5 *Steven Gordon Plays Chopin：The Sonata in B Minor*

由 Schoeps、AKG 与 RCA 零件组成，并依搭配的高电平驱动功放调整至精确的相位与频域。录音全程也不通过变压器或尖峰均衡器。话筒的摆位技术从单纯的无指向型到复杂的多重拾音，力求获取宛如实际演出空间的立体声层次与乐器的完整声像。整个录制系统具有极低的延迟与信号衍生失真，同时又具有精密的高频与低频相位耦合，因此录出的纯净音质与瞬间力度非寻常录音机所能比拟。LP 母盘也是以同一录音机回放母带，以半速刻盘（初期多款采用 45 转 / 分转速），更能保有原始录音信号的相位、瞬态响应与振幅之特点。因此，要制作一张完美的 LP 唱片，所需要的知识与花费的心血实在非外人所能明也。

1978 年 6 月 12 日，约翰逊教授在洛杉矶莱斯音乐厅为 RR 唱片公司录下第一张 LP——RR-5，由 Steven Gordon 弹奏肖邦的《b小调第三钢琴奏鸣曲》。在肖邦众多杰作中，以前奏曲、练习曲、夜曲等短小曲目居多，奏鸣曲之类的繁复、庞大的曲目极少，这首第三钢琴奏鸣曲规模宏大、细部精密，是肖邦晚年的巅峰作品。Gordon 的诠释颇具学者风范，将对比的音符、复杂的和声与装饰的元素有条不紊地呈示。约翰逊的录音采用近距离拾音、大动态的方式，将演奏者的心思毫不遗漏地展现。

RR-6 *First Takes*

的老板 JTH 曾在一次私人宴会及一个不知名酒吧中听过钢琴手 Andrei Kitaev 与低音提琴手 Bill Douglass 的爵士二重奏，因此，临时邀请二位在录制 RR-5 时到莱斯音乐厅待命，原本是想获得这首二重奏在音乐厅低音提琴的试录音效。没想到仅用了一小时左右就录下这张令约翰逊教授与 JTH 惊艳的一张 45 转 / 分 LP。Andrei Kitaev 的钢琴演奏流水行云、铿锵逍遥，Bill Douglass 的低音提琴对答得体、弹拨有致。约翰逊教授采用极近距离拾音，Grotrian Steinweg 帝王型大钢琴晶莹剔透、音韵极美，低音提琴弹跳虽然清楚，可惜距离太近，无法绘出形体轮廓。但是，音乐耐人寻味，二人默契天成，忘我陶醉。

RR-6

First Takes

RR-6 *First Takes* 是个意外的惊喜。RR

RR-7

Professor Johnson's Astounding Sound Show

RR-7 *Professor Johnson's Astounding Sound*

Show 是约翰逊教授进驻 RR 唱片公司之前，使用他那部自己设计的三音轨 "焦隙" 录音机录制的音乐档案，借着这部录音机，他展现了一场惊人的音响秀。这张唱片收录的音乐选自 1957 年至 1979 年的录音作品，都是立体声录音，整体音效成就与 RCA 的 Living Stereo 或 Mercury 的 Living Presence 相比，有过之而无不及，最特别的是现场的生动氛围，不见人工凿痕的自然录音，肯定是许多录音室作品无法比拟的。聆听这张唱片，发烧友该准备好全频音箱，且必须具备超高音与超低音。唱片第一面从鼓号乐队响起，带入 "乐队风琴" (band organ)，虽是机械仿真，却栩栩如生。接着是私人宴会中 Red Norvo 爵士五重奏的现场即兴演奏，全场录音则以 RR-8 专辑发行。第三首《非洲乐团》是现场录音，音效与直刻唱片无异。唱片第二面以维多尔 (Widor) 第五交响曲的托卡塔管风琴登场，气势澎湃，

震撼全场，其音效直逼 Crystal Clear Record 的管风琴录音；第二首 *Flarp* 的清盈高频与风振低弦却是约翰逊花费两天在砖石建造的小音乐厅中不断优化话筒位置所获；第三首 Kronos Quartet 的弦乐四重奏伴打击乐器录于教堂，约翰逊教授尝试在直达声、声像定位与堂韵间求取平衡，是杰出的近距离拾音典范，全场演奏另以 RR-9 *In Formation* 出版专辑。结尾的管琴 (Tubulong) 即兴曲则具有钻石般的清澈音质与银铃般的悠扬风采，总之，这张唱片正如其封面所标示的是治疗 "痛苦的高频、模糊的中频、松散的低频、扁平的场景、失措的定位、中空的声场、听觉的污点" 的良方，也就是说，它可以作为调音试机的参考唱片。老实说，RR 唱片公司前 4 张唱片的录音师 Ed Long 与 Ron Wickersham 功夫已然不差，但是遇上多彩多姿的高手约翰逊，所谓 "一山不容二虎"，JTH 当然会选择约翰逊教授，事实上，也的确是慧眼识英雄，直到当今数字录音时代，约翰逊的作品一直名列前茅。

RR-8

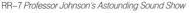
The Forward Look

　　1957 年 12 月 31 日，约翰逊将组装完成的三音轨录音机首度带到邻近的私人宴会中录下这张爵士乐唱片，RR-8 *The Forward Look*。他并不认识 Red Norvo 是谁，摆好 3 支 Altec 电子管话筒，激活全电子管录音机，随着音乐的流动，录下这张 LP 唱片的素材，这也是约翰逊成为录音大师前的暖身作品。Kenneth

RR-7 *Professor Johnson's Astounding Sound Show*

Norville 在几十年的爵士乐生涯中，经历摇摆至咆哮，他始终维持细腻、温和、轻盈的乐风，即使在录制这张唱片的 20 世纪 50 年代末期，"硬式咆勃"风头正盛。事实上，他是将木琴带入爵士的第一人。1908 年出生的他，17 岁即自学木琴（Xylophone），之后专演颤音琴（Vibes）。这场录音由 Kenneth Norville 主导，是搭配吉他、单簧管、贝斯与鼓组的五重奏，演奏曲目都改编自爵士标准曲目，都是 Red Norvo 的招牌曲目。当时仍是斯坦福大学学生的约翰逊，为他们录下第一张立体声现场演奏唱片，我们可以听到小声的宾客对话，以及自然的曲末掌声，当然还有毫不做作的演奏氛围，中距离拾音，声场完整，毫无中空现象，动态响应良好，远处鼓组极为清晰，其他乐器则轮廓稍欠明朗，某些低频也较不平整，但是作为实验性录音，加上无法彩排及环境限制，能有如此成绩已属难得。

RR-9

Kronos Quartet：In Formation

1979 年 3 月至 4 月在旧金山圣玛利教堂录制的 RR-9 *Kronos Quartet：In Formation* 就充分展现了约翰逊教授的录音功力。Kronos 四重奏从 1973 年成立以来，就以革命性的方式在世界乐坛展演当代室内乐，至少有 125 首新曲委托他们进行首演，在传统与争议的平衡中，他们带给听众 20 世纪宽频谱的实验音乐。这张专辑结合摇滚、爵士、乡村、民歌等元素，充满活力，即使在 21 世纪聆听，依然感到惊艳。约翰逊教授采用近距离拾音，虽在教堂，回响甚少，4 个乐手的相对位置明确，弓弦质感与量感清晰透明，瞬态响应与动态细微可感，高难度的弦乐录音在约翰逊的模拟技法下完美再生。值得一提的是，RR 唱片之前的刻片大多由名

RR-8 *The Forward Look*

RR-9 *Kronos Quartet：In Formation*

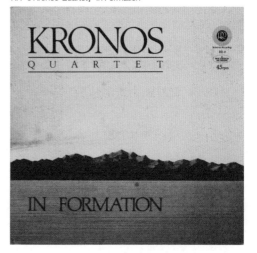

家 Stan Ricker 操刀，这张则请另一位名家 Bruce Leek 精刻。

RR-10

The Tempest

1981 年 4 月 7 日，约翰逊教授在加利福尼亚州伯克利泽勒巴克厅（Zellerbach Hall），仅花一天时间，录完整首《暴风雨》芭蕾舞曲，完整版由 Moss 集团 MMG 唱片公司以两张一套 LP 发行，RR 公司则是破天荒地以 45 转 / 分半速刻片，在一张 LP 唱片中刻入长达 53 分钟的音乐，即收录了第一、二幕组曲的 RR-10 *The Tempest*。音乐是 Paul Seiko Chihara 根据莎士比亚戏剧《暴风雨》，以 17 世纪英国作曲家普赛尔（Purcell）的歌曲旋律主题变奏写成。这个乐团（旧金山演艺管弦乐团）与这一音乐厅对约翰逊教授都是陌

RR–10 *The Tempest*

生的，但是经过极短时间的话筒微调，随即展开全曲录制。这次约翰逊采用远距离录音以表达这部如万花筒般的曲作。清越、透明是整体录音成效的写照，完美呈现交响舞台的三维空间与层次定位。由于是远距离拾音，加上厅堂因素，较难表达"盛放"（blooming）或较长"尾韵"（tail）的丰润感，但并不表示频宽或动态不足，你且听听铙钹之敲击与大鼓之擂击即可明白。此外，刻片师 Bruce Leek 在此厥功至伟，为了达成 53 分钟刻入一张 LP 的不可能任务，他采用精密 Sontec Compudisk Groove Compactor 刻片机，以极低电平半速刻片，母盘再送日本 JVC 工厂完成 LP 压制。

RR-11

Berlioz：Symphonie Fantastique/Kojian/Utah Symphony

这张 RR-11 *Berlioz：Symphonie Fantastique/ Kojian/Utah Symphony*《幻想交响曲》是约翰逊教授的轰动之作，音响发烧友无不趋之若鹜。这是 RR 唱片公司与 Varese Sarabande 唱片公司共同制作的具有实验意义的录音。1982 年 3 月 27 日在盐湖城交响音乐厅录音。指挥 Varujan Kojian 出生于黎巴嫩，13 岁以小提琴一等奖的成绩毕业于巴黎音乐学院，后追随柯蒂斯音乐学院名师 Ivan Galamian，又获选进入 Heifetz 大师班，数年后成为 Zubin Mehta 的助理指挥，1980 年起接替退休的 Maurice Abravanel 成为犹他州交响乐团指挥。同一时间，约翰逊教授将信号分别送入他的"焦隙"模拟磁带录音机及 Soundstream

数字录音系统。模拟母带由"喇叭花"（Sheffield Lab）的 Doug Sax 与 The Mastering Lab 的 Mike Reese 以 45 转 / 分刻入 3 面 LP，数字版则由 Varese Sarabande 以 $33\frac{1}{3}$ 转 / 分刻入单张 LP 分别发行。多年后 RR 公司仍以数字母带制作 CD。发烧友最喜欢回放第三面的《断头台进行曲》与《魔夜之梦》，还在第四面压有同样的这两个乐章。在这两个乐章中，约翰逊教授录出了极宽的动态与充足的能量，以及极低沉、强劲的低频，因此 RR 唱片公司警告听友要从小音量听起，以免损坏音箱或功放。《幻想交响曲》的名盘甚多，诠释各有千秋，RR 这款的卖点当然是约翰逊教授的录音，其实鲜活的录音与惊人的音效也有助于这一交响曲的戏剧性表达。此外，这一版本也依原典考据，例如在第二乐章《舞会》中出现了在其他版本很少听到的短号"助奏"（obbligato）部分；在第三乐章《田野风光》中有英国号与双簧管的对唱（antiphonal），因此特别安排英国号在舞台上，双簧管则在左侧上方观众包厢；在终乐章《魔夜之梦》，作曲家安排另一组钟声以极小声演奏作为回声效果，在这一录音中同样在右侧舞台配置钟声，而非一味只顾卖弄发烧音效。总之，这是约翰逊教授将大型管弦以当时最高技艺录出最接近现场规模感的作品，当然，弦乐、管乐、打击乐之质感、量感也都保真传神，尤其是大鼓。也是从这张《幻想交响曲》开始，音响发烧友无人不识约翰逊教授。

约翰逊教授为 RR 唱片公司成功录制名震发烧音响界的 RR-11 这张《幻想交响曲》LP 之后，

RR-11 *Berlioz：Symphonie Fantastique/Kojian/Utah Symphony*

开始迈向录音大师坦途，接下来的多款录音至今仍然为人津津乐道，不时引为调音参考。

RR-12

Dafos

RR-12 *Dafos* 是另一张令发烧友震惊之作，堪称空前绝后的演奏与录音际会。这张唱片的制作是 Mickey Hart 与 Airto Moreira，RR 唱片公司的 JTH 与 Marcia Martin 只是执行制作，因此版权并不归属 RR，在 RR 的 LP 或 CD 版本均告绝版之后，这张唱片成为"收藏家必藏"（Collector's Item），虽然由 Mickey Hart 主导的 Rykodisc 也发行同一版本的 CD，但是音效显然不及 RR。这是一张极特殊的打击乐专辑，由打击乐三人组 Mickey Hart、Airto 与 Flora Purim（兼女声）加上 Batucaje 共 8 人

RR-12 *Dafos* 是一张极特殊的
打击乐专辑

演奏的罕见的一次录音。庞杂、稀奇的巴西、非洲、印尼的各式打击乐器，点缀着木管、电子低音吉他及人声，排列组合成多种风格的奇妙音乐。不同的曲目由不同的乐器演奏，也需要不同的话筒摆位，约翰逊教授一展所长。这是 1982 年 10 月 24 日与 1983 年 3 月 21 日在美国加利福尼亚州旧金山"日本中心剧院"音乐厅的现场录音，约翰逊教授完全不采用录音室多轨技术，也不用发烧唱片常用的"少量话筒"技法，也无均衡或人工混响，而是以独家复杂话筒摆位和现场双声道收音直入他那部"焦隙"磁带录音机，模拟母带再直接回放，由知名刻片师 Doug Sax 采用动态范围与高频解析更接近母带的 45 转 / 分转速刻制"漆盘"。完成"漆盘"数小时内即转制金属"主盘"以免声音劣化，最后以优质塑料压制寂静、平整的 LP 唱片。1984 年发行的 CD 版本则是以约翰逊录制的母带通过其录音机直接转入 JVC 的数字系统，同样也不予以编辑或均衡，另外附加的 *Pcychopomp* 一曲则是在伯克利 Fantasy Studios 以 Mitsubishi X-80A 双声道数字录音机录制。这张专辑收录的曲目均属短小精练之作，最短的《北地之冰》(*Ice of the North*) 只有 1 分 20 秒，最长的《交通》(*Passage*) 也不过 10 分 55 秒，其余多为 3 ～ 5 分钟，但是它让我们见识到不同文化的差异与融合，当然发烧友最感兴趣的应是约翰逊录音的效果。宽阔的三维空间声场、生动的各式乐器声像、自然的丰润厅堂混响、惊人的动态能量对比、宽广的频率响应范围、精准的人声乐器比例，都是这一录音的写照。您不妨留意木管的管状形体与悠扬气韵，甘美兰乐器的铿锵金声及电子低音吉他的利落弹跳。当然最震撼的要数《达沃斯之门》(The Gates of Dafos)，精彩绝伦的 Mickey Hart 鼓乐，从鼓皮轻跳到空气震动，从猛烈擂击到"摔鼓拆鼓"，其屋摇地动之威力绝对令人臣服，而且会为音箱是否能够承受担心不已，当然，要有绝佳的超低音才能有此感受。CD 版(RR -CD12)的《精神盛观》(Psychopomp)一曲同样考验超低音的质与量，老实说，CD 版已具有极佳的音效，但是 LP 版呈现的声像更透明直接，场景更生动明晰。

庆祝女王到访的序曲，全曲端庄高雅、轻盈愉悦。第二曲是著名的帕赫尔贝尔《D 大调卡农与吉格》，全曲将两小节的数字低音主题进行 28 次反复演奏，并于上三声卡农发展，在重复的旋律与华丽的线条之中呈现高度对位技巧，曲后再附加一首轻快的吉格舞曲。在这张唱片中，卡农遵照原曲，采用了 3 把小提琴与数字低音，古风盎然，不流俗气。第三曲是亨德尔的《水上音乐第一号组曲》选曲，优雅华丽、优哉游哉。第四首是巴赫的《第三号管弦组曲》中的《歌调》，宁静平和、梦幻曼妙。唱片第二面第一曲是普赛尔的《摩尔人的复仇》中的剧间音乐(配乐)，其主旋律即为布里顿引用作为《青少年管弦乐指南》曲的主题，全曲具有典型宫庭巴洛克风格。第二曲是维瓦尔第的《为竖笛、巴松管与弦乐而作的协奏曲：夜》，神秘梦幻、

RR-13

Tafelmusik

RR-13《餐桌音乐》(Tafelmusik) 是耳熟能详的巴洛克杰作选辑，由 Jean Lamon 指挥加拿大原声古典巴洛克管弦乐团 (Canada's Original-Instrument Baroque Orchestra) 演奏，于 1982 年 3 月 13 至 15 日在多伦多圣安妮圣公会教堂录音。约翰逊教授的纯模拟母带用同一录音机输出，由名匠 Stan Ricker 采用半速 45 转 / 分刻制母盘再压片。唱片第一面第一首是亨德尔的清唱剧《所罗门王》中的《席巴女王进场曲》，这出剧前两幕是所罗门王智判双母争子的故事，这首进场曲即是第三幕

RR-13《餐桌音乐》(Tafelmusik) 是耳熟能详的巴洛克杰作选辑

激狂战栗。第三曲是泰勒曼《餐桌音乐》第三集的管弦组曲，舞步翩翩、美酒雅韵、美食色香。这场录音，约翰逊教授采用中距离拾音，教堂回音亦不算长，呈现古乐器之利落弦韵、脆透弦质之特殊氛围，也掌握小型室内管弦乐之细致和谐与答问默契，是一张赏心悦耳、思古幽情之优秀唱片。RR 唱片公司于 1985 年将这张唱片转化为 CD（RR-13CD）发行，2001 年又以 HDCD 编码与 *The Helicon Ensemble*（RR- 23）合并发行另版 CD（RR2101）。

RR-14

Your Friendly Neighborhood Big Band

RR-14 *Your Friendly Neighborhood Big Band* 是爵士大乐队在音乐厅录音的典范，在自家听音室里也可以再现中远距聆乐的现

RR-14 *You Friendly Neighborhood Big Band* 是爵士大乐队在音乐厅录音的典范，在自家聆听室里也可以再现中远距离聆乐的现场感受

场感受。由于 RR 唱片公司发行过约翰逊教授在 20 世纪 50 年代为 Red Norvo 五重奏录音的唱片 *The Forward Look*（RR-8），RR 的老板 JTH 在 1981 年与 Red Norvo 的一次餐会中讨论合作的计划时，Norvo 大力推荐 Matt Catingub 领导的大乐队，Matt 是经常与 Norvo 合作的女歌手 Mavis Rivers 的儿子。JTH 与约翰逊教授在实际聆听 Matt 乐队的演奏之后，对演奏品质、鲜活编曲与来自这位年仅 21 岁的萨克斯手的音乐创意印象深刻，经过与 Chad Smith 博士夫妇商谈并获得财务支持允诺后，开始积极寻找合适的录音场所，最后选定 The Pacific Symphony 成功录制 RR-15《教堂之窗》的圣塔安娜高级中学音乐厅。Matt、Mavis 与乐队曾在录音室录过唱片（*Sea Breeze* SB-2013），但不熟悉 RR 唱片要求的三维空间全息声像（Three Dimensional Holographic Image）与自然音响平衡，尤其要容纳声压级超过 100dB 的 5 把小号与激情鼓手，又不淹没较小音量的其他乐器，话筒的摆位与选择颇费工夫，约翰逊教授毕竟是高手，采用较平常复杂许多的话筒技法，录出全然不同于录音室近距离多话筒拾音的效果，获得大乐队在一个优良厅堂中的卓绝演奏效果，这也意味着你的回放系统，特别是音箱摆位也要极其精确才能享受这一录音之精髓。所选乐曲有的由 Matt Catingub 创作，也有爵士名家，如 Goodman、Waller、Adderly、Robin、Wright 的名曲，但都由 Matt 重新编曲。Matt 颇具才气，对于这一大乐队（萨克斯管、小号与长号各 5 支，外加钢琴、鼓组、低音提琴、吉他与颤音琴），他谱写出结构

宏伟壮观、乐曲错综耀目的爵士乐，可以抒情，可以昂奋，可以低吟，可以放歌，极其引人入胜，令人手舞足蹈。您不妨留意铜管的咆哮、鼓组的擂鸣、木管的吟哦及人声的歌唱，加上逼真的形体、正确的比例、一致的相位、共通的堂韵，成就如同现场的氛围，特别是中距离拾音，在乐队齐鸣时仍然有"盛放"（blooming）的气势，实在不易。此外，为了以 45 转 / 分的转速达到 LP 长刻的目的，特别以低电平刻片，因此，回放时必须提高音量，也要有信噪比绝佳的功放、超宽频域与超大动态的音箱才能完全释放它的能量与信息。1989 年，RR 唱片公司同步发行以 Nakamichi DMP-100 进行字录音的 CD 版本（RR-14CD），同样精彩。

RR-15 *Respighi*：*Church Windows*，弦群细致透明，木管清扬气韵，铜管耀眼咆哮，还有沿地滚来的管风琴音浪以及众乐齐鸣的"盛放"音响

RR-15

Respighi：*Church Windows*

RR-15 *Respighi*：*Church Windows*（《教堂之窗》）是另一张极度发烧的管弦乐唱片。意大利作曲家雷斯庇基（1879—1936）以罗马三部曲——《罗马喷泉》《罗马之松》《罗马节日》享誉乐坛，1927 年冬指挥家库塞维茨基与波士顿交响乐团欢迎雷斯庇基第二次美国之旅，于次年 2 月中旬演奏全本雷斯庇基曲作，并由雷斯庇基主奏他的《米索利地亚调式钢琴协奏曲》，2 月 25 日并为其《四首交响印象：教堂之窗》作世界首演。演奏终了，观众起立欢呼，掌声道喜，团员敲弓推崇，踏足祝贺。《波士顿晚报》乐评家 Henry Taylor Parker 曾写道："……雷

斯庇基谱写这部曲作有 3 个动力，一是来自衷心虔诚的神灵，二是对格里高利圣歌曲式的进一步实验，三是对教堂彩绘玻璃的光彩冥想。"的确，极早引导雷斯庇基研究中世纪教堂音乐的是他的夫人 Elsa，并且对雷斯庇基的艺术影响至深。在他们婚后 10 年，雷斯庇基依此中世纪乐谱写了 3 首钢琴前奏曲、《米索利地亚调式钢琴协奏曲》《格雷果小提琴协奏曲》与《多里亚调式弦乐四重奏》等作品，这些曲作现今鲜见演出，但是在他著名的《罗马之松》与《巴西印象》中仍可依稀感受其音彩。并且，《教堂之窗》是《三首钢琴前奏曲》的管弦版本。因此，他事实上并未依据某一特定教堂的彩窗谱曲，雷斯庇基的音乐标题也常常是曲作完成后再命名，《教堂之窗》也

不例外。1926 年夏天，雷斯庇基邀请密友兼歌剧词作家 Claudio Guastalla 为此管弦新作《四首交响印象》(已加上依祷告颂歌谱写的第四首) 题名，在聆听过雷斯庇基的钢琴简谱后，Claudio 认为：第一首节奏缓慢而平和，有如星光下的旅行，可以命名为《逃亡至埃及》；第二首具有天使争战的味道，就叫它《圣米迦勒大天使》；第三首带些神秘修道院气息，可称为《圣克莱尔的晨祷》；第四首源自庄严宏伟的《格里高利圣歌》，这扇窗不就是《伟大的圣格雷果》! 因此，这部标题交响诗可以随着聆听者自我诠释而无须依标题提示想象，但是一个基本概念必须掌握，就是这些曲作乃是雷斯庇基挖掘出真正隐藏其间的人类价值的结晶。这场录音是为 Keith Clark 指挥领导的 Pacific Symphony Orchestra(太平洋交响乐团，1979 年成立的加利福尼亚州橘郡职业乐团)5 周年庆而作，1983 年 10 月 16 日在圣塔安娜高级中学音乐厅，由约翰逊教授录音，是近中距离拾音的管弦乐"声场派"的录音典范。雷斯庇基丰富、细腻的管弦技法，神秘、优美的幻化旋律，可以抒情悠闲，也有惊心动魄，在约翰逊教授的话筒拾音下如真展现。发烧友不妨特别留意弦乐的细致透明、木管的清扬气韵、铜管的耀眼咆哮，也注意声场宽度与深度、层次比例及庞大乐段的清晰声像，还有沿地滚来的管风琴音浪及众乐齐鸣的"盛放"音响。当然，绝对不能错过的是第三首曲末的大锣，以及第四首末尾的大鼓，既考验极高与极低的频域延伸，也讲究质感与量感及乐器保真度。1985 年发行的 CMS 数字转 CD 版 (RR-15CD) 还收录了几乎被人遗忘的《秋诗》(*Poema Autunnale*) ——小提琴与管弦乐合奏曲，由名家 Ricci 主奏，这是一首描绘葡萄收获、酒神起舞却带些甜美感伤的曲作。CD 版采用中、远距离拾音，仍有极佳的表现，当然 45 转 / 分的 LP 唱片刻画得更加活生。

RR-16 • RR-17

Walton : Facade Suite
Stravinsky: L'Historie Du Soldat Suite

RR-16 *Walton : Façade Suite* 与 RR-17 *Stravinsky : L'Historie Du Soldat Suite* 是 Chicago Pro Musica(芝加哥专业音乐家合奏团) 的两张杰作，其中 RR-17 更是约翰逊教授引以为傲的录音作品 (详见 The Absolute Sound issue 152/2005/Personal Best Recording)。这个乐团是由芝加哥交响乐团中的 11 位炫技演奏家组成，是于 1979 年由单簧管演奏家 John Bruce Yeh(华裔叶先生) 发起的室内乐团，原先以推广当代作曲家与演奏 20 世纪杰出作品为宗旨，后又扩大至推广古典与浪漫乐派室内乐佳作，演出除了获芝加哥地区听众欢迎，还受到其他地区听众欢迎，并时常在广播电台进行实况演奏。全团乐器包括小提琴、大提琴、低音提琴、钢琴、竖笛 (兼低音竖笛)、萨克斯、低音管、长笛、圆号、小号与打击乐器，人数虽然不多，但个个都身怀绝技，因此不论曲目大小均架势十足，并且所有改编曲均忠于原版且如散文或诗歌般精简，赋予新鲜面貌。RR-16 收录有沃尔顿的《外表》（Facade）、理查德·施特劳斯的《狄尔的恶作剧》、斯克里亚宾的《华尔兹》与尼尔森（Nielsen）的《空虚夜曲》。RR-17 则以斯特拉文斯基的《大兵的故事》为主，而以里姆斯基-柯萨科夫的《西班牙随想曲》补白。因此，这两张唱片的重头戏即落在《外表》及《大兵的故事》。《外表》是沃尔顿 19 岁时与同年龄的女诗人伊迪丝·西特韦尔（Edith Stiwill）合作的一首才华横溢的诗歌器乐连篇组。原本伊迪丝正尝试写作"抽象诗"，将诗韵的声音、长短、节奏作各种可能的探讨，结果往往导致无意义诗词，但是伊迪丝认为若能配上音乐强化音韵效果，或有另一番境界，因此，促成沃尔顿以音乐同步搭配诗词，而完成具有即兴妙构的名作《外表》。1953 年由伊迪丝亲自吟诗的迪卡单声道录音版本（London 425 661-2 CD）是精彩绝伦的

完整版，管弦、打击、人声均清晰透明、浑润圆滑、无比优美，现在 RR 唱片公司的版本也算是正宗器乐版，依沃尔顿原始小乐团配置配器，而只以长笛替代短笛，竖笛取代低音竖笛。除了序奏，包括《苏格兰狂想曲》《探戈》《裴德林之歌》《乡林之舞》《波卡舞曲》《圆舞曲》《海员》《长钢草》《流行歌曲》《狐步》《幕后》与《塔朗特舞曲》。为了方便聆听者自行"卡拉 OK"，唱片内套特别附上伊迪丝诗作以供吟诵。《大兵的故事》是依据斯特拉文斯基的挚友拉缪的剧本谱写的，是一部包括歌剧、芭蕾、朗诵的幻想童话音乐作品，描述了大兵以小提琴拯救公主并与恶魔斗争的故事。RR-17 中的这一版本是斯托科夫斯基自行重编、舍去对白的器乐原版，全部组曲由《大兵进行曲》《第二景：大兵在溪边》《第三景：田园》《皇家进行曲》《小型音乐会》、"三首舞曲——探戈、华尔兹、繁音拍子"、《魔

RR-16 *Walton：Facade Suite* 与 RR-17 *Stravinsky：L' Historie Du Soldat Suite* 是芝加哥专业音乐家合奏团的两张杰作

鬼之舞》《大合唱》与《魔鬼胜利进行曲》组成，可以从标题随着音乐想象剧情。这两张唱片都是约翰逊教授于 1983 年 8 月 10 至 12 日在芝加哥梅地纳教堂的录音，采用模拟录音方式，由 Mike Reese、约翰逊与 JTH 共同监制"漆盘"，再逐步压制成 45 转／分 LP 唱片。在这次录音中，约翰逊仍采用中距离拾音，擅长用教堂丰润的堂韵而仍保有极其清晰且有层次的声场与声像，极其宽阔且不压缩的频宽与动态，因此，弦乐、木管、铜管、钢琴或打击乐器均形体逼真、比例正确，加上来自四周的回声，更营造出现场聆听般的氛围。约翰逊教授使用他的模拟录音机录制 LP 母带，还用 Nakamichi DMP-100 作同步数字录音，1985 年发行的 CD 版（RR-16CD、RR-17CD）仍具有清晰透明的优点，只是声场推得稍远，高频则不免有些许数码失真，在同音量下，LP 版在极低频有可闻辘声，而 CD 则完全寂静，但是 LP 版反而有下沉的鼓震与自然的堂韵。

RR-29 *Chicago Pro Musica/Weill/Varèse/Bowles/Martinu* 是芝加哥专业音乐家合奏团在录制 RR-16 与 RR-17 五年后的另一杰作

RR-29

Chicago Pro Musica/Weill/Varese/Bowles/Martinu

RR-29 *Chicago Pro Musica/Weill/Varese/Bowles/Martinu* 是芝加哥专业音乐家合奏团在录制著名的 RR-16 与 RR-17 五年后的另一杰作。此次所选作曲家都是 20 世纪当代音乐名匠，包括来自德国的库尔特·魏尔（Kurt Weill）、法国的埃德加德·瓦雷兹（Edgard Varèse）、美国的保罗·鲍尔斯（Paul Bowles）与捷克的博胡斯拉夫·马丁努（Bohuslav Martinu），他们的艺术生涯大

都在国外，也都经历第一次世界大战与经济萧条的时代，他们的音乐比较前卫，也都反映时代精神。这 4 部 20 世纪 20 年代、30 年代谱写的曲作在 21 世纪聆听仍极具冲击力与挑战性。唱片第一面第一首是 Weill 的《三便士歌剧组曲》，此歌剧改编自 18 世纪约翰·盖伊（John Gay）的《乞丐歌剧》（*The Beggar's Opera*），讽刺第一次世界大战后德国混乱的社会，组曲版以管乐为主（铜管、木管），搭配吉他、手风琴、钢琴与打击乐器；第二首是瓦雷兹的《八重奏》，由 7 把木管、铜管外加一支低音提琴演出，曲长只有 7 分 11 秒，却短小精悍、和声精妙，是曲风神秘、结构壮澜之作。唱片第二面第一首是鲍尔斯的《闹剧音乐》，原本是应《大国民》电影导演奥森·韦尔斯（Orson Welles）之邀为影片配乐而作，全曲由竖笛、小号、钢琴与打击乐器演奏，具有美国爵士、拉丁

舞曲与摩洛哥节奏的综合曲风；第二首是马丁努的《厨房评论》芭蕾舞乐，由小提琴、大提琴、竖笛、巴松管、小号与钢琴演奏，全曲优雅活泼、愉悦生动。这张唱片仍选在芝加哥梅地纳教堂录制，于 1988 年 6 月 10 至 13 日由约翰逊教授使用他的模拟录音机与 KOJ/Sony PCM 701 ES 数字录音机同步录音，LP 由 Stan Ricker 采用 $33\frac{1}{3}$ 转 / 分半速刻片压制，仍标榜 "A Prof. Johnson Pure Analogue Recording"，同时发行的 CD 则标示 "A Prof. Johnson Digital Master Recording"。不同于前两张唱片，此次约翰逊教授采用近距离拾音，同样呈现层次分明的三维声场与毫无限幅的频宽与动态，并且能量的 "盛放" 比前两张更加可观。他能够将各式木管与铜管的形体与声韵录得如此具体生动，能够将打击乐器上钹与下鼓的延伸与质量录得如此清澈动人，非常不简单，您的音响系统必须具备超高音与超低音，才能充分领会其录音之超绝。CD 版已属数字录音典范，但是若与 LP 比较，您一定会感叹 LP 在动态方面仍略胜一筹。这 3 张于 2001 年以原始模拟母带改用 HDCD 编码，另行出版两张一套的新 CD 版本（RR-2102）。

RR-18 • RR-20 • RR-37

Reflections
Serendipity
The Oxnard Sessions

RR-18 *Reflections*、RR-20 *Serendipity*、RR-37 *The Oxnard Sessions* 这 3 张专辑都是以双栖钢琴家迈克尔•加森（Michael Garson）为中心的爵士乐，收录的大多是迈克尔的自创曲。

迈克尔毕业于布鲁克林学院，获音乐与教育学位，他曾投入著名的茱丽亚音乐学院古典音乐名师 Leonard Eisner 门下，也跟爵士名家 Lennie Tristano、Herbie Hancock、Bill Evans 学习过。在与 Lee Konitz、Thad Jones、Elvin Jones 与 Nancy Wilson 旅游演奏后，曾有两年担任摇滚乐明星 David Bowie 的音乐总监。1983 年，他加入 "Free Flight" 录音乐团担任键盘手，并为乐团的曲作编谱。其间为 RR 唱片录制两张专辑，一张是与乐团的长笛手 Jim Walker 合作的 *Reflections*（《映象》），另一张是团员合奏的 *Serendipity*（此字系英国作家 Horace Walpole 在其童话著作《锡兰三王子》（*The Three Princes of Serendip*）中的新造字，意指善于发掘珍宝的主人翁）。此外，他还录制 *Avant Garson*、*Jazzical*、*Remember Love* 与 *Mystery Man* 4 张专辑，1990 年又与 RR 公司合作 *The Oxnard Sessions*（《奥克斯纳德的录音演奏》），与另一爵士乐队合奏，不知何故，只出版 RR-37 第一集就不见下文了。

在 *Reflections* 这一张专辑中，全是迈克尔谱写的长笛主奏的旋律主题，钢琴伴奏的轻柔甜美歌谣，爵士味道并不明显，较接近轻古典，正如迈克尔所说：这些音乐接近我的心灵，希望借着音乐表达我最深层的感受，也希望能带给您平和。这张专辑是 1984 年 9 月 29 日在加利福尼亚州圣塔安娜高级中学音乐厅录制的，此次约翰逊采用近距离拾音，我们可以听到钢琴在横跨声场左中至右中位置，长笛在其前方正中近左中位置，琴声在厅堂中回响稍长而厚重，笛声气韵清晰而悠扬。模拟母带转制的 CD 版（RR-18CD）音效不差，声场稍稍后退而收敛，笛声表达已无数字录音锐气，但与

LP 相比，仍少些许人气。

RR-20 *Serendipity* 是迈克尔与 Free Flight 爵士乐团合作的《音响爵士》（*Acoustic Jazz*）专辑，曲目有迈克尔自谱的 *Serendipity*、*Spirit of Play*（《演奏神情》）、*Trio Blues*（《蓝调三重奏》）与 *Tam's Jam*（《提姆的合奏》），其他曲目包括 Lionel Ritchie 的 *Lady*（《仕女》）、Mercer 的 *Autumn Leaves*（《秋叶》）、Rodgers 的 *My Romance*（《我的罗曼史》）等。基本上以迈克尔的钢琴主导乐曲的发展。迈克尔的曲作仍然偏甜，其他曲目则爵士意味浓厚。这是 1986 年 4 月 9 日在加利福尼亚州奥克斯纳德市政厅的录音。约翰逊教授采用近距离拾音，在浓郁堂韵中呈现生动的现场氛围，音乐性十足，例如在 *Serendipity* 一开头的中音萨克斯的圆润昂扬歌声，晶莹轻跃的钢琴，弹拨清晰的低音提琴，力度十足的吉他与画龙点睛的鼓钹即可作为此录音之模板。约翰逊同步采用 Nakamichi DMP-100 录制数字母带转制的 CD 版（RR-20CD）有绝佳的音效，与 LP 版极其接近。

1990 年 8 月 1 日与 2 日，迈克尔·加森邀请了另一批爵士乐手（除了原班鼓手 Billy Mintz），包括著名的贝斯手 Brain Bromberg（他在日本 King Record 录制的 *Wood*、*Brombo! JB Project* 等多张专辑风靡音响发烧界）、电吉他手 Rick Zunige、中音萨克斯手 Bob Shephard 与小号手 Bob Summers 在奥克斯纳德市政厅演奏录音。这一张爵士乐专辑仍属柔顺爵士乐与融合爵士乐范畴，由于演出者均是一时之选，加上约翰逊教授绝佳的近距离话筒技法，每首乐曲在悦耳之余可以感受逼真的现场气氛。同步以 KOJ/Sony PCM 701 ES 录制数字母带转制的 CD 版（RR-37CD）可以感受到约翰逊教授的数字录音技法此时已日趋成熟。不但毫无数码锐气，而且具有数码的无杂音的优点，同时不失模拟录音的生动、逼真。

RR-19 • RR-28

Marni Nixon Sings Gershwin
Marni Nixon Sings Classic Kern

RR-19 *Marni Nixon Sings Gershwin*、RR-28

RR-18 *Reflections*、RR-20 *Serendipity*、RR-37 *The Oxnard Sessions* 这 3 张专辑都是以双栖钢琴家迈克尔·加森为中心的爵士乐，其中大多是麦克的自创曲

Marni Nixon Sings Classic Kern 这两张跨界女高音玛妮·尼克松（Marni Nixon）的演唱专辑让众多影迷再度回味她的轻甜曼妙歌声，加上约翰逊教授绝佳的话筒拾音，可让人永远保存她栩栩如生的歌容音貌。这位来自加利福尼亚州的红发可爱声乐家是举世闻名的"无影女伶"，因为她在多部音乐剧影片中担任女主角的对口型幕后代唱角色，包括《国王与我》中的黛博拉·蔻儿、《窈窕淑女》中的奥黛丽·赫本与《西区故事》中娜塔莉·伍德。其实这些只是她神奇歌艺世界的一小部分，她是极少数能名列《格罗夫音乐辞典》（1980 年版）的传奇歌唱家之一，她能演唱喜歌剧与正统歌剧，也常在管弦乐伴奏下独唱，也进行唱片录音，并且以敏锐与有见识著称，而有"音乐家中的音乐家"美誉。在 Nonesuch 唱片公司，她出版过 Ives、Goehr 与 Schumann 歌曲集；在 CBS 唱片公司，她出版过 Webern 歌曲全集、Bach 清唱剧与 Stravinsky 的室内乐作品；在 Capitol 唱片公司，她的 Villa-Lobos "巴西巴赫风"更被 *Time-Life* 杂志归入 20 世纪音乐系列再版；Musical Heritage 唱片公司在 1983 年也发行她的《德彪西与福雷歌曲集》，可见她歌路与曲目之宽。担任这两张专辑钢琴伴奏与爵士编曲的是发烧唱片界大名鼎鼎的林肯·马友嘉（Lincoln Mayorga），他也是"喇叭花"（Sheffield Lab）的老板之一，6 岁能弹钢琴，师从 Schnabel，后进入南加利福尼亚大学学习理论与作曲，不到 20 岁即涉足录音工业，并担任钢琴家、编曲家、指挥角色，曾为 Barbra Streisand、Johnny Mathis、Vikki Carr 与 Mel Torme 编曲。

RR-19 *Marni Nixon Sings Gershwin*、RR-28 *Marni Nixon Sings ClassicKern* 这两张跨界女高音玛妮·尼克松的专辑让众多影迷再度回味她的轻甜曼妙歌声

RR-19 是玛妮演唱格什温的歌曲专辑。LP 两面共收录 16 首耳熟能详的代表作，包括 *Nicework If You Can Get It*、*Summertime*、*I Got Rhythm*、*By Strauss* 等。玛妮并非流行乐歌手，但是在这一张专辑中，她将自己的心情设定在 20 世纪 30 年代，也将她天真无邪

（左）With Dorothy Fields；（右）Working with Ira Gershwin on "Cover Girl"

与质朴无染的感受以清澈雅致的歌声非常自然地表达出来，加上深厚的声乐根基，无形中将雅俗歌曲提升至微妙的艺术境界。唱片于 1985 年 5 月 15 日在奥克斯纳德市政厅录制，以"直接刻片"（极少剪辑）的方式一天完工，将现场全貌拾获，因此在这张一气呵成的唱片中，歌手与伴奏的状况都能保持不变，有正式演唱会的氛围。约翰逊教授采用中距离拾音，钢琴居声场中间稍后位置，人声在其前正中偏左位置，琴声温厚、人声清甜，余音绕梁，令人回味。约翰逊教授以 Audio & Design 701ES 数字录音机同步录制的 CD 版（RR-19CD），同样是数字录音的典范，当然 LP 在人声唇齿与吐词之细节的刻画上仍然较为鲜活。

RR-28 是玛妮演唱科恩（Kern，1885—1945）的歌谣专集，LP 两面共收录 19 首（CD 版则多加 2 首）风靡世界的经典曲作。其中与科恩搭档的包括著名的 Oscar Hammerstein II 等。科恩是 20 世纪前半叶美国著名音乐喜剧与流行歌曲作曲家，这张专辑中的多首歌曲即出自其中最出名的音乐剧，如《开始吧！》《往日》与《烟尘进入你的眼中》出自 Roberta（《罗贝塔》）；《他们不相信我》出自 The Girl From Utah（来自犹他的女孩）；《比尔》（Bill）出自 Show Boat（《演艺船》）。科恩身材瘦小，却行动敏捷、疯狂又坚韧，另一方面却对朋友邻居温馨友善、令人怀念。他是位开朗的传统音乐人，对于音乐喜剧的喜爱从没动摇，并且不断实验旋律与节奏的变化，他开创的 4/4 情歌曲式成为半个世纪流行音乐的基本形式，他的作品《演艺船》也成为当代美国小歌剧的拓荒者，因此，他又有"美国音乐剧之父"的尊号，晚年多在好莱坞为电影配乐，一度也想重回百老汇，却在 60 岁猝逝。在这张专辑中，林肯·马友嘉的编曲仍以钢琴为主，弦群、木管、鼓组为辅，并且不喧宾夺主，让玛妮的歌声尽情诠释科恩。1988 年 1 月 24 日与 2 月 6 日在圣塔安娜高级中学音乐厅录音，我们可以听出两天录音的不同，约翰逊教授在话筒的摆位上采用中远距离，有时则稍拉近，堂韵的"浓度"也稍有区别，或许与湿度或话筒位置有关，基本上是人声与伴奏同步录音，较少剪辑，因此，自然、一如现场是其录音特色，玛妮的歌声同样轻甜迷人，伴奏则中规中矩。约翰逊教授同步以 Sony/KOJ PCM 701 ES 数字录音机录制的 CD 版（RR-28CD）同样不俗。

约翰逊教授与 RR 唱片公司从 1986 年到 1992 年持续维持模拟与数字同步录音，也分别发行了 LP 与 CD 唱片，直到 RR-49 *Testament*（圣约）这张世界第一张 HDCD（High Definition Compatible Digital）编码数字录音唱片问世，才逐渐终止纯模拟录音与压制 LP，真正步入 RR 公司与约翰逊教授的高解析数字录音时代。

因此，在 HDCD 时代刚开始的这几年间，尽管仍然可以找到多款约翰逊教授精彩的纯模拟录音唱片（数字录音也同样不俗），但是由于 CD 已成主流，LP 新品越来越少，这里仅就我手头有的唱片进行简要介绍，主要介绍音乐与音响的特质。

RR-21

Star of Wonder

这是由 Ralph Hooper 指挥旧金山合唱艺术家（San Francisco Choral Artists）与旧金山湾区儿童合唱团与手钟队（The Ringmasters）演出的圣诞颂歌曲集。录音日期是 1986 年 2 月 4、5 日，地点是旧金山圣伊格那修教堂，

使用约翰逊模拟录音机与 Nakamichi DMP-100 数字录音机录制母带。为了这次录音，合唱团在选曲上兼顾气氛、色彩、节奏与曲构的多样性，同时尽可能重新演艺传统圣诞颂歌。在音效方面，虽是教堂录音，合唱人声极其清晰，堂韵适度，竖琴的声音铿锵有力，笛音悠扬，管风琴音浪沿地滚来，手钟队叮当清越飘扬，这次录音是近中距离拾音的典范。

RR-21 *Star of Wonder* 是由 Ralph Hooper 指挥旧金山合唱艺术家与旧金山湾区儿童合唱团与手钟队演出的圣诞颂歌曲集

RR-22

Copland : Appalachian Spring Suite
Eight Poems of Emily Dickenson

严肃的《阿巴拉契亚之春》

在 1935 年至 1945 年间，柯普兰以美国主题写作的三大芭蕾舞曲《比利小子》（*Billy the kid*）、《竞技会》（*Rodeo*）与《阿巴拉契亚

之春》(*Appalachian Spring*) 是他最通俗而持久受欢迎的作品，也成为与斯美塔那的《我的祖国》、穆索斯索的《包利斯·郭杜诺夫》或格里格的《皮尔金》相媲美的作品。《阿巴拉契亚之春》是为美国现代舞大师玛莎·葛兰姆 (Martha Graham) 而作，原曲是 13 种乐器演奏的室内乐团版本，后来柯普兰又改编为大型管弦乐团演奏的组曲版。RR 版本采用原典室内乐版本，由 Keith Clark 指挥太平洋交响管弦乐团演出。剧情是描写 19 世纪在宾夕法尼亚山区一对新婚年轻夫妇的故事，角色包括新娘、农夫新郎、老邻居。虽然约翰逊教授录出各个乐器的清晰形体与气氛 (1986 年)，可惜整体演奏稍嫌严肃而欠缺默契。

脱胎换骨，活泼生动

但是在另一面，《艾米莉·狄金森的八首诗》，乐团仿佛脱胎换骨，活泼生动，表情

RR-22《阿巴拉契亚之春》

十足，加上百变女伶玛妮·尼克松 (Marni Nixon)（参考之前介绍过的 RR-19、RR-28）精彩的演唱，狄金森为友朋写作的有关自然、死亡、生活、永恒的话题，在柯普兰巧妙烘托诗境的音乐下，有了更加动人的诠释，加上约翰逊教授高超的近距离拾音 (1985 年)，让人得以聆赏一场精妙的诗乐。值得一提的是 CD 版另附有一首柯普兰的《户外序曲》（由 1982 年模拟录音转制），演录俱佳，值得聆赏。这三段不同时间却在同一地点（与 RR-15《教堂之窗》、RR-14《友善邻居大乐团》相同的录制地点——加利福尼亚州圣塔娜高级中学音乐厅）录制的音乐，由于乐团编制不同，话筒摆位不同，而有不同的音响场景表达，但是每一场景都达成乐器与厅堂的和谐平衡，有兴趣的发烧友不妨作个比较。

RR-24、RR-26

Three–Way Mirror
Blazing Readheads

发烧至极的杰作

这两张完全不同方式的录音，却都是约翰逊教授发烧至极的杰作。*Three-Way Mirror* 是 1985 年 5 月在加利福尼亚州奥克斯纳德市政厅的录音，乐团由参与 *DAFOS*(RR-12) 演出的女歌手 Flora Purim 与男歌手兼打击乐手 Airto Moreira 领衔，由键盘手 Kei Akagi、吉他手 Jose Netu、低音吉他手 Randy Tico、电子贝斯手 Mark Egan、打击乐手 Mike

Shapiro 与 Tony Gordin 共同组成,并请能吹奏高音、次中音萨克斯与长笛的 Joe Farrell 共襄盛举,演出这场极抒情却又节奏强烈的融合爵士。约翰逊教授捕获了乐器的形体与细节,也保留了乐团整体的生动与音乐厅空间感,从超低音至超高音的频带、巨声细响的动态对比都烘托出这场演奏的自然尽兴。

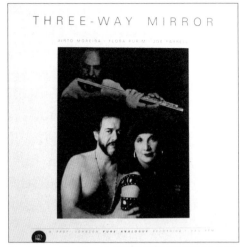

RR-24 *Three-Way Mirror* 是一张极抒情却又节奏强烈的融合爵士唱片

数字录音之典范

　　LP 版本的透明声像刻画让听者仿佛置身现场,极为感人,以 KOJ 改装的 Sony PCM 701 ES 数字录音机录制的母带转制的 CD 同样具有惊人的音效,虽然声场稍缩,但笛声气韵丰润,萨克斯管管状气柱仍然逼真,至今仍是数字录音典范。*Blazing Readheads* 则是 1987 年 8 月在加利福尼亚州里士满 Bay View Studio 的录音室作品,也是"红头族乐团"一场炽热的拉丁风放克爵士。约翰逊教授采用"直录双轨"方式,即"录音室现场直录",所有话筒、调音台等均由约翰逊自行设计,现场混音直入约翰逊的焦隙模拟录音机(模拟母带)与约翰逊改装的 Sony PCM-701 ES 数字录音机(数字母带),以及一部 DAT(Digital Audio Tape,DAT 数字母带)。这一部录音室作品,虽然没有音乐厅开阔的空间感,但是不论是 LP 还是 CD 版本,约翰逊绝佳的话筒技法,保留了近距离聆听的生动与细腻、透明度与能量感。整体而言,一如喇叭花(Sheffield Lab)"直刻唱片"的通透场景与完美音效,并且光芒四射,意乱情迷。从这两张唱片,我们可以感受约翰逊教授在大

RR-26 *Blazing Readheads* 是 1987 年 8 月在 Bay View Studio 的录音室作品

厅堂或小空间都擅长话筒摆位技法，并且极其精准，从一套调整完善的回放系统就可充分领会其三维空间、乐器比例、超低音至超高音、高低音量解析与对比之高妙，发烧友可以使用这两张唱片作为调音与摆位的参考标准。

RR-25

Nojima Plays Liszt

不只是炫技家的钢琴家

重来聆听钢琴家 Minoru Nojima 演奏的这张唱片，不禁为他没有在唱片界成为耀眼明星而遗憾。即使如此，他令人耳迷目眩的炫技，足以名列钢琴演奏万神殿。他在美国崭露头角始于 1969 年获得范•克莱本（Van Cliburn）比赛大奖，当时有乐评称他是"并不常见而具意义的钢琴演奏家""我宁愿称他为诗人而不只是炫技家"，事实上，他属于早熟天才型，3 岁即随日本名师 Aiko Iguchi 习琴，后入东京音乐学院，18 岁即获得全国比赛第一名，继而师从钢琴大师 Lev Obrin（小提琴大师 David Oistrakh 的室内乐搭档）深造。Nojima 弹奏的这张李斯特专辑，包括《第一梅菲斯特圆舞曲》(乡村酒店之舞)《帕加尼尼大练习曲》中的《钟》、《绝技练习曲》中的《黄昏的和声》与《鬼火》，以及《b 小调奏鸣曲》。Nojima 的演奏令人耳目一新，毫不煽情，也不油腔滑调，干净利落，精准无比的触键，却有细腻动态与深邃的情感表达，处处弹出火花般的灵巧，通过充满诗情乐意的炫技，探索作曲家的灵魂。

深获音乐与音响杂志赞赏

这张唱片是 1986 年 12 月在奥克斯纳德市政厅录音，约翰逊教授采用中距离拾音，一方面保持钢琴形体，也可以充分呈现琴声的巨细靡遗与音量动态，纯模拟录音与 KOJ/Sony PCM 701 ES 数字录音同步进行，CD 版本（RR-25CD）已是令人聆之心动的绝佳录音，LP 版本音域两端更加悠逸自然，这一版本当年曾获 *Stereo Review* 当月"最佳唱片"，也受到 *Fanfare*、*Ovation*、*The American Record Guide*、*Stereophile* 与 *The Absolute Sound* 等音乐与音响杂志赞赏。笔者另有 RR- 35CD *Nojima Plays Ravel* CD，是 1989 年 8 月在同一场所、使用同样器材的录音，Nojiman 演奏《镜》与《加斯巴之夜》两部组曲，在《镜》中，Nojiman 将拉威尔这部和声幻化无穷、标题化印象主义曲作演绎得鲜活无比，出幻归真，在《加斯巴之夜》则呈现灰色的浪漫与热情的幻想。约翰逊的录音同样采用中距离拾音，呈现出绝佳的和谐与动态。

（上）*Nojima Plays Ravel* CD 版本

（右）RR-25 *Nojima Plays Liszt* 是 1986 年
12 月在奥克纳德市民厅的录音

RR-30

Eileen Farrell Sings Harold Arlen

谓为美国 "流行歌本"

艾琳·法瑞尔（Eileen Farrell）是美国
家喻户晓的歌唱家，也是出生于康涅狄格州
的爱尔兰后裔，她的歌唱启蒙自母亲，幼时
随在马戏团表演的双亲四处巡回，后来跟随
女声乐家接受正统训练。她的音域宽阔，虽
是女高音仍具有浑厚的声底，从巴赫到格什
温她都能胜任，也曾在 CBS 主持广播节目
Eileen Farrell Presents 长达 7 年。在经过长
达 40 年的演艺生涯后宣告退休，1987 年复
出，RR 唱片的 J. Tamblyn Henderson 恳切相
邀再为乐迷录制一张唱片，没想到从 1988 年
至 1992 年陆续为 RR 唱片公司录制一系列演
录俱佳的珍贵唱片。除了这张 *Eileen Farrell
Sings Harold Arlen*，还有 RR-32 *Eileen Farrell
Sings Rogers & Hart*、RR-34 *Eileen Farrell
Sings Torch Songs*、RR-36 *Eileen Farrell Sings
Alec Wilder*、RR-44 *Eileen Farrell Sings Johnny
Mercer*、RR-46 *Eileen Farrell：It's over*，以
及笔者并未收得的 RR-42 *Eileen Farrell：This
Time It's Love*，后来 RR 唱片公司还出版一
张精选集 RR-60 *Eileen Farrell：My Very Best*。
这些唱片可以说将美国 "流行歌本"（Popular
Song Books）重要作曲家的作品收入其中，
更可贵的是这位曾在伯恩斯坦指挥下演唱瓦

RR-32 *Eileen Farrell Sings Rogers & Hart*

RR-30 *Eileen Farrell Sings Harold Arlen*

格纳作品的女伶，在年届 70 仍然留存下这么多令人荡气回肠的唱片。

气韵十足，转抑流畅

这张唱片是 1988 年 7 月在 Reflection Sound Studio 录制的，艾琳演唱作曲家哈洛德·亚伦（1905—1986）的歌曲，包括最著名的《跨过彩虹》(*Over The Rainbow*)、《我在琴弦得到了世界》(*I've Got The World On A String*)等 14 首歌曲。艾琳的演唱气韵十足，转抑流畅，吐词情深，发自肺腑，爵士乐队的伴奏更是牡丹绿叶，尤其是小号手（兼低音号手）Joe Wilder 与钢琴手 Loonic Mc Glohon 的精彩烘托。约翰逊教授采用近距离

拾音，人声栩栩如在眼前，乐队活泼，默契无间，音域极宽，动态极大。与模拟录音同步采用 KOJ/ Sony PCM 701 ES 录制的数字录音同样有绝佳的音效，毫无数码锐气，足以乱真，至此，约翰逊的模拟录音已达巅峰，他的数字录音也完全成熟，直到他参与设计的 HDCD 编码问世，才让他的数字录音技术更上一层楼。

RR-38

Fiesta!

RR 公司的巨资作品

《节庆》(*Fiesta!*) 是 RR 公司在 1990

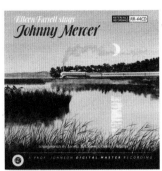

RR-34 *Eileen Farrell Sings Torch Songs*　　　　RR-44 *Eileen Farrell Sings Johnny Mercer*　　　　RR-46 *Eileen Farrell：It's Over*

年的巨资作品，除了选择美国得克萨斯州达拉斯 Morton H.Meyerson Symphony Center（Dorian 唱片公司许多管弦录音杰作也在此录制）这一著名的音效绝佳的音乐厅为管乐交响乐团录音，还斥资完成自己的刻片系统，虽然是 Bruce Leek 早年为 Telarc 唱片公司设计的二手机，但经过约翰逊教授重新设计电路，早已脱胎换骨，两张一套的《节庆》LP 正是这部半速刻片机的第一个成果，并且由著名刻片师 Stan Ricker 与约翰逊、JTH 共同打造。

拉丁美洲音乐对美国作曲家一向有很深的影响，最早的如 1869 年在巴西过世的传奇钢琴家兼作曲家戈特沙尔克（Gottschalk），后来的格什温的《古巴序曲》、柯普兰的《墨西哥沙龙》《古巴舞曲》与《三首拉丁美洲素描》，以及麦克布莱德（McBride）的《墨西哥狂想曲》都是绝佳例证。曲作若是来自墨西哥的创意，通常都具有"节庆"的气息，这套唱片收录的 5 首美国当代作曲家的作品，其中有 4 首直接冠以"节庆"的标题。

四首"节庆"标题的作品

H. 欧文·瑞德（H. Owen Reed）的《墨西哥节庆》（*La Fiesta Mexicana*）完成于 1949 年，由完整的管乐团和竖琴与打击乐组组成编制。这部作品又称为《墨西哥民歌交响曲》，是具有三乐章的标题音乐。第一乐章《前奏曲与阿兹特克舞曲》，午夜教堂的钟声响起，宣告揭开节庆序幕，在大鼓、定音鼓、铜管、木管此起彼落的交集中，呈现烟火灿烂、饮酒高歌的情境，此时成千上万的墨西哥人与印第安人聚集在教堂广场。经过一夜狂欢稍作休憩，清晨的钟声再度唤醒人潮。街头乐队由远而近，热闹喧嚣，待阿兹特克舞者上场，顿成众人目光的焦点，随即引燃激情，直至一声响锣，高潮戛然而止。音乐不休止地进入第二乐章《弥撒》，钟声提醒人们节庆毕竟是一种宗教信仰仪式，因此，随着格里高利圣歌的旋律，人群虔诚地步入教堂，向圣母致敬。第三乐章的"节庆"则表现墨西哥轻快愉悦的过节气氛，各色人种，老少同乐，巡回马戏，斗牛

RR-38 Fiesta!（节庆）是 RR 公司在 1990 年的巨资作品，是他们的半速刻片机的第一个成果并且由名刻片师 Stan Ricker 与约翰逊、JTH 共襄盛举

嬉戏，饮宴欢笑，幕幕如在眼前。

弗兰克·帕金斯（Frank Perkins）的《凡丹戈》（Fandago）原本是首钢琴曲，收录进这张唱片的是弗洛伊德·沃勒（Floyd Werle）的管乐改编版。《凡丹戈》是一首三拍节奏的西班牙舞曲，起源可追溯至 18 世纪的安达卢西亚。"Fandago"是拉丁文，具有预言、命运、灾祸、死亡等含义，在西班牙极为盛行，与"饮酒与舞蹈节奏"密不可分。这首曲子以炽热的能量起头，经过中间简短的含蓄乐段，再以无比旺盛的精力收尾。

古尔德的《圣达菲故事》（Santa Fe Saga）由四小段音乐连接而成——《里约格兰得河》《赶集》《蓬车队》《节庆》。具有墨西哥色彩，但并非直接采用民歌谱成。

克里夫顿·威廉姆斯（Clifton Williams）的《第三交响乐曲"节庆"》描绘的是得克萨斯州圣安东尼奥的墨西哥节庆兴高采烈

的场景。

罗杰·尼克松（Roger Nixon）的《太平洋节庆》（Fiesta del Pacifico）是一部舞曲，也是一首音诗。描写圣地亚哥往昔、西班牙时代的节庆气息，以西班牙—墨西哥音乐语言作印象乐法表现。

生龙活虎、精彩绝伦

霍华德·邓恩（Howard Dunn）指挥达拉斯交响乐团的演出可以说是生龙活虎、精彩绝伦。约翰逊教授不愧是录音高手，在捕获丰润堂韵之余，三维空间内乐器间气韵交融明晰，前、后、左、右声像分布清楚，木管、铜管的质感、量感、实体感与气韵感栩栩如生，打击乐器的瞬态反应干净利落而不刺耳，低音大鼓沉稳、量足更憾人心扉。大动态、高音量、宽频域是这一录音的基本写照，唱头、功放与音箱（必备超低音）更是回放这套 LP 的重要因素。

LP 版极其透明，已臻录音艺术之极致，更重要的是流畅而表情十足的音乐性，更令人如临"节庆"，同步以 KOJ / Sony PCM 701 ES 所作的数字录音 CD 无疑也属示范之作，但是若与 LP 严格评比，相信发烧友仍会因 LP 版那种伸手可及的音乐俯首称臣、五体投地。

RR-47

Robert Farnon：Captain Horatio Homblower, R.N

当今伟大弦乐作曲家

1991 年 8 月 RR 公司录音组移师英国伦敦沃特福德市政厅录制两张管弦曲集，由作曲家罗伯特·法农（Robert Farnon）指挥皇家爱乐乐团演出自己的曲作。

罗伯特·法农 1917 年 7 月 24 日生于加拿大多伦多一个音乐世家，19 岁即跟随加拿大著名大众乐团指挥珀西·菲斯（Percy Faith）加入加拿大广播公司管弦乐团，随后转往美国寻求发展，开始当指挥，改编乐曲。但是，他最希望的还是写作严肃古典音乐，1939 年完成的第一交响曲曾由尤金·奥曼迪指挥费城管弦乐团演出，1942 年完成的第二交响曲也通过英国广播公司首演。1944 年随陆军管弦乐团到英国，终于发觉自己最适合轻管弦乐（light orchestral music 或称 concert music）。他也因此成为战后英国与北美最具影响力的轻音乐作曲家之一，虽然他的许多情调音乐（mood music）在当时非常杰出，在世界唱片界却鲜为乐迷熟悉，不过通过英国广播公司的定期播出，最后已变得家喻户晓。事实上，自 1948 年 LP 唱片问世后，法农与英国迪卡唱片合作录制的一系列音乐作品，成为 20 世纪重要的文化财富，指挥大师安德烈·普烈文更推崇他是"当今最伟大的弦乐作曲家"。法农的作品之美虽获公众认定，但也很难以笼统的语言概括，因为他的每一部作品都有迷人之处，编曲也能将原创旋律作极贴切的幻化，因此，每一部作品各有优点，值得乐迷欣赏。

其他适切迷人作品

由法农指挥皇家爱乐乐团演出的两张 LP 一套的唱片，第 1 张（第 1 面与第 4 面）两面都刻录相同的《霍恩布洛尔船长》（Captain Horatio Hornblower R.N.）组曲，第 2 张的第 2 面收录《国家庆典》《森林之湖》《春之承诺》与《竖琴与弦乐间奏曲》，第 3 面则含有《清泉》与《小提琴与管弦乐狂想曲》。

《霍恩布洛尔船长》组曲改编自同名电影原声配乐，是 1951 年法农受华纳公司委托谱写。为了感受海洋情境，他曾费时数周逗留英格兰南岸寻觅灵感。整部组曲动用大编制管弦乐团。全曲壮丽豪华，高潮迭起，颇富戏剧性。爱情、海景、战争、胜利描绘细腻，有雷斯庇基曲风。

《国家庆典》威风堂堂又无比端庄；《森林之湖》描绘北安大略风景，一个有无数小湖、布满森林的令人屏息之美境，弦乐与木管画出幽美与静谧的氛围；《春之承诺》具有明朗而充满希望的主题，管弦百折千回的诉情，是法农极细腻的典型手笔；《竖琴与弦乐间奏曲》则是浪漫、抒情、如梦、似幻的天籁之声；《清泉》采自法国民歌，有德彪西的印象风格，虚

RR–47 Robert Farnon：Captain Horatio Hornblower R.N.

无缥缈，馨甜醉人；《小提琴与管弦乐狂想曲》是法农严肃音乐的杰作，法农展现他擅长的弦乐布局，贴切的管乐配置，平衡的小提琴独奏角色，加上凄美的旋律，动人的乐语，是这套唱片中最具深度的作品。有此功力，写作电影音乐或情调音乐当然游刃有余，其实这也是法农的自知之明，因为在此领域可以展现才气，如往当代音乐发展，恐怕就无法获得相同的成就。

精彩绝伦，无可挑剔

约翰逊教授的录音精彩绝伦，这套 LP 无可挑剔，小提琴独奏或弦群齐鸣，其清晰质感几可乱真，铜管破空而来的亮丽，不锐而富有魄力，大鼓之钻地撼心更是叫绝，加上声场之完整，层次之明确，堂韵之自然，动态之宽阔，频域之无垠，均可谓录音最高境界。同步以 KOJ/Sony PCM 701 ES 录音的数字录音版本 CD（RR-47CD）亦是录音典范，仅在透明感上略逊于 LP，其极佳的弦音在 CD 中亦不多见。

RR-48

Arnold : Overtures

成绩斐然的阿诺德

多年前由 Decca 著名录音师威尔金森（Wilkinson）幕后操刀，为 Lyrita 唱片公司录制一张阿诺德的《英国舞曲、苏格兰舞曲、康瓦耳舞曲》，由于演录俱佳，使得马尔科姆·阿诺德名噪音响界。1991 年，RR 公司再邀原班人马——阿诺德指挥伦敦爱乐管弦乐团，由当家录音师约翰逊教授掌符，同时分别用模拟与数字录音方式录音，在伦敦沃特福德市政厅录下阿诺德的序曲全集，成绩斐然，犹胜过往，Lyrita 清越骨感，RR 有血有肉。

阿诺德 1921 年出生于英国北安普敦，是英国战后最著名的作曲家之一，同时也是著名的电影音乐作曲家之一。1943 年阿诺德曾是伦敦爱乐乐团的首席小号手，在 1946 年安塞梅指挥录制的《火鸟》中，他给人留下极其深刻的印象。但是，影响他作曲与指挥最大的是指挥大师托马斯·比彻姆（Thomas Beecham）。

聆赏不同音乐面貌

这套 LP 唱片，除了《顽童贝库斯》一曲，都是首次录音，因此也是乐迷聆赏阿诺德不同音乐面貌的珍贵资料。这些序曲都具有阿诺德常用音乐语法——动人的曲调、单

RR-48 *Arnold : Overtures*

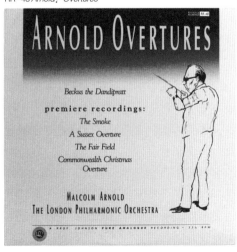

纯的曲式、灿烂的管弦、节庆的氛围。在一般听音者眼中，尤其在展现音响效果上，肯定都是极受欢迎的曲目。这套LP共有两张，第一面的《苏瑟序曲》与《顽童贝库斯》，及第四面的《英联邦圣诞序曲》收录成一张，另一张则是两面同样都刻录《雾都》与《佳地》。

《苏瑟序曲》（*A Sussex Overture*）是首亮丽、韵律和曲调特别、色彩十足的管弦曲，其中较特别的是在巨大的展开部中，两条主旋律交互穿插纠缠造成的耀眼效果，最后再导入庄严的铜管和弦，欢快收场。

《顽童贝库斯》（*Beckus The Dandipratt*）是阿诺德1943年完成的第一部重要管弦乐曲，全曲虽陈述直接，却充满喜感、诙谐与不安，并且散发着动人的能量与淘气个性。

笔者认为最优秀的曲目

《雾都》（*The Smoke*）一曲中，阿诺德引入爵士乐概念，这在1948年的伦敦是相当不寻常之举。全曲呈现都市景观与夜曲气息，与埃尔加（Elgar）的《伦敦序曲》有异曲同工之妙，但是阿诺德描绘的是较不为人熟悉的伦敦的另一面，在绅士风雅中流泄粗犷与神秘。该曲是这套唱片中笔者认为最优秀的曲目，是爵士乐法与古典手笔和谐交融的杰作，同时在展现音响与戏剧性效果方面也是示范经典。我们可以轻易听出极宽深又富气韵的声场，弦群固然平滑如丝，木管亦圆润优雅，铜管展现的金属质感与嘹亮的真实感令人叹为观止。动态之大也臻重放音乐极限，低

电平解析力也足以考验器材，例如在左侧声场最深角落处的小鼓轻捶，与右侧声场最深角落处的定音鼓定位，都是极佳的参考。曲末阵阵低音大鼓擂击与清脆悠扬的铙钹瞬敲，在调整极佳的音响系统（必须具备超低音！）上聆赏，更是过瘾之至。

《佳地》（*Fair Field*）一语双关，亦指阿诺德序曲于1973年首演的Fair Field音乐厅。这是一首华尔兹变形曲，也是展示各种木管乐器独奏的质感与情感、低音鼓的弹性与权威、弦群的解析度与铙钹的瞬态响应极佳的录音典范。

听完《雾都》与《佳地》，我们终于明白为何一张LP两面重复刻制这两首曲子的理由，因为这两首肯定是发烧友会一再播放的曲目。同步以KOJ/Sony PCM 701 ES数字录音机录制的CD，也是绝佳录音作品，但LP终究胜在透明与生动。

无论如何，RR-47与RR-48是约翰逊教授纯模拟录音的巅峰，它的模拟录音技艺从这两套LP中可以充分领会。在RR-49同步以纯模拟与HDCD编码数字录音之后，约翰逊教授终于可以放心卸下模拟录音方式，进入更高层次的数字录音阶段。

HDCD的技术与实际

CD唱片的16位规格极限常令许多优秀录音扼腕，Reference Recordings唱片公司推广的HDCD（High Definition Compatible Digital）技术正是弥补CD缺憾的一大良方。HDCD虽然不是数字录音的万灵丹，却

是优秀录音的护身符。使用 HDCD 编码技术的前提必须是模拟录音母带，或是高位深录制的数字录音。依笔者经验，绝佳录音的 HDCD 编码唱片在音乐性或音响性的表达，即使未经专用译码器，也要比大多数通过平价合并机播放的 SACD 唱片更优越。HDCD 有点生不逢时，当时正值 SACD 与 DVD-Audio 正崛起，经过这么多年的演变，DVD-Audio 似乎逐渐淡出市场，SACD 也面临其他格式挑战。回过头来思考，其实 HDCD 仍不失为一剂良方，许多新出版的 CD 或模拟转化的 CD 不乏采用 HDCD 编码的作品，例如《天涯歌女》（蔡琴）、《炎黄第一鼓》（阎学敏）、西崎崇子

的《光影情怀》与《黄河 / 梁祝》等。令人遗憾的是，当前极少有 CD 机或数模转换器配备 HDCD 译码芯片，让人难以一窥全貌而感受 HDCD 的精髓，到底是发明制造的太平洋微声（Pacific Microsonics）公司对译码芯片的专利费索价太高，还是 CD 机设计师的本位主义太重就不得而知，但是 Burmester 或 Cary 的顶级机型可以配备 HDCD 解码芯片，中低价位的 Rotel 或低价位的 Usher CD 机也可以配置，显然并非价格问题。

HDCD 是美国加利福尼亚州伯克利太平洋微声公司研发的，也是该公司三巨头——总裁兼业务经理李特、超级模拟线

监听系统

1. 1992 年 RR 唱片公司录音群的监听系统

音箱：Snell Type B、Crosby-Modified Quad 静电音箱

功放：Spectral Electronics

唱盘：Versa Dynamics Model 1.0

唱头：Lyra Clavis 动圈唱头

CD 机：Spectral Compact Disc Player

2. 2005 年笔者的监听系统

音箱：Nola Grand Reference Ⅱ

功放：Audio Research 2 MK Ⅱ前级，VM220 后级，Theta Enterprise 后级

唱盘：VPI Scoutmaster 配 JMW-9 唱臂

唱头：Miyabi（雅）动圈唱头，Aethetix Rhea 唱头前级

CD 机：Ayre C-5xe Universal Stereo Player

路设计师兼录音工程师约翰逊教授、计算机兼数字信号处理专家普弗劳默的共同心血。顾名思义，既称数字兼容（Compatible Digital），表示必须与标准的 CD 兼容（即无 HDCD 译码器亦可播放），又称高解析（High Definition），势必比标准 CD 有更高的保真度。约翰逊教授与其他有经验的录音师都发觉，音乐信息如果一开始即采用 CD 规格与 16 位位深进行模拟到数字转换，势必丧失过多的原始信息，这也是许多厂牌宣称采用 20 位甚至 24 位或直接采用模拟母带的原因。

首先设计一只超高品质模拟 / 数码转换器，它采用超过 16 位（目前为 24 位）、高于 44.1kHz 的采样频率（88.2kHz），以确保低失真、高解析、大动态、宽频域，通过此转换器所获的信息，再用基于音响心理学与听觉生理学导出的程序，以高速数字信号处理（DSP）方式分析，再决定哪些信息收录于标准 CD 规格的 16bit/44.1kHz 的模式中（也就是 HDCD 唱片不经专属译码器可被播放的部分），其余信息则纳入 LSB 的控制轨中（也就是 HDCD 唱片经过专属译码器，利用多出的这部分信息可以建构更完整的原始信息）。这种信息分配说来简单，其实复杂无比。因此，可以说，编码过程是 HDCD 的精髓，译码器则由芯片（HDCD PMD-100）完成。现在第二代 HDCD PMD-200 译码滤波芯片更能处理 192kHz/24bit 的数字信号。

关于 HDCD 的实效，RR 公司在其样片第二辑（*HDCD Sampler* Volume 2 RR-

RR 公司在 *HDCD Sampler* Volume 2（RR-905CD）中提供非常清楚的比较乐段，表示 HDCD 唱片能更完整地重现泛音结构，因而有助音乐性的表达

905CD）中提供非常清楚的比较乐段，笔者曾通过 Sonic Frontiers SFD2 MK Ⅱ 转换器与 Rotel RCD-1072 CD 机（均有 HDCD 译码器）实测，证实同一乐段经过译码的 HDCD 唱片比 Sony 1630 同步数字录音 CD 唱片更能呈现乐器的本质音色与微妙细节，并且能更加悠逸地表达，这表明 HDCD 唱片能更完整地重现泛音结构，因而有助音乐性的展示。有趣的是，同一乐段，即使在不具备译码器的 CD 机（Ayre C-5Xe）上回放，HDCD 唱片也呈现出更丰富的信息量与音乐性。

此外，同一乐曲，当年以数字录音母带转制的 CD 唱片与近年重新以模拟母带转制的 HDCD 唱片，二者亦有天壤之别。这可以从近年以"两张唱片单张价"发行的旧版新制 HDCD 唱片获得证明。一张是 *Chicago Pro Musica — The Medinah Sessions*（RR-2102），编号 RR-16、RR-17 与 RR-29 的 CD 分 别 由 Nakamichi DMP-100 与 KOJ/SONY PCM 701 ES 数字录音机录制的数码母带转制，其音效早获好评，甚至成为参考 CD，但是与由当时同步录音的模拟母带转制的 HDCD 新版本比较，却高下立判，HDCD 版在乐器实体感与音乐的信息量、鲜活感方面非常明显地胜出，如盲听，可以乱真 LP。另一张是 *Baroque Favorites*（RR2101），编号 RR-13 的 *Tafelmusik* 与编号 RR-23 的 *Helicon Ensemble* 的 CD 分别由模拟母带与 KOJ/SONY PCM 701 ES 数字母带转制，现今的新版均由当时的模拟母带或同步录音的数字母带以 HDCD 编码转制，结论很明确，HDCD 版本不论在音响性或音乐性方面均较 CD 版更佳，也印证了不论是模拟或数字母带，若是以标准 16 位规格直接转换，音效显然不及 HDCD。

细心的发烧友可能会注意到 RR 公司的 CD 唱片封套，从早期标示的"A PROF. JOHNSON RECORDING"，历 经"A PROF. JOHNSON HDCD RECORDING"，到确定的"A PROF. JOHNSON 24bit HDCD RECORDING"（ 纯 数 字 录 制 ） 及 "A PROF .JOHNSON RECORDING-REMASTERED WITH HDCD"（模拟母带转制），可以知道约翰逊教授与 RR 唱片在数字录音技术上的努力与精益求精。在后模拟、HDCD 时代，约翰逊教授不断推出令人惊叹的录音，RR 唱片也不断提供优美动人的唱片。笔者将选择若干代表性的作品介绍。

约翰逊教授的 HDCD 录音

RR-49CD

Testament

Testament 是世界首张 HDCD 唱片，由蒂莫西·席利格博士（Dr.Timothy Seelig）指挥达拉斯男声龟溪合唱团（Turtle Creek Chorale）与达拉斯管乐交响乐团录制。

新英格兰颂歌、南方黑人灵歌、阿巴拉契亚旋律、艾夫斯的洋基曲调、柯普兰的错综纯乐、伯恩斯坦的都会蓝调与波特的离奇歌谣都是美国之声的拼块，但是真正有代表性的，莫过于收录在这张唱片中的诗歌合唱集。

音乐从第一首 *Behold Man* 庞大又和谐的男生清唱合唱起头即扣人心弦，摄人耳目，两百位成员，四声部编制（男高音 I、男高音 II、男中音、男低音）在混响时间甚长的空间中，却能呈现各声部分立又融合，且又非常清晰的咬字吐词，约翰逊教授的话筒平衡技法的确炉火纯青。这是 1992 年 RR 公司在达拉斯莫顿·H. 迈耶森交响中心（Morton H.Meyerson Symphony Center） 的首次数字 HDCD 录音。约翰逊虽采用近距离拾音，仍见宽深声场与乐团人声层次：管乐与打击乐在前；木管形体比例适当，气韵悠然；铜管嘹亮泛金光，气势壮观；大鼓敲击坚定、利落，气壮山河。人声在乐团之后清楚分离，柔声厚语，和谐无间，低吟高唱，自然无碍。整体音效，有如聆听盘式录音母带，没有 LP 的些许嘶声，而有模拟的自然实体；也无 CD 的干瘦锐气，而有数字的纯净堂韵。老实说，能有如此录音成效，许多录音不差的 SACD 也不见得能与其相比，并且不论是否以 HDCD 译码，在 21 世纪仍是经典。

因 Testament 这张唱片一炮而红，声震唱片及音响界的"龟溪合唱团"在往后数年，为 RR 公司陆续录制 4 张唱片，全部在莫顿•H. 迈耶森交响中心录音，由约翰逊教授以 HDCD 方式作数字录音，张张都是精品，也为 20 世纪末的数字录音立下里程碑。

龟溪合唱团成立于 1980 年，由达拉斯地区两百位男生组成，也在纽约（卡内基音乐厅）、西雅图、圣地亚哥、丹佛与洛杉矶各处演出，也曾在美国合唱指挥协会全国会议中示范。他们的第一张唱片曾被《合唱杂志》读者票选为 1990 年最佳合唱录音。莫顿•H. 迈耶森交响中心是合唱团驻地，也是他们音乐季的表演场所。

1987 年成为该团艺术总监的席利格，拥有北得克萨斯州大学音乐艺术博士学位，也有萨尔茨堡莫扎特音乐学院歌曲与清唱文凭，任教于大学，也指挥全美各地合唱团，还继续演唱生涯，1981 年在欧洲作歌剧主唱，

（左）
RR-49CD Testament 是世界首张 HDCD 编码唱片

（下）
Testament 由席立格博士指挥达拉斯男声龟溪合唱团与达拉斯管乐交响乐团共同演出

1989 年他登上卡内基音乐厅独唱。他不断给合唱团输入新鲜血液与活力，让龟溪合唱团获得来自国内外的热烈回响。

RR-57CD

John Rutter：Requiem

RR-57CD *John Rutter：Requiem* 收录英国当代作曲家卢特的五首诗篇圣乐合唱小品及《安魂曲》。合唱音乐一直是卢特作曲与指挥生涯中重要的一环，写作《安魂曲》的灵感来自 1993 年一次聆赏龟溪合唱团与达拉斯女声合唱团的经历，他深受感动并有了深刻印象，希望这两个杰出的合唱团能有机会参与他的作品录音。1985 年，为纪念去世多年的父亲，卢特在福雷（Faure）处理《安魂曲》方式的影响下，写作这部《安魂曲》，以"亲密"取代"庄严"，以"默念与抒情"取代"戏剧与夸张"，最后以"光明"取代"黑暗"，因此，在这部安魂弥撒中，具有人类寻求慰藉与光明的足迹，也带来希望，所以在曲构中穿插 1662 年共同祈祷书中的"回响与荣耀"章节。这张唱片是 1993 年 6 月的录音，也实现了卢特由两大合唱团参与演出的凤愿，由席利格指挥，管风琴家马丁森（Martinson）助阵，另有女高音独唱，以及竖琴、大提琴、双簧管、定音鼓、打击乐器、竖笛与长笛伴奏。面对如此庞大的编制，约翰逊教授依然有条不紊，他采用中近距离拾音，管风琴自声场最深处发声，但声音扩散遍及整个声场，沿地滚来的低频音浪更令聆者悸动（必须在具有超低音的回放系

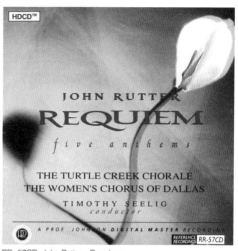

RR-57CD *John Rutter：Requiem*

统上聆听才可感受到），合唱团居声场中段，室内乐则居前段，层次分明，定位清晰。从合唱声音之淡出可以想见这一音乐厅的屋穹之高，既具绝美之残响，又丝毫无碍词曲细微表达。独唱女高音与个别乐器的相对适当的形体比例，更让人有现场聆赏的感受。总之，在此类大编制下、大空间中录音，要面面俱到、处处平衡，巨细靡遗，展现盛放能量并不容易，但是约翰逊教授做到了，反过来说，在自家的音响系统上回放，又有多少音响乐迷做得到？

RR-61CD

Postcards

RR-61CD *Postcards*（《明信片》）是龟溪合唱团在严肃合唱曲外展现精湛技艺的佳作。1993 年席利格参加在温哥华举行的国际合唱音乐联盟年会，八天会期中，来自全球各地

的团体演唱各自家乡的歌曲，特别是别具风味的日本、中国、马来西亚、南非与俄罗斯歌曲给予他灵感。因此，在龟溪 1993—1994 年的音乐季就展开不同国家的音乐之旅，这张专辑即其样板。全部 14 首歌曲来自南非、俄罗斯、中国、日本、印度尼西亚、智利、法国、德国、尼日利亚、意大利和美国，还有一首拥抱全球的创作歌谣《地理赋格》。由于语言、文化之不同，原文演唱对龟溪合唱团确实是一大挑战，为了增强效果还搭配了各国传统乐器，事实证明，龟溪唱得很好，咬文嚼字、感情表达不像外国人，这从演唱

我们听得懂的中国歌曲《我爱阳光》（轨 4）可见一斑。

1994 年 7 月的录音，约翰逊教授采用中近距离拾音，将男声合唱团、简单配器与音乐厅堂作了绝佳的平衡，合唱团各声部之对比与和谐，细节与量感在丰润堂韵中清晰呈现，柔美上扬的尾韵直上屋穿令人清楚感受到高阔的三维空间，个别乐器的形体与质感同样历历在目，出现在合唱团之前。改编自美国南北战争之前 Kirke Mechem 歌剧《约翰·布朗》中的《吹起你的小号》（轨 1），采用黑人灵歌与传统民歌

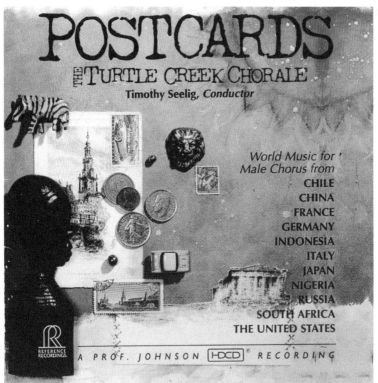

RR–61CD *Postcards* 是龟溪合唱团在严肃合唱曲外展现精湛技艺的佳作

风格，道出悲天悯人的生死情怀，极具感伤与希望之美。《天佑非洲》(*N'kosi sikelel' I Afrika*)（轨 2）融合祖鲁、秀沙、斯瓦希里各族方言，在 Psychedelic Drum 以非洲部落鼓群伴奏，唱出尊严与敬意。*Spaseniye Sodelal*(《救主诞生》) 是帕维尔·切斯诺科夫（Pavel Chesnokov）采用俄罗斯正教颂歌的赞美诗，分句与和声颇具古意，优雅虔诚。《我爱阳光》是司徒刚在 1992 年接受洛杉矶男声合唱团委托作曲，以竖琴与古筝伴奏，充满朝气与祥和。《樱花》在日本笛（尺八）与竖琴伴奏中，男声缓缓唱出花开花落之盛况与凄美，怀石与禅意。*Gamelan*(《甘美兰》)（轨 6）以男声模仿爪哇甘美兰乐队演奏，是加拿大作曲家 Schafer 的作品，节奏与和声颇具妙趣。*Pueri Hebraeorum*(《希伯来孩童》)（轨 7）是美国作曲家 Thompson 以文艺复兴多声部对位古典形式写成的赞美诗，庄严颂赞。*Gracias A La Vida*(《感谢人

生》)（轨 8）是智利诗人、陶艺家兼作曲家 Violeta Parra 的作品，典型南美曲风，热情奔放。*Cantique de Jean Racine*(《让-拉辛之歌》)（轨 9）是法国大作曲家 Faure 的作品，歌颂法国戏剧家拉辛，全曲充满温馨旋律与甜美和声。舒伯特（Schubert）的 *Geist der Libe*(《爱的精灵》)（轨 10）以吉他伴奏和减量的声部唱出亲密与浪漫。*Geographical Fugue*(《地理赋格》)（轨 11）是奥地利人 Toch 以世界各国地名串接的念歌，合诵、轮诵同样具有节奏与对位的兴味。*Betelehemu*(《伯利恒》)（轨 12）是欧洲传教士到非洲尼日利亚以 Yoruba 族语教唱的赞美诗，在鼓声与雨杆声交互竞奏下，展现无比美妙的和声、节奏。*Instalata Italiana*(《意大利风情》)（轨 13）是德国作曲家 Genee(《法国名字》) 以意大利歌剧术语串接的妙曲，并且以合唱表情、声音强弱表达术语的含义，并加入客串的女高音独唱，颇具创意。压轴的 *Cindy*(《辛迪》)（轨 14）是一首美国民谣，又叫又吼、又拍又跳的欢乐节庆歌谣，此曲是超低音之权威。总之，这是一张可以一窥龟溪合唱团精湛技巧及多变曲风的绝佳唱片。

RR-67CD

The Times of Day

RR-67 *The Times of Day* 是浪漫派歌曲集，这一时期是歌曲的年代，而爱情是歌曲最基本的主题。19 世纪的歌曲内容除了"爱情"就是"自然"，因此，树、鸟、花、夜、山谷、

RR-67CD *The Times of Day* 是一张可以宁神静气，也可以细聆合唱之美妙的唱片，更是感受德国音乐理性浪漫的绝佳唱片

微风、森林、暴风雨都可入歌，日耳曼国家的作曲家最爱采用。龟溪合唱团这张专辑是踏入浪漫乐派的一次发现之旅，许多作品还是首次录音。收录作品的作曲家包括舒伯特、门德尔松、布鲁克纳、理查德•施特劳斯与弗朗茨•巴伯（Franz Biebl）。舒伯特的《小夜曲》（*Standchen*）（轨2）是根据诗人 Franz Grillparzer 美丽的诗词谱出的"为次女高音与男声合唱"曲。全曲在月夜静谧气息中，轻扣少女心扉，表达友谊爱意，次女高音居男声合唱团之前、声场中间偏左中处，整体呈现众星拱月、君子好逑之情景。门德尔松的《艺术家节庆颂》（轨7）是首清唱剧，采用席勒（Schiller）诗词，以直接精巧、理性振奋的歌声向艺术家致敬。布鲁克纳的《德国歌谣》（轨1）《圣母颂》（轨3）

与《夜晚神奇》（轨4）展现这位晚成型大师深厚的乐念与技巧。勃拉姆斯的《女低音狂想曲》（轨5）是这一专辑中最著名的曲作，是为"女低音、男声合唱与管弦乐团"演出歌德（Goethe）作词的伤心刺骨冬景，也是勃拉姆斯单恋受挫的"恨愤的新娘之歌"，有凄美，有升华，龟溪合唱团与沃斯堡室内管弦乐团传了勃拉姆斯深沉的浪漫。理查德•施特劳斯的《日子》（轨8～轨11），描述"早晨""日中""黄昏"与"夜晚"的不同景象与心境，在室内管弦伴奏下，龟溪合唱团将艾辛多尔夫（Eichendorff）的《行旅之歌》唱得多彩多姿，剧力万钧，这是首见于唱片的录音。较无名气的德国作曲家巴伯的《圣母颂》（轨6）是首非常清新的唱和诗歌（antiphonal），龟溪合唱团各声部交叠轮替，唱出绝美与虔诚。总之，这是一张可以宁神静气，也可以细聆合唱之美妙的唱片，更是感受德国音乐理性浪漫的绝佳唱片，约翰逊教授的中远距离拾音捕获了无懈可击的细节。

RR-86CD

Psalms

RR-86CD *Psalms* 是当代作曲家与作词家共谱的男声合唱诗篇集，既符合时空背景，也同样表达对上神的崇敬。所谓 Psalms（圣诗歌）是从选自旧约的 150 首诗篇创作的音乐作品，希腊文 Psalmi 原指"以弦乐器伴奏的合唱"，后来有各种发展，除了是格里高利圣歌的基本唱词，也成为犹太教的礼拜

RR-86CD *Psalms* 是当代作曲家与作词家共谱的男声合唱诗篇集

音乐应答圣诗和罗马天主教礼拜的轮唱圣诗，也有作曲家精致的对位诗篇和简朴曲调风格。在 19 世纪，舒伯特、门德尔松、李斯特、布鲁克纳与勃拉姆斯都有诗篇入乐，20 世纪的雷格、布洛克、奥涅格、柯达伊、斯特拉文斯基、布里顿、米尧、勋伯格等亦有诗篇曲作。RR 唱片的这张当代"诗篇"，以管风琴、竖琴、小号（2）、圆号（2）、长号（3）、大号（1）与打击乐器（3）配器伴奏，新意层出，聆者随着龟溪合唱团员的抖擞精神与无间和声自然而然地收敛杂念，加上铙钹瞬击与不时沿地滚滚而来的管风琴音浪震荡肉身，的确令人宠辱皆忘，何来计较。14 首诗篇音乐，有感恩上苍，有祈求平和，有荣耀欢欣，有寻求慰藉，因此音乐变化多样，

但是心境净化如一。约翰逊教授再度展现拾获超宽频、大动态的录音特技，中近距离拾音，巨细靡遗、层次井然，发声松逸，能量盛放，只有具备超低音的系统才能完整再现此录音的惊人全貌，至少要有绝佳的中频重放，才能了解男声合唱的扎实与纯度。

RR-52CD

Trittico

达拉斯管乐交响乐团成立于 1985 年，从早期的周末逍遥乐团，很快衍化为严肃管乐演奏团，是美国最活跃的民间专业管乐团之一。由 Howard Dunn 指挥演出的 RR-38《节庆》（*Fiesta*）与 RR-39《霍斯特》（*Holst*）两张唱片早已是音响发烧友的必藏品，这张《三部曲》（*Trittico*）请来管乐指挥大师芬奈尔（Fennell），由约翰逊教授以 HDCD 数码新技术操控录音，成绩更加可观，肯定也是发烧友的最爱。其实，它也应受到爱乐者的青睐，因为其中收录的 5 位 20 世纪作曲家的作品，风格各有千秋，内涵深刻，由管乐交响乐团的诠释所幻化的音色更是美不胜收。

芬奈尔 50 年的指挥生涯对管乐的贡献无人能出其右。1952 年创立伊斯曼管乐合奏团，为 Mercury Living Presence 录下 22 张脍炙人口的管乐唱片，在 Telarc 唱片公司成立伊始，他指挥克利夫兰交响乐团录制《霍斯特组曲》（CD-80038）与《星条旗进行曲》（CD-80099），至今依然是经典。

（上）
芬奈尔 50 年的指挥生涯，对管乐的贡献无人能出其右

（左）
RR-52 CD *Trittico* 收录 5 位 20 世纪作曲家的作品

　　《三部曲》是出生于捷克的美国作曲家内尔希贝尔（Nelhybel）于 1964 年为密歇根大学管乐团谱写的，全曲充满生机，意志昂扬，加上大量使用打击乐器、钢琴与钢片琴，威风堂堂，雄壮灿烂，确是一部激励人生之作。

　　改编自西班牙作曲家伊萨克·阿尔贝尼兹（Isaac Albeniz，1860—1909）的《赛维尔的节日》，轻快愉悦、浪漫抒情，描景写意，拉丁风味十足。

　　纽约客诺曼（Norman Dello Joio）依中世纪圣歌 In Dulci Jubilo 著名曲调所作的五段变奏，发挥了他丰富的想象力，作品充满了节奏感，让管乐各部与打击乐器尽情陈述，古乐新意，极其精彩。

　　挪威作曲家爱德华·格里格（Edvard Grieg，1843—1907）为亡友 Rikard Nordraak 所作的《送葬进行曲》极富北国凄美，也抒亡友未竟之业之怀，哀伤悲壮，令人唏嘘。

　　意大利作曲家维托里奥·吉昂尼尼（Vittorio Gianini，1903—1966）的《第三交响曲》是 20 世纪少见的管乐交响曲作，传统四乐章结构，古典浪漫曲调主题，虽无弦乐部，却不觉缺憾，管乐繁复绵密，敲击适时点睛，使得这部非前卫当代音乐（contemporary music）仍具完整曲思，留有令人遐想的空间。

　　芬奈尔的指挥无懈可击，达拉斯管乐交

响乐团的演奏流畅犀利,当然通过高超的录音,更将管乐之美表露无遗。1992 年 6 月的录音,虽然在残响较长的莫顿·H.迈耶森交响中心录制,但是无碍声场层次之透明,声像定位之明确,频宽动态之惊人,瞬态响应之利落豪迈。其中,最重要最难得的是以数字录音再现各式铜管、木管之质感、量感、形体与气韵,如同模拟之逼真,此外,大鼓之捶击,沉稳量足而不夸张也极不容易。

RR-91CD
RR-92CD

Valentino Dances / Bolero

　　RR 公司千禧年的作品《范伦铁诺舞曲》(*Valentino Dances*)与《波莱罗》(*Bolero!*)俱是惊天地泣鬼神的"惊声"之作,不只因它的管弦声势,也因它的音乐内涵;不只是"现阶段最高技艺"约翰逊教授的 24 位 HDCD 录音的彻底展现,也是"伯恩斯坦传人"大植英次指挥细腻驾驭管弦的绝妙诠释,肯定是不容错失的"发烧友的音乐收藏"。

　　《范伦铁诺舞曲》收录美国当代卓越歌剧作曲家多米尼克·阿坚托(Dominick Argento)的 5 部世界首次录音曲作。阿坚托同时也是当代名列前茅的声乐与管弦乐作曲家,1927年出生于宾夕法尼亚州约克市,毕业于皮博迪音乐学院,获伊斯曼音乐学院博士学位,四十年致力于作曲与教学,并设立明尼苏达歌剧院,为发展美国音乐文化不遗余力。他的作品不屈从潮流,也不认同时尚,完全遵从自己的理念创作,而以极致艺术与诗样幻象塑出非凡的抒情美乐。这张唱片收录的第一首曲作《范伦铁诺舞曲》是 1977 年改编自作曲家歌剧《范伦铁诺之梦》的管弦组曲,并且全是自创曲调的探戈舞曲,除了管弦各

RR-91CD《范伦铁诺舞曲》收录美国当代卓越歌剧作曲家多米尼克·阿坚托的 5 部世界首次录音曲作

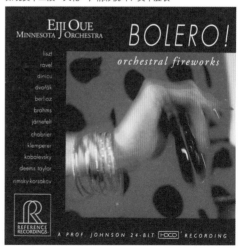

RR-92CD *Bolero*!由大植英次指挥明尼苏达管弦乐团演奏,有如观赏十二段"火花",精彩悦耳、美不胜收

部，还配置打击乐器、竖琴、钢琴、中音萨克斯及手风琴。全曲雍容华丽与淡雅乡愁交织，万钧剧力与幻化舞步层出，石破天惊，眩人耳目，探戈舞曲能如此超凡，如此深邃，足见作曲家之大师风范。

第二首《响应赞美诗调的幻想曲》是作曲家应大植英次指挥之托而作，用于明尼苏达管弦乐团1998年欧洲巡回演奏，因此选择欧洲、美国常用的曲调作蓝本，撷自1784年德国天主教堂赞美诗曲与英美祷文，以作曲家自身的心灵感受所做的响应。全曲呈现从怀疑、犹豫到接受的经历，也象征从黑暗迈向光明的过程，音乐也持续以"渐强"逐步展开，曲末呈现虚无缥缈、有若天籁的合唱，最后以"最强"达到高潮。曲作铺陈成熟稳健，线条流转扣人心弦。

第三首《爱伦坡墓志铭》也是改编自作曲家歌剧《爱伦坡生涯》的管弦组曲。描绘爱伦坡的一生，从年轻的纯真、阴险的幻想、迎娶新娘、夫人过世到自我衰亡，全曲充满哀伤、无奈、激情、愤世，音乐进行当中还间杂后台男高音的十四行诗咏唱。

第四首《忧伤圆舞曲》是首不到两分钟的短曲，由弦群外加竖琴演出，喃喃道出乡愁情境，系作曲家写赠指挥大卫·辛曼（David Zinman）六十大寿的十九段生日嬉游曲的第二首。压轴的《时序的轮回》是部四管编制、大堆打击乐手（包括专司钟乐的三位乐手）的管弦巨作，从副标题"为管弦乐与钟乐的前奏曲与壮观游行"可以知道这部曲作的大致面貌，钟乐的灵感来自作曲家常住的佛罗伦萨教堂钟声。全曲四个乐章含义多重，既代表春夏秋冬轮转，也隐喻日夜明暗交替，更分别以假日游行、结婚行列、战争进行与丧礼行进的传统交响曲式表达，同时也象征人生的年轻、爱情、奋斗与死亡四个阶段。曲构繁复壮阔，曲思发人深省。

总之，聆赏这张唱片的每一首作品，一定会为作曲家的理性浪漫与感性诗情所激荡和感动，加上1999年2月约翰逊教授在明尼亚玻丽斯管弦厅的超绝录音，您绝对可以了解何谓"丝绸光泽的弦群、浑圆金亮的铜管、飘逸如诗的木管、轻盈利落的打击乐、沉稳动地的大鼓"，也可以明辨何谓"大型管弦的声场、声像、堂音、层次、透明、动态、瞬态响应"，因为每一乐段都可以考验器材，都可以作为调音参考。

同样由大植英次指挥明尼苏达管弦乐团演奏的《波莱罗》有如观赏十二段"火花"，精彩悦耳、美不胜收。曲目包括耳熟能详的拉威尔不朽的《波莱罗》、李斯特最受喜爱的《前奏曲》交响诗、里姆斯基·柯萨科夫的《野蜂飞舞》、勃拉姆斯的《匈牙利舞曲》与德沃夏克的《斯拉夫舞曲》。也收录罕见的卡巴列夫斯基的《科拉斯·布勒尼翁序曲》，取材自罗曼·罗兰的《小城故事》，全曲洋溢人生朝气与生命的亮丽；指挥大师克伦佩勒的《快乐华尔兹》（改编自原作歌剧《鹄的》）款款诉衷、摇曳生姿；迪姆斯·泰勒的《昆虫幻象》，仿真昆虫、充满童趣；伊曼纽尔·夏布里埃的《哈巴涅拉舞曲》改编自原作钢琴曲，活泼轻快、逸乐迷人，其中与主旋律对答的大提琴尤其妩媚；迪尼库的《霍拉断奏曲》曾被海菲兹改编为炫技曲而名噪一时，管弦版依然灿烂；耶尔内费尔特的《序奏》是芬兰夜曲,其独奏小提琴片段录得传神入木;柏辽兹的《少女舞曲》有如梦幻催眠,令人陶醉。总之,这张 1999 年 9 月录制、与前一张唱片同一录音地点的约翰逊教授的 24 位 HDCD 的卓越录音,是指挥大植英次将浪漫如诗的管弦作品以雍容大度诠释的绝妙唱片。

RR-95CD

Respighi: Belkis, Queen of Sheba–Suite etc

这张唱片收录雷斯庇基的三部管弦组曲——《贝尔吉斯,希巴女王组曲》《精灵之舞》与《罗马之松》,同样是大植英次指挥明尼苏达管弦乐团的演录佳作,爆棚时令人血脉偾张,细吟处令人如痴陶醉。此外,您会发现汉斯·季默(Hans Zimmer)的《角斗士》电影配乐深受这部曲作的影响。

《希巴女王》是雷斯庇基晚年的芭蕾巨作,故事取材自《希巴与所罗门的邂逅》,特别安排打击乐器与各式木管乐器以表达情节与角色,并且增加舞台外乐团、机械风琴、西塔琴及真正东方乐器以强化管弦乐团的规划,同时还搭配合唱团与诗歌朗诵。因此,原始芭蕾舞作规模庞大,结果只演出十一场即无以为继。由于体力渐衰,雷斯庇基仅从中整

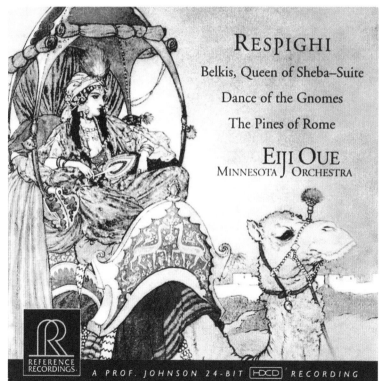

(上)
在音乐上,大植英次细腻流畅又剧力万钧的诠释令人极为赞赏

(左)
RR-95 *Respighi: Belkis, Queen of Sheba–Suite etc* 收录雷斯庇基的三部管弦组曲

理出本唱片收录的这一组曲。组曲的前二乐章主要描绘两位主人公的个性，包括《所罗门的梦》与《贝尔吉斯的黎明之舞》；后二乐章则是女王驾临之欢庆场景，包括《战舞》与《酒舞》。第一乐章从所罗门整夜穿戴整齐在寓所静思开始，到命令文书起草对希巴女王的邀请函，接着以大提琴独奏桥段引入所罗门与贝尔吉斯的初会，女王因发现国王远比传说中荣光而钦服。第二乐章叙述女王睡在珠宝躺椅，所罗门的凤凰报知女王已深陷爱情而发信邀请大王入幕。此时女王自梦中醒来并在日升中起舞，美梦成真。第三乐章即以鼓舞开始，一群青年滚动数面大鼓进场，并且跳跃其上，以脚重击出狂野节奏。第四乐章从所罗门在花园宴请女王开始，音乐转向感官与战斗舞曲而逐渐迈向高潮，为这场盛宴画下休止符。在音乐上，大植英次细腻流畅又剧力万钧的诠释令人极为赞赏；在音响上，约翰逊教授再度展示无与伦比的超绝话筒技法，例如第三、第四乐章极其繁复又动态无限的管弦钟鼓，依然巨细靡遗、清晰透明，令人叹服。

这张唱片非常难得地收录了《精灵之舞》组曲，这首曾是大指挥家托斯卡尼尼与莱纳的上榜曲目，在第二次世界大战后竟极少演出而难得一聆。组曲是依据诗人卡罗·克劳谢地的《精灵歌谣》诗作谱写，叙述两个精灵新娘共同谋害一个精灵新郎的复仇故事，全曲布满惊异悬疑与战栗怪诞。不但可领会雷斯庇基精湛的管弦乐法，也可感受大植英次沉稳的抽丝剥茧与约翰逊教授无懈的录音技艺。

压轴的《罗马之松》是发烧友耳熟的曲作，大植英次不愧是伯恩斯坦衣钵传人（伯恩斯坦家人将大师最后的音乐会指挥棒与燕尾服相赠），已具大师气度，指挥神定，调和管弦直追前贤。2001 年 5 月的录音依然爆棚，绝对令发烧友无法抗拒，但是音响系统必须具备超低音，至少基音需低至 30Hz，否则音效必打折扣。

RR-96CD

Rachmaninoff: Symphonic dances etc

这张唱片收录拉赫玛尼诺夫的《交响舞曲》《无言歌》与《图画练习曲》3 首管弦乐。

《交响舞曲》是拉赫玛尼诺夫管弦作品的天鹅之歌，连他都感到惊讶，他说："我不知道它如何做到，它一定是我最后的火花。"两年之后，拉赫玛尼诺夫离世。拉赫玛尼诺夫谱写《交响舞曲》之前首先完成题名《幻想舞曲》的双钢琴版，并且三个乐章以"晨"、"午"、"夜"为题，象征人类成长三阶段——孩童、成年、老年。原本计划谱成演出的芭蕾，却因舞蹈家福金（Mikhail Fukine）猝逝而改为纯粹管弦曲，1941 年初由奥曼迪指挥费城管弦乐团首演，但未受到重视。几十年后，爱乐者对于音乐中难以置信的能量、怪诞新奇的音彩以及拉赫玛尼诺夫独特的曲思乐构逐渐给予它应有的评价。如果细心聆赏，我们可以发觉这首乐曲有几个特色，例如在第一乐章使用中音萨克斯求取新异音响，但对标准乐器更下细腻功夫；在第二乐章的铜管使用闭音、空音、静音奏法获取对比效果；乐曲虽然能量浩然、石破天惊，其实仅采用简约素材，特别是片段节奏、短小主题、简单乐型，但是经过拉赫玛尼诺夫的妙笔却建构出波涛万丈的节奏能量，成就强而有力的澎湃乐章。

　　大植英次指挥明尼苏达管弦乐团演奏的这一版本，情理兼修，刚柔并济，笔者认为是目前为止演奏与录音双重最佳的唱片。对演奏者而言，说理处条理分明、干净利落，言情处表情从容、刻画深邃。这是 2001 年 5 月录制的约翰逊教授 24 位 HDCD 录音，不只是与 Living Stereo、Living Presence 或 Decca Sound 不遑多让，犹有过之。例如第一乐章中段萨克斯之悠扬如歌与弦群之飘逸吟唱极为传神，又如第三乐章自头至尾高低弦群合奏与管钟鼓齐鸣所展现的非常宽深的声场与清晰的层次，巨大的频宽与惊人的动态已达录音技艺之极致，让家用音响超越"罐头音乐"之局限。

　　这张唱片仅此《交响舞曲》即值回片价，但是《图画练习曲》更是一项惊喜。原本是技法艰深的拉赫玛尼诺夫钢琴独奏集，经指

RR-96CD Rachmaninoff: Symphonic dances etc"

挥家库塞维茨基委托雷斯庇基改编为管弦组曲，包括《海与海鸥》《市集》《丧葬进行曲》《小红帽披肩与小野狼》与《进行曲》，每段音乐都气势恢宏、精彩绝伦，弦乐浑厚，管乐咆哮，打击乐劲爆，肯定也是音响发烧友的最爱。

RR-97CD

Richard Danielpour: An American Requiem

《美国安魂曲》是美国当代作曲家理查德·丹尼尔波（Richard Danielpour，1956—）2001 年的作品。理查德才气纵横，近年委托作品甚多，包括马友友 / 纽约爱乐乐团的《大提琴协奏曲——行经远古谷地》、马友友《丝路计划》、美国弦乐四重奏团的《弦乐四重奏》、杰米·拉雷多（Jaime Laredo）与莎伦·罗宾逊（Sharon Robinson）的《为小提琴与大提琴的双重协奏曲》及加里·格拉夫曼（Gary Graffman）/ 国家交响乐团的《第二钢琴协奏曲》。

《美国安魂曲》是理查德接受太平洋交响乐团与音乐总监卡尔·圣·克莱尔委托谱写，预定于 2001 年 11 月 14 日首演，由于发生"9·11"恐怖袭击事件，因而在总谱准备付梓之时，理查德决定将此作品题献给罹难者。

全曲高潮迭起，剧力万钧，卡尔·圣·克莱尔与太平洋交响乐团充分展现作品气魄曲构、浪漫情怀、灿烂管弦与激烈节奏的特质，"安亡者、慰生灵"。2001 年 11 月在美国加利福尼亚州 Costa Mesa 橘郡演艺中心瑟格尔斯特罗姆厅（Segerstrom Hall）的录音，无惧于 120 人大乐团加上 150 人规模的大合唱，约翰逊教授仍然游刃有余，精彩拾音，以"惊天地、泣鬼神"名之亦不为过。

约翰逊教授与 RR 唱片的故事可以写成一本厚厚的教科书，这位模拟 / 数字双全的录音师，他的模拟录音可以与 Lewis Layton、C.Robert Fine、Kenneth Wilkinson 等前贤相提并论，他的数字录音在当代依然名列前茅。他的 24 位 HDCD RR 唱片更是张张精彩，难以取舍，笔者所介绍的若干唱片仅是随意取样，不过约翰逊教授自己最得意的录音则是有下列四款，其中有两张笔者未予介绍，留待读者自行评鉴。

1. *Facade Suite* / Chicago Pro Musica（RR-17 45 LP）

2. *Mephisto and Co.* /Eiji Oue/Minnesota Orchestra（RR-82CD）

3. *Holidays &Epiphanies* / Jerry Junkin / Dallas Wind Symphony（RR-76CD）

4. *Rutter*：*Requiem*/The Turtle Creek/Chorale/ Timothy Seelig（RR-57CD）

我们从一次他在 *The Absolute Sound* 杂志的圆桌论坛（Feb/Mar 2005,issue 125）的谈话可以得知，约翰逊教授的成功并非全靠天赋敏锐的听觉，他的录音观念与准备作业之用心与细心也值得许多录音师效仿，这里不妨引用几段佐证。

（1）在录制古典音乐唱片之前，一定得先了解该乐团与配器，以及录音厅堂的音响状况，然后寻找同一曲目之前其他最佳录音的版本作参考，最后再决定你准备采用的话筒型类与方式。

（2）多用点心在话筒的摆位与重点加强，

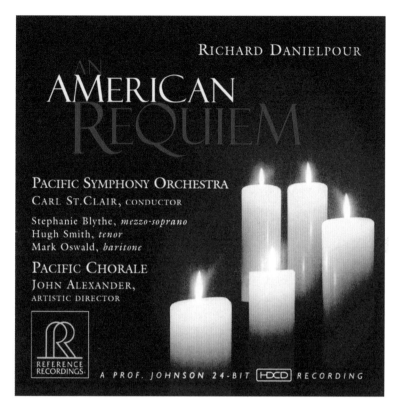

（上）
理查德·丹尼尔波

（左）
RR-97CD 是美国当代作曲家
理查德·丹尼尔波 2001 年的
作品

往往可以捕获现场演出的魅力与共鸣。

（3）找出回放时聆者可能会集中注意的重点，录音时调整话筒的增益以引导聆者。

（4）根据录音位置、距离、使用场合与摆放方式往往需要量身定做话筒。

（5）替每一对话筒架构专用前级，内置修正过话筒响应的 EQ 电路，使录音远近距离理想化，可使声场远处的声音保持细致音色，与主话筒达成平衡的融合。

（6）在录音期间完成所有工作，极少做任何的后期处理工作，如果依赖计算机数字编辑器作 EQ 或混入增加回响效果的信号，原有努力都会白费，这就是为何要花很多时间记住乐谱，熟悉乐团各部演奏，一旦乐声响起，录音才能无误。

总之，笔者长篇累牍介绍约翰逊教授与 RR 唱片主要是看重他们在录音艺术上的非凡成就，不管高保真音响器材再怎么进步，他们的每一款唱片依然历久弥新，因为他们获得了音响，也掌握了音乐。

台风花束　70 cm×66 cm　2016　蔡克信画

宋词风情　复合媒材　30F　蔡克信画

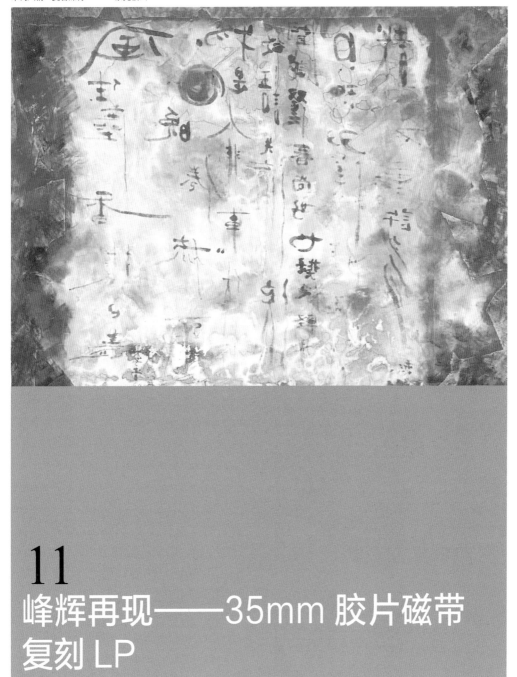

11
峰辉再现——35mm 胶片磁带复刻 LP

在 20 世纪 50 年代和 20 世纪 60 年代有一家名噪一时的唱片公司，当时主导制作与录音的是音响权威伯特·怀特（Bert Whyte）先生，他是与 RCA 的刘易斯·雷顿（Lewis Layton）、Mercury 的 C. 罗伯特·费恩（C. Robert Fine）、EMI 的克里斯托弗·帕克（Christopher Parker）及 Decca 的威尔金森（Wilkinson）等人齐名的录音巨匠。

他们的一系列唱片几乎都采用 35mm 胶片磁带录制（RCA 的 Living Stereo 与 Mercury 的 Living Presence 部分录音也曾采用），可以容纳三音轨，而涂层的厚度也是一般磁带的 5 倍，因此不但使背景杂音几乎不可闻，获得最高信噪比，也容许高声压、高密度的信号拾取，

原始 35mm 胶片磁带录音机（录音技师 Ted Gosman）

获得最大动态，加上同影片一样有链轮齿孔，因此运转极为平顺，减少颤抖。Westrex Corporation 公司也特别为该公司打造录音器材，包括三音轨录音头、极宽频功放等。

这家公司开始当然以 35mm 胶片磁带母带刻制 LP，但是在原老板放弃管理之后，其后的 LP 版本就改由 1/4 英寸双声道拷贝母带制作，整体音效当然也就大打折扣。由于原始 35mm 胶片磁带仅短时间使用，其保存状态相对较佳，因此在 1994—1995 年由 Vanguard Classics 唱片公司取得授权，以 Sony PCM-9000 母带录音座、采用 20 位高解析电磁—光学磁盘、20 位模数转换器与 Sony SBM（Super Bit Mapping）技术，将原始 35mm 母带转制一批 CD 发行，成绩斐然。但是 LP 始终未见踪影，二手市场也是一片难求。后来，美国复刻片大厂 Classic Records 取得原始三音轨 35mm 母带授权，同样使用当年的 Westrex 1551 录音座，经过 Len Horowitz（History of Recorded Sound，HRS）精改，更换新的放音头并重改电路，在好莱坞的 Bernie Grundman Mastering 厂，以 Classic Records 的全套电子管刻片系统，由 Bernie Grundman 亲自操刀复刻，让经典录音峰辉再现，也期待能满足 LP 发烧友的长久渴望。LP 版本同样采用 Classic Records 的 200 克超级黑胶（Super Vinyl Profile），封套图录也与原始版本相同。首批出版 6 张。

试听这 6 张复刻片仍是在笔者听音室，通过 VPI Scout Master 唱盘、JMW-9 唱臂、"雅"（Miyabi）唱头与 Aesthetics Rhea 唱头前级回放。基本上，这 6 张唱片有几个共同点，全部是

标准 1/4 英寸　　　1/2 英寸通用立体声
录音磁带　　　　　录音磁带

35mm 胶片磁带

由怀特担任录音师，采用 3 支由 Frank Church 先生改装的 Neumann U-47 无指向电子管式电容话筒在乐队前排，这种话筒具有温暖的音色且能消除过量低频与高频。这 6 张复刻片全部是在英国伦敦音效著名的沃尔瑟姆森林市政厅（Walthamstow Assembly Hall，这也是迪卡录音师威尔金森许多精彩唱片的录音场所）录制，全部由伦敦交响乐团（London Symphony Orchestra）演奏，都集中在 1959 年至 1960 年完成。

此次，Classic Records 的复刻到底能否重现昔日首版的风采，老实说无从比较，但是，由于机器重新调整过，零件也更换过，刻片机也不同于早期机型，因此，笔者合理地推敲，应当不可能完全一样，实际上，笔者以此复刻版与 Vanguard 复刻 CD 版作比较，发现仍有相当大的差异（文后再表），也印证了复刻无异于重新造境的理念。因此，我们只能以绝对音响的概念去评鉴复刻版的完成度，看它与真正音乐演奏相比真实度如何，而非

考量录音当时的原音重现，以下是部分唱片的介绍。

Hindemith :
Concerto for Violin and Orchestra
Mozart :
Concerto No.3 for Violin and Orchestra / Fuchs,violin; Goossens cond.
The London Symphony Orchestra

SDBR 3040

这张唱片由对 20 世纪小提琴协奏曲文献有重要贡献的保罗·欣德米特（Paul Hindemith，1895—1963）的作品加上 18 世纪莫扎特迷人的杰作组成。特别是欣德米特的这首小提琴协奏曲是世界首度录音，唱片公司在 1959 年以当时"最高技艺"录制，在将近半世纪之后再来聆赏，其动人心弦的琴韵依然令人赞叹不已。欣德米特出生于德国哈瑙，13 岁即成为熟练的小提琴演奏家，活跃于舞蹈厅、剧院、影院，19 岁就担任法兰克福歌剧院的乐团首席，但是在 1921 年组成的阿玛四重奏（Amar Quartet）合奏团中改奏中提琴，后来的欣德米特弦乐三重奏也名震乐坛，也首演沃尔顿（Walton）的小提琴协奏曲。欣德米特一向主张音乐应与大众结合，特别发起音乐青年化运动。他 1927 年受聘担任柏林音乐学院作曲学教授，他的曲风沿袭勃拉姆斯、雷格的传统，风格也受瓦格纳、理查

德·施特劳斯与法国印象派影响，但是他的音乐并非浪漫主义，反倒是线条构成的对位手法更类似于巴洛克的现代化，擅长不协和技巧与半音音阶，因此他的音乐生动、清新、多样、畅快。他在 1939 年赴美之后则致力于作曲、指挥与教学，1953 年后定居瑞士专心作曲与写作，最著名的曲作包括《画家马蒂斯》《中提琴协奏曲》与《圆号协奏曲》等。

欣德米特这首小提琴协奏曲是 1939 年受指挥家威廉·门格尔贝格委托作曲并于 1940 年 3 月 14 日由费迪南德·赫尔曼（Ferdinard Helmann）主奏，由阿姆斯特丹皇家音乐厅管弦乐团协奏首演，同年 4 月 19 日在美国由库塞维茨基指挥波士顿交响乐团演出。全曲分"中快""和缓""生动"3 个乐章，演奏时长约 27 分钟，管弦编制有长笛二、双簧管二、竖笛二、低音竖笛一、低音管一、圆号四、小号二、长号二、大号一、定音鼓、各式打击乐器与弦乐组。

这首协奏曲充分展现欣德米特的新古典主义精神，在线条式的管弦手法进行中，流露精炼的现代音乐内涵，并且突显独奏小提琴与整体管弦的缠斗与嬉游，曲趣横生，令人印象深刻。担任指挥的尤金·古森斯爵士（Sir Eugene Goossens，1893—1962）和独奏小提琴家约瑟夫·福克斯（Joseph Fuchs）与作曲家属于同代人物，对时代的脉动心灵相通，在诠释这首作品时毫无隔阂，并且不只是流畅，而是入木三分，妙指生花。福克斯是纽约人，曾担任克利夫兰管弦乐团首席 14 年，也与纽约爱乐乐团在卡内

基合演，46 岁起加入茱莉亚音乐学院，直到 94 岁仍在任教。英国指挥家古森斯早年担任大指挥家比彻姆的助理，后自组乐团指挥斯特拉文斯基的《春之祭》英国首演，后赴美担任罗彻斯特交响乐团、辛辛那提交响乐团、雪梨交响乐团指挥，也协助成立雪梨歌剧院。

担任演奏的伦敦交响乐团是具有百年历史的卓越乐团，1904 年由于皇后厅管弦乐团（Queen's Hall Orchestra）因故解散，其中 50 位团员与另外 50 位器乐名家结合组成伦敦交响乐团，由汉斯·里希特（Hans Richter）担任首演指挥，第一个音乐季也获得多位著名指挥赞助，包括 Nikisch、Stanford、Elgar 与 Colonna。1906 年开始受邀至法国（巴黎）、比利时、美国与加拿大演出，原本已计划搭乘泰坦尼克号，由于舱位不足改搭波罗的海号而逃过劫难。1950—1960 年，在安塔

尔·多拉蒂（Antal Dorati）指挥下，伦敦交响乐团与 Mercury 唱片合作录制许多 Living Presence 经典作品，同时也在欧洲、以色列与日本巡回演出，广获佳评。录制的这一系列唱片，同样可以让我们领受这一乐团的精湛技巧与生动音乐。

录音大师怀特采用中近距离拾音，将沃尔瑟姆森林市政厅厅堂的美妙音色捕获无遗，从复刻片中，我们可以感受丰沛堂韵、明确残响、宽阔声场、清晰乐器。独奏小提琴极精准地定位于乐队前方中间偏左的正常协奏曲位置，其形体音域保持绝佳线性，琴弦丝滑，焕发丝绸光泽，弓弦擦跳有若电光石火；乐团前后层次分明，弦群绵密透明，木管气韵悠扬，铜管咆哮金亮，铙钹清脆利落，大鼓沉厚动地，管弦齐鸣依旧井然有序。由于频宽与动态极大，回放时必须提高音量，方可充分重现完整细节，也才能体会如此高超的话筒技法与 35mm 胶片磁带录音的魅力。

唱片第二面收录的是莫扎特的《第三小提琴协奏曲》。虽然莫扎特自小即熟练小提琴与大提琴技法，7 岁已能公开献艺，他在 19 岁完成的 5 首萨尔茨堡小提琴协奏曲时，已是萨尔茨堡宫廷管弦乐团的首席小提琴手，但是之后则不断写作钢琴协奏曲。这首已完全展露年轻莫扎特淳朴乐思、富丽音彩的风格，管弦规模玲珑，曲构形式完美。编制除了独奏小提琴，只含双簧管二、圆号二与弦群五部，在慢板乐章还以长笛取代双簧管。第一乐章是亮丽的莫扎特风格快板，优美抒情；第二乐章是典雅柔美的慢板，其中独奏小提琴的短歌更被科学家爱因斯坦引喻为"天籁"；第三乐章是轻快的轮旋曲，并引用斯特拉斯堡民谣，增添些许空灵与哀愁。在这一协奏曲中，怀特采用近距离拾音，乐团编制小，声场规模也小，但是透明度则如一。

弦乐一直是 LP 模拟录音的强项，这张唱片也不例外，我们不妨注意欣德米特协奏曲第三乐章与莫扎特协奏曲第一乐章中的华彩乐段，小提琴的细微表情与豪迈动态巨细靡遗，那种音乐厅前排聆乐的感受，无论如何都是数字媒体无法完整呈现的。独奏家福克斯的功力在此也一展无遗。

Respighi:
The Fountains of Rome /
The Pines of Rome
Sir Malcolm Sargent Conducting the London Symphony Orchestra

SDBR 3051

奥托里诺·雷斯庇基（Ottorino Respighi, 1879—1936）以 3 部交响诗歌颂罗马这座永恒的古城，这些作品也成为这位 20 世纪重要的意大利作曲家的传世名曲，并且深刻影响后世史诗电影配乐。雷斯庇基的曲风融合意大利抒情、法国印象主义、里姆斯基·柯萨科夫灿烂的音彩效果与理查德·施特劳斯磅礴的管弦气势，再借着特殊致标题谱出独特的广受欢迎的仪式管弦音乐。收录在这张唱片的《罗马之松》与《罗马之泉》在挑战录音极限之下，呈现出生动耀眼的管弦光彩，也释放出排山倒海的袭人音浪。这是 1960 年马尔科姆·萨金特爵士（Sir Malcolm Sargent）指挥伦敦交响乐团的名作，成就不亚于莱纳／芝加哥交响乐团或马泽尔／克利夫兰管弦乐团版本。此外，在稍早的 1958 年 11 月，这家公司也发行过由古森斯指挥伦敦交响的《罗马节日》（SDBR 3004-2），只不过当时使用半英寸三轨磁带而非 35mm 胶片磁带录制。

《罗马之泉》谱写于 1916 年，1918 年 2 月 10 日由托斯卡尼尼在罗马第一次世界大战伤残艺术家慈善音乐会中指挥首演。全曲由 4 段标题音乐组成，包括《黎明朱利亚山谷的喷泉》《清晨的特利顿喷泉》《中午的特雷维喷泉》与《黄昏梅地契山庄的喷泉》。雷斯庇基的这首交响诗不只是描景，也着重抒情，因此，我们可以感受水的运动、光影的闪烁，也为四处飘逸的印象派风格氛围环绕，诗情画意，人景合一。

《罗马之松》写作于 1923—1924 年，同样由 4 段标题管弦组成，包括《波吉斯山庄之松》《墓窟旁之松》《吉亚尼科洛之松》与《阿皮亚大道之松》。这首交响诗比《罗马之泉》更具诗意幻想，借着"松树"，作曲家带领聆者回顾古罗马的荣光，因此，在第一段可以感受时光倒流进入古罗马，第二段中出现古代格里高利圣歌颂赞，第三段传来夜莺对黄昏的感伤，第四段展现壮盛的罗马军威，因此千年之松只是作为历史的象征，《罗马之松》也就借松咏史，而雷斯庇基的曼妙管弦也写下罗马的荣光与沧桑。

怀特在录制这张唱片时仍然采用中近距离拾音，也发挥 35mm 胶片磁带超宽频域与超大

动态的优点，在左右极其宽阔的声场内编制浩繁的管弦，我们可以看到生动直接的声像，也可感受爆棚盛放的声压。指挥萨金特爵士采取比莱纳更缓慢而缜密的节奏，营造另一种神秘张力效果。在唱片第一面的《罗马之松》，我们不妨留意第一段各式高音打击乐器之灿烂与力度，第二段远程古式喇叭幕后吹出的赞歌音效，第三段竖笛之丰富感伤表情、大提琴之通透和真正夜莺预录之啼啭，以及第四段曲尾大鼓沉捶、风琴浪滚、小号与长号在管弦交织中的高潮盛放。在唱片第二面的《罗马之泉》，我们可在"黎明"段注意位居中间排的木管乐器优美的吟唱，三角铁轻盈的飘荡，小提琴如绸般纤细，在"清晨"段注意 4 支圆号吹出的号角声以及竖琴、钟琴仿佛晨曦中喷跳的泉声，在"中午"段铜管与风琴合奏的壮丽音响，在"黄昏"段以极低音量又极清晰的小提琴、长笛、竖笛缓缓奏出的忧郁旋律，加上竖琴、钢片琴惟妙模仿的鸟声与树声。

总之，这张描景写意、仪式氛围十足的"罗马"唱片，在绝佳录音烘托下，呈现令人耳眩目迷的声色光影及虚实莫辨的乐中画境。

Khachaturian：

Gayne

Ballet Suite/Anatole Fistoulari
Conducting The London
Symphony Orchestra

SDBR 3052

哈恰图良著名的芭蕾舞乐《加雅涅》

（Gayne）中昂奋多彩的异国情《剑舞（马刀舞曲）》（Sabre Dance）一直是高保真音响从单声道到立体声发展过程中的热门曲目，35mm 胶片磁带超级模拟录音更是如虎添翼地录下发烧音效。

哈恰图良出生于格鲁吉亚第比利斯，家庭贫困，19 岁到莫斯科才进入格涅辛音乐学院，31 岁才自莫斯科音乐学院毕业。他的音乐内涵并不深邃，但是由于具有敏锐的节奏、多彩的旋律、原始的和谐，这些具有亚美尼亚民族音乐特点的作品受到大众的欢迎。他的《小提琴协奏曲》（1940）、《加雅涅》（1942）与《大提琴协奏曲》（1946）三度获得苏联斯大林大奖。之后致力于指挥与录音，1955 年与 David Oistrakh/Philharmia Orchtrtra 录制《小提琴协奏曲》（EMI）、1977 年录制《加雅涅》与《斯巴达克斯》（Spartacus）（EMI），后来这两部芭蕾组曲的选曲在 1962 年与维也纳爱乐乐团合作，在 Decca 录音组的妙手操控下，留下绝佳音效

（Decca 460.315-2），而 1960 年的全本《加雅涅》组曲则有过之而无不及。

《加雅涅》的故事描写一个亚美尼亚爱国女人加雅涅与她的野蛮叛逆、走私犯丈夫基科（Giko）的故事。基科不但放火烧村，又意图挟持幼女，欲伤害加雅涅，幸而加雅涅获军队边境指挥官卡沙洛夫（Kazarov）拯救，将基科放逐，最后加雅涅与卡沙洛夫结为夫妇。

哈恰图良从全本芭蕾选出两套音乐会组曲，共 13 首曲目，这张唱片的指挥阿纳托尔·费斯托拉里（Anatole Fistoulari）再自其中选出 11 首舞曲。唱片第一面收录《剑舞》《抒情二人舞》《玫瑰姑娘之舞》《哥帕克舞》（小罗西亚二拍子舞蹈）《摇篮曲》与《雷索金卡舞》（高加索土著舞蹈），第二面收录《俄罗斯舞》《加雅涅的慢板》《年轻库尔德人之舞》《老人舞》与《火》。由于次序并未依原有舞剧排列，因此，聆赏这一组曲大可不必理会故事，不过由于曲目转折、高潮迭起，整体衔接仍然顺畅且具张力。

费斯托拉利是指挥芭蕾舞乐的高手，在 Mercury 有多部名作，这张同样犀利、有张力、优美与深情。录音师怀特采用中距离拾音，由于只用 3 支话筒，加上平衡功夫了得，因此准确呈现乐队乐器深度、层次、比例，录音极其直接透明；由于堂韵丰润，因此乐器清晰而不锐利，也不强调超高频，又不加重超低频，却能呈现音乐会现场的如真氛围与爆棚盛放；您可以从每一段舞曲细细评估个别乐器的形体音色，以及与周遭伙伴的相互关系，也就可以了解整体录音之高妙。

Moussorgsky:
Pictures At An Exhibition
A Night On Bald Mountain / Sir Malcolm Sargent Conducting The London Symphony Orchestra

SDBR 3053

穆索尔斯基的《图画展览会》（拉威尔改编版）与《荒山之夜》（里姆斯基·柯萨科夫整理版）在管弦乐曲目中均是声色绚烂的作品，只有高度保真、掌握动态的录音才能完全再现曲作的光环。事实上，录音史上的大指挥家鲜少错过这些曲目，演录俱佳的版本也不胜枚举，发烧友最熟悉的莱纳／芝加哥交响乐团（RCA 版）至今依然是首选，这张由萨金特爵士指挥伦敦交响乐团的版本，诠释内容虽有不同，但音响造境一样动人。

《图画展览会》原本是穆索尔斯基于 1874 年谱写的钢琴独奏组曲，1923 年拉威尔接受波士顿交响乐团指挥库塞维茨基委托，改编成管弦组曲，令人惊奇的是一个法国作曲家能将此曲改编得展现原作浓郁的斯拉夫风而几无高庐味，原典钢琴版反倒像是从这一管弦版转化而来。全曲分成 10 个乐段，每一乐段都从画家哈特曼（Hartman）的画作取得灵感，在前 5 幅画的开头都有一小段漫步（Promenade）主题，并且以不同配器呈现观画者不同的心情与感受，10 幅画作依次为《侏儒》《古堡》《御花园》《牛车》《雏鸡之舞》《穷富犹太人》《里莫日的市集》《墓窟》《女巫的小屋》与《基

可置评。录音师怀特则采用中近距离拾音，声场左右极宽，深度适足，中间乐器明晰，以3支话筒拾音，后期混音和音响音效良好，唯一不足的是《图画展览会》中铜管乐器稍欠厚实，但是在《荒山之夜》则又正常合理，诠释上也掌握其诡谲气氛与戏剧张力。

Shostakovich: Symphony 9

Prokofiev：Lieutenant Kije Suite/ Sir Malcolm Sargent Conducting The London Symphony Orchestra

SDBR 3054

肖斯塔科维奇的《第九交响曲》与普罗科菲耶夫的《基杰中尉》这两首充满诙谐与灵智的亮丽现代俄罗斯曲作，在萨金特爵士与伦敦交响乐团细致精美的诠释和怀特高超的录音下，仿佛两颗亮丽的明珠晶莹迷人。

从贝多芬之后，作曲家对"第九"有如魔咒般恐慌，舒伯特、马勒、布鲁克纳是其中最明显的例子，但是肖斯塔科维奇并不信邪，在第七、第八交响曲后于1945年8月30日完成这部《胜利》交响曲。这首具有5个乐章、长仅25分钟、近乎嬉游曲的小交响曲，虽然不伟大，却毫无赘言，简朴纯真，曲构完备，若非大家，无以致之，其实是一首绝妙佳作。

普罗科菲耶夫的《基杰中尉》和《亚历山大·涅夫斯基》是少数可以成为音乐会上的完整组曲的电影配乐。《基杰中尉》的故事是依据托伊奈诺夫的同名短篇小说写成的喜剧，描述沙

辅大门》。

《荒山之夜》这首充满激情幻想的小交响诗原本是穆索尔斯基打算用于剧作《荒山》的，因为受到巴拉基列夫的批判而未上演，后来穆索尔斯基准备将它作为歌剧《索罗钦斯克集市》中的间奏曲，却因穆索尔斯基去世而未现世。里姆斯基·柯萨科夫在整理穆索尔斯基遗稿中发现此曲并予以整理才成为至今极受欢迎的曲作。我们从总谱中的注语"超自然从地底发出嘈杂声响，黑夜的精灵到来，夜神彻诺波也现身。黑色弥撒开始举行，魔女的飨宴随之展开。当魔宴达到高潮，传来远处村庄小教堂的钟声，黑夜精灵一哄而散，黎明到来"中也可领会这一交响诗所描绘的这一俄罗斯传奇"圣约翰之夜"。

萨金特指挥的《图画展览会》仍然采用较缓慢步调，这是观画者的不同心情、心态，无

皇保罗一世与侍从来回围绕一个虚构的主角"基杰中尉"的趣事。普罗科菲耶夫从电影配乐中选出 5 曲并扩大管弦配器，于 1934 年作出这部机智、讽刺、明朗、诙谐的管弦组曲，全曲由《基杰的诞生》《浪漫曲》《基杰的婚礼》《三驾马车》与《基杰的葬礼》组成，另有在第二与第四曲加入男中音的版本。

　　萨金特指挥的这两首俄罗斯曲作十分有特色，虽然一向采用慢步调，但经过缜密计算之后反而能将曲构内涵深掘，尤其是错综的管弦调理得井然有序，更令人耳目一新，何况录音大师怀特在 1960 年 9 月录制的这两首作品可以作为 35mm 录音的经典代表。他采用中近距离拾音，声场宽深，音域宽阔，动态宽大，并且整体发声非常松逸自然，声像更是栩栩如生。我们轻易可以感受各式弦群的绵密透明，木管笛音的圆润甜美，铜管号角的厚实光泽，打击乐器的利落轻重，并且静若处子，动若脱兔，管弦齐鸣，盛放动魄。从这张唱片也可洞悉伦敦交响乐团精湛的技艺，拜伟大录音之赐，60 多年之后再来聆赏，当日英雄好汉的绝佳身手并未随时光流逝，值得音响乐迷细细品鉴。

De Falla:

The Three-Cornered Hat

Enrique Jordan Conducting
The London Symphony Orchestra
Barbara Hewitt，Soprano

SDBR 3057

这张多彩多姿、灿烂无比的正宗西班牙芭蕾音乐唱片是马努埃尔·德·法雅（Manuel de Falla）的代表作《三角帽》，也是这出芭蕾舞乐的首度立体声录音，虽然后继者也不乏演录俱佳的唱片问世，如拉菲尔·佛吕贝克·德·布尔戈斯 (Rafael Frühbeck de Burgos / Decca)、恩奈斯特·亚历山大·安塞梅 (Ernest Alexandre Ansermet / Decca) 等指挥的版本，但是由西班牙裔美国指挥家恩里克·约尔达（Enrique Jorda）指挥伦敦交响乐团、采用 35mm 胶片磁带于 1960 年录制的这一版本特殊的安达卢西亚风味与直接浓烈的表情、透明生动的拾音，后人实在很难真正超越。

1916 年俄罗斯芭蕾舞团的灵魂人物谢尔盖·佳吉列夫（Sergi Diaghilev，1872—1929）访问西班牙而接触法雅的音乐之后，即委托法雅依据 19 世纪西班牙作家阿拉尔孔的小说《三角帽》谱写芭蕾舞乐。正巧，法雅之前已为同一故事改编的《市长与磨坊主的妻子》哑剧配乐，因此在陪同佳吉列夫与编舞家马西内（Massine）在安达卢西亚为芭蕾寻找自然背景后，法雅在原有的音乐上再补写两段，扩大管弦编制，即完成全曲。

《三角帽》整本芭蕾于 1919 年 7 月 22 日在伦敦阿罕布拉剧院由安塞梅指挥首演，并且由大画家毕加索负责布景设计。全曲长约 30 分钟，除了一般乐团的管弦编制，定音鼓、小鼓、三角铁、钹、大鼓、钟琴、竖琴也扮演重要角色，更特别的是加入钢琴作为节奏要素，以及幕后的合唱发出的呐喊和次女高音两段警告嘶吼。

标题的"三角帽"，指的就是市长头上戴的有三个角的帽子，故事描写风流市长引诱磨坊主的妻子偷鸡不成蚀把米的糗事。唱片第一面即从"序奏"开始，简短的序曲由定音鼓、小号开始，圆号随即加入，合唱者在响板声中发出"欧雷！欧雷！"的呼喊，女高音芭芭拉·荷威特唱出"年轻的太太哟！请用粗闩牢牢关好大门。恶魔即使睡着了，也不可疏忽大意……"。进入（2）"午后"，场面是磨坊的水车小屋与漂亮的葡萄棚，以及磨坊主夫妇和睦的爱情生活，接着传来市长夫妇与随从的"行进音乐"，市长沉迷于磨坊主的妻子的美色，磨坊主的妻子为了教训他，故意跳起"方当果舞"，就是（3）磨坊主的妻子之舞，市长也陷入幻境向磨坊主的妻子求吻，在闪躲追逐中双双跌地，磨坊主人取出木棍，市长悻恨离去。唱片第二面进入第二幕，村民为庆祝圣约翰祭日，高兴地跳着"邻居之舞"（塞吉迪拉舞），接着是"磨坊主人之舞"，充满活力的法鲁卡单人舞，突然音乐响起贝多芬《命运交响曲》的"命运"动机敲门声，市长手下的警官带来拘票带走磨坊主人，孤寂的磨坊主妻子不安地进入屋内，女高音此时再传来"夜晚时钟响哟！ 太太啊！请留神，恶魔随时伺机而动……", 接着有趁机而来的"市长之舞", 得意忘形中市长跌落桥下, 全身湿透又小丑般向磨坊主的妻子求爱不果, 由于湿冷脱下衣帽躲入主人被子。另一方面, 磨坊主人趁虚脱逃, 返家见景, 即穿戴市长衣帽并在墙上写下"市长阁下, 我要复仇, 尊夫人也很漂亮"而奔向官邸。市长惊醒, 见状穿上磨坊主人脏衣急奔返家, 在路上反被捕捉逃犯的警官痛殴, 前来寻夫的磨坊主妻子误以为丈夫被打而予扶持, 此时复仇不成返回的磨坊主见状大发醋劲, 而引起一场大骚动, 当大家明白误会起自市长后, 继续祭日活动, 并且将象征市长的三角帽抛天落地, 下脚践踏, 进入(3)终幕之舞(霍塔舞), 尾曲管

弦对比强烈, 打击乐器热烈响应, 音乐在狂热高潮中结束。

录音师怀特在1960年4月录制的《三角帽》足以让他名留录音名人殿堂。这张唱片仍然采用近距离拾音, 声场宽深非凡, 加上只采用3支话筒, 乐器比例与相位不会扭曲, 笔者不想再多描述其伟大的声音重现, 只想说整体表达无懈可击, 即使与"现阶段最高技艺"录音作品相比亦毫不逊色, 最重要的是它烘托的音乐性与现场近距聆赏极其相似。因此, 无论您有几个《三角帽》版本, 这张演录超绝之作不应错过。

介绍过 Classic Records(CR)复刻的这6张LP, 笔者以之与 Vanguard Classics(VC)

的 CD 版作比较，虽然二者都由原始 35mm 母带转制，但是以"绝对音响"观点而言，CR 仍胜一筹。尽管 VC 版的整体平衡与音乐表达都属上乘，但是 CR 版在频域延伸，特别是高频之清晰与力度（VC 相对而言有若 roll off）明显胜出，在声像的透明度与实体感也是 CR 较优。笔者没有原始的 Magenta/Gold（金红圆标）或 Blue/Silver（银蓝圆标）所谓的早期发烧片可资比较，但是 CR 复刻 LP 相信已臻目前复刻

技艺极限，或许只有以 35mm 原始母带直接回放才有可能获得更佳音效。此外，笔者发现，原始母带虽然据称保存良好，事实上复刻片中某些片段已出现瑕疵，甚至音高（pitch）不准的迹象，因此要再次复刻 LP 将愈加困难，因此，CR 另采用高规格 PCM 作数字永久保存是正确方针，即使稍作妥协而能永续这些伟大的录音肯定也是明智之举。

Classic Records 的 HDAD 双碟数字版

这个标榜"母带之声"（master tape sound）的第一碟是双面碟（DVD-10），其中一面包括两声道 24 bit/192 kHz 信号与三声道 24 bit/96 kHz 信号，并且只能在 DVD Audio 机播放，另一面则包括两声道 24 bit/96 kHz 信号与三声道杜比 AC-3 信号，可以在一般 DVD Video 机播放。

第二碟是标准的两声道 16 bit/44.1 kHz CD，可以在标准 CD 机或 DVD 机播放。所有数码信号均直接来自原始 35mm 胶片磁带，使用由 Kevin Halverson 特别设计的模数转换器，不使用杂音去除、限幅或压缩技术，但在某些必要处审慎使用均衡器。

笔者使用 Ayre C-5xe 聆听比较，CR 的 HDAD 任一格式与 Vanguard CD 相比，CR 稍呈阳刚，Vanguard 相对阴柔。CR 的 CD、DVD Video、DVD Audio 各版本相差极其有限，仅在频段两端与质感信息量上，DVD Audio 略胜少许，但是与同版本 LP 相比，仍然不免数码原罪，仍然不敌 LP 的直接、生动、丰润、松逸。若不比较，HDAD 已属数码系统典范，也可乱真 LP。无论如何，听过 HDAD，笔者更加肯定推荐 LP！

"树逸山渺"，蔡克信摄影

12
追忆莫斯科

笔者没到过莫斯科，"追忆莫斯科"是回顾美国录音史上重要的两次美苏文化交流，最具意义的是两次都以"阶段最高技艺"为发烧友留下历久弥新、脍炙人口的录音作品。参与的两家唱片公司，一家是水星唱片（Mercury），另一家是喇叭花（Sheffield Lab），喇叭花3张一套的LP与CD早已绝版多时，令人兴奋的是水星唱片原始5张LP的全记录，由德国Speakers Corner公司完整复刻上市，加上Philips也重刻大部分曲目以SACD或CD再版，再次给发烧友一次回顾录音黄金时代的机会。

冷战时期不可能的任务

1962年是美苏冷战尖锋时期，1961年10月柏林墙刚刚筑起，1962年10月古巴导弹危机，此刻Mercury Living Presence录音组员要携带重达两吨半的器材到苏联录音简直是天方夜谭，完全是不可能的任务。其实这一计划早在1958年就由水星唱片公司国际分部总监驻欧代表布莱斯·萨默斯（Brice Somers）建议，而获得总公司总裁欧文·格林（Irving Green）与古典部门总监威尔玛·科扎特（Wilma Cozart）首肯，经过数年酝酿，直到1962年，布莱斯4度奔赴莫斯科，与多个单位商议，最后由欧文总裁出面签约敲定。事实上仍有赖因缘际会。美国的水星唱片公司固然希望拔取头筹在苏联录音，苏联人也渴望获知先进的录音技术。另一方面，具有俄罗斯血统的美国钢琴家拜伦·贾尼斯（Byron Janis）当时正受到苏联邀约，预定1962年5月13日赴莫斯科演奏，而拜伦也正好是水星签约艺术家，顺水推舟，水到渠成，议定从6月8日至17日在莫斯科柴可夫斯基音乐学院波修厅录音，由拜伦·贾尼斯主挑大梁，俄罗斯著名指挥基里尔·康德拉辛（Kyril Kondrashin）指挥莫斯科爱乐管弦乐团演奏多首钢琴协奏曲，外加奥西波夫俄罗斯民族乐团（Osipov Orchestra）演出一场《巴拉莱卡》，以及鲍罗丁弦乐四重奏团演奏肖斯塔科维奇的第四与第八弦乐四重奏。

"移动录音卡车"远征莫斯科

计划既定，Mercury Living Presence录音小组立即成立，由威尔玛·科扎特女士（即录音师罗伯特·费恩的夫人）与音乐总监哈洛德·劳伦斯（Harold Lawrence）负责音乐曲目，名录音师罗伯特·费恩（Robert Fine，费恩公司总裁）与录音师罗伯特·埃伯伦茨（Robert Ebrenz，费恩公司副总裁）担任现场录音，布莱斯·萨默斯主司与苏方联络协调。

哈洛德·劳伦斯与布莱斯·索默斯

依照惯例，Mercury Living Presence 外出录音必须动用专属配备的"移动录音卡车"，此次莫斯科之行也不例外，因此，有必要先介绍这部卡车与 Mercury Living Presence 的历史。录音大师费恩原本是"费恩音响公司"（Fine Sound Inc.）的老板，专司唱片录音与影片配音。从 1951 年开始，Mercury 唱片公司成为他的顾客，他利用自行研发的录音技术，为 Mercury 录制由拉斐尔·库布利克（Rafael Kubelik）指挥芝加哥交响乐团演奏穆索尔斯基的《图画展览会》，在单声道（mono）时期为"高保真"（High Fidelity）创下里程碑，当时《纽约时报》乐评主任霍华德·陶布曼（Howard Taubman）听后评价"仿佛置身管弦乐团现场"（like being in the living presence of the orchestra），此后的 17 年间，Mercury 的古典录音小组就使用 Living Presence 品牌制作了超过 350 张唱片。费恩的成功在于突破传统话筒摆放，通常录制管弦乐团都采用为数众

录音大师费恩夫妇

多的话筒拾音再混音而成，费恩则选择具有优秀音响特性的厅堂，再使用超灵敏、足以涵盖整体管弦乐团声响的话筒，并且能获得无比清晰、平衡如真、声像明确的音效。虽然单一话筒技术前人也曾采用，但是以此方式录制如《春之祭》或《1812 序曲》这样的大规模管弦乐曲，在 20 世纪 50 年代，费恩的这一做法无疑是非常大胆的创新。

Living Presence 的录音技巧

Living Presence 录音技巧本身极为单纯，关键在于话筒（单声道使用一支 Telefunken 201，立体声使用 3 支 Telefunken 201），悬挂的高度、角度与位置，通常要综合管弦乐团的力度、录音厅堂的空间与物理特性，再结合乐曲本身的结构来决定，这就有赖费恩及其助理录音师罗伯特·埃伯伦茨的耳力与经验，即使录制协奏曲、歌剧或大型兼具独唱、合唱与管弦的曲目也绝不添加点话筒。以立体声录音为例，他们会使用 3 支无指向话筒，沿着管弦乐团前缘悬挂，彼此重叠覆盖而包含乐团各部的乐器，因此能准确地捕获真正清晰的全景声响，同时也能呈现真正演出场所的空间与透视。

依据埃伯伦茨的回忆，原本从事影片录音的他，在 20 世纪 50 年代初期加入费恩团队后很快适应唱片录音，起初在移动录音卡车上协助费恩录制 Mercury Living Presence 系列，一段时间之后，由于费恩忙于影片录音策划，许多 Living Presence 唱片即由其操刀。在单声道录音时期，录音卡车上只有两部单声道的 Fairchild 126 录音机，之后有一部便携

35mm 胶片磁带　　　　　　　　Schoeps / Telefunken 201 话筒　　　　　Westrex RA 1524 混音机

式立体声实验录音机 Magnecorder，但并未真正派上用场。20 世纪 50 年代，由于电影工业蓬勃发展，立体声电影录音大行其道，费恩公司也擅长以 35mm 三轨磁带录音机录制所谓 Perspecta Sound 立体声影片声轨，他们也知道立体声音乐唱片的时代即将到临。首先是录制供应纽约电视台播放的影片《佩蒂·佩琪秀》(Patti Page Show)，费恩决定直接录制 35mm 三轨胶片磁带，二轨供管弦乐团作立体声录音，一轨单独供人声拾音，这是他们在录音棚的首次立体声音乐节目录音，之后也制作许多爵士大师录音作品，包括 Count Basie、Buddy Rich、Dizzy Gillespie、Billie Holiday 等。有了录音棚经验，1955 年，他们在录音卡车上陆续装置两部 Ampex 三轨半英寸磁带录音机，方便录音与拷贝。由于同时间双轨立体声磁带上市但仅供家用，此后 Mercury Living Presence 古典音乐录音就都采用三轨录音格式。1958 年底，录音卡车开往罗切斯特 (Rochester) 伊斯曼戏院 (Eastman Theater) 录音，卡车与戏院相距甚远，既需较长信号线，也需更新连接系统，加上又有远赴底特律、明尼阿波利斯及欧洲录音的计划，于是大幅改装录音卡车，淘汰 Fairchild 单声道录音机，改用两部 Ampex 300S 录音机作单声道录音，两部 Ampex 3 轨录音机作立体声录音。

1961 年，Mercury 再度精进 Living Presence 录音技术，采用录音专用的 35mm 胶片磁带，它可供单轨、三轨或六轨录音，由于音轨较宽、转速较快、材质较厚，能提供更延伸的频率响应范围与更佳的瞬间动态反应，对乐器音色的最精确细致描绘与声场的宽深也都比普通磁带优异。

终于成功进驻红场

1962 年，Philips 买下 Mercury，要求录音小组到伦敦录制俄罗斯音乐家康德拉辛 (Kondiashin)、罗斯特罗波维奇 (Rostropovich) 及其夫人维什涅夫斯卡娅 (Vishnevskaya) 与李希特 (Richter) 的演奏，以 Philips 品牌发行。这些因素都促成了 Mercury Living Presence 在经过长期磋商后得以登陆莫斯科录音。终于，1962 年 6 月，录音卡车由纽约通过船运送到荷兰鹿特丹港，原本计划通过陆路开往莫斯科，布莱斯·萨默斯发现有俄罗斯船将航行到接近莫斯科的维堡（Vyborg）港，于是改走海运，再由维堡以火车运送到莫斯科。整个过程提心吊胆，无人知晓后果，总之，直到费恩、哈洛德·劳伦斯与布莱斯·萨默斯坐进录音卡车，由埃伯伦茨亲自驾驶开往莫斯科红场，才放下心中的悬石。路上行人莫不对这部从未见过的怪车注目，从照片中，我们可以看见有着 Mercury Records 商标与 Fine Recording 字样的卡车就停在以圣瓦西里升天大教堂（St. Basil's Church）为背景的红场一角，警察也前来盘查。终于，录音卡车进驻柴可夫斯基音乐厅波修厅外中庭待命。

音乐与音响的共同贡献

正式录音的前置作业当然就是话筒的架设，由于苏方不允许在厅堂做任何侵袭性装置，即使在地板上做刮痕记号都不行，因此，话筒只能装于挂杆上，这与在美国录音极不相同，通常在美国可由厅堂天花板垂线或以轨道线调整话筒的高低与位置，方便丈量与记录，也方便以后录音的延续性与话筒的重置。无论如何，毕竟是录音高手，费恩与埃伯伦茨只花了大约一个小时就搞定话筒的位置，其中最重要的是设定中央声道的话筒（先关闭左、右声道），在单声道录音位置正确后，再加入左、右声道的话筒作立体声录音。事实上，中央话筒直接馈入单声道录音机，也是日后压印单声道 LP 的音源。完成话筒架设后，埃伯伦茨回到录音卡车操作录音机，费恩则留在音乐厅的监听室，有多位苏联录音工程师协助，也有其他人员观摩，在录音卡车上，每天也有不同的组员参观录音仪器与录音过程，既对录音机器好奇，也对只有 4 人的录音小组惊讶！无论如何，苏联人展现出很大程度的善意与礼遇。在整个录音过程中，威尔玛·科扎特女士与劳伦斯先生负责音乐监听，例如某一乐器需要更加清晰，某些声音需要更加平衡，当这些意见被提出时，

Mercury 录音卡车停在圣瓦西里升天大教堂前

录音师埃伯伦茨

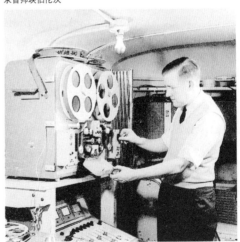

费恩与埃伯伦茨就会绝对尊重地去微调话筒的位置。事实上，完成这次录音不久，威尔玛·科扎特女士离开 Mercury，回家专心养育她与费恩的 4 个儿子，劳伦斯接任古典部主任，继续录制未完成的签约，包括指挥安塔尔·多拉蒂、大键琴家普亚纳、大提琴家拉斐尔·施塔克、吉他家族罗梅罗（Romeros）与指挥芬奈尔的作品，直到 1967 年转任伦敦交响乐团总经理，Mercury Living Presence 录音也走入历史，也成为录音经典瑰宝。

Mercury 从 1962 年底开始发行这一系列唱片，立体声与单声道 LP 同时上市，在唱片封套上显著标示"美国技术与音乐人员和器材首度在苏联录音"，此次 Speakers Corner 公司复刻立体声版 LP，封面与封底完全与首版唱片相同，以下笔者将依唱片编号先后逐一解说。值得一提的是，由于这系列中拜伦·贾尼斯一人的钢琴演奏就占了 3 张，值得先了解这位钢琴家的生平与琴艺。以下的介绍就从他的事迹开始吧。

霍洛维茨的第一个弟子

拜伦·贾尼斯于 1928 年 3 月 24 日出生于美国宾夕法尼亚州马克基斯波特，5 岁时幼儿园老师发现其音乐天赋，经过 6 个月的学习，他已能在广播电台弹奏，8 岁时赴纽约追随名师 Lhevinnes 与 Adele Marcus，15 岁与托斯卡尼尼的 NBC 交响乐团成功合奏之后，全美邀约不断，1944 年 2 月 20 日与当时年仅 14 岁的洛林·马泽尔（Lorin Maazel）指挥的匹兹堡交响乐团合奏拉赫玛尼诺夫（Rachmaninoff）的《第二钢琴协奏曲》，获得

当时在座的钢琴大师弗拉基米尔·霍洛维茨（Vladimir Horowitz）赏识，收为第一个弟子，拜伦在大师门下学艺历时 3 年。

1948 年，在美国与南美已举办无数次独奏或管弦协奏之后，拜伦首度在卡内基音乐厅独奏，在乐坛引发巨大反响，演艺生涯也随之推向世界。1952 年与阿姆斯特丹大会堂管弦乐团合作之后，与国内外各大交响乐团持续合作。1961 年纪念李斯特 150 周年诞辰，他受邀分别与波士顿交响乐团与巴黎音乐学院管弦乐团演奏大师的两首钢琴协奏曲，在 1962 年 Mercury 唱片公司赴苏联录音时，也同时录下这两首作品。

他是第一位突破铁幕以双方政府文化交流名义于 1960 年首度赴苏联演奏的音乐家，据《纽约时报》头版报道，拜伦的琴韵风靡苏联，不论男女均感动落泪。1962 年他再度造访苏联作长达 7 周的巡回演出，同样造成轰动，也为 Mercury Living Presence 的录音写下历史，其中的《普罗科菲耶夫第三 / 拉赫玛尼诺夫第一钢琴协奏曲》唱片在 1964 年使他成为第一位获颁法国"唱片大赏"（Grand Prix du Disque）的美国钢琴家。

1967 年，他在巴黎近郊托伊城堡发现未曾问世的两首肖邦圆舞曲手稿，不同版本的同样曲目 6 年后也出现在耶鲁大学，于是他现身说法，由法国电视台拍摄一部《拜伦的肖邦之旅》影片。此后，他获奖无数。1995 年，由于他的《普罗科菲耶夫 / 拉赫玛尼诺夫》唱片获得"最佳再版"奖，他还获得"坎城古典唱片奖"。

1973 年后他罹患干癣性关节炎，手腕与

拜伦•贾尼斯画像

手指关节受损，1985 年他担任关节炎基金会的艺术大使，在许多基金筹募音乐会中演奏，也在国际会议上代言。世界乐评日益推崇拜伦深邃成熟的琴艺与传奇炫技。此外，他在多所大学或艺术协会开办大师班，1997 年获得三一学院（位于 Hartfold）荣誉博士学位。

除了在苏联录制的这 3 张唱片（均有 CD 或 SACD 版），他先后在 Mercury 还录有几张精彩名作，包括首度发行的《图画展览会》（CD 版，Mercury 434 346-2）、《舒曼 A 小调 / 柴可夫斯基降 B 小调第一钢琴协奏曲》（Mercury CD432 011-2）及《拉赫玛尼诺夫第二与第三钢琴协奏曲》（Mercury SACD/ CD 470 639-2），这些唱片可帮助我们进一步欣赏他纯净又悠然的钢琴情韵。

另外值得一提的是，年老的拜伦也移情作曲，1988 年为全球论坛探讨人类生存的会议中谱写《唯一的世界》（*The One World*），后由 Sammy Cahn 写词传唱；1989 年为纪念影星加里•库珀（Gary Cooper）谱曲供电台播放；还为影片《加里•库珀与海明威》配乐；还为在百老汇上演的音乐剧《钟楼怪人》（*Hunchback of Notre Dame*）谱曲。

拜伦•贾尼斯的普罗科菲耶夫与拉赫玛尼诺夫钢琴协奏曲

LP SR 90300
SACD 4756607

就在录制这张唱片（1962 年 6 月 8 日、9 日与 13 日）之前不久的 5 月 13 日晚上，拜伦与原班人马，康德拉辛指挥莫斯科爱乐管弦乐团在柴可夫斯基音乐厅创造历史，一场音乐会演奏 3 首重量级的钢琴协奏曲，来宾中有许多俄罗斯音乐精英，包括普罗科菲耶夫夫人、钢琴大师埃米尔•吉列尔斯（Emil Gilels）及刚获当年柴可夫斯基大赛钢琴首奖的弗拉基米尔•阿什肯纳齐（Vladimir Ashkenazy，殷承宗则获第二名）。当第一首拉赫玛尼诺夫的《升 f 小调第一钢琴协奏曲》奏完，听众开始欢呼；第二首舒曼的《a 小调钢琴协奏曲》演完，听众疯狂喝彩，但这只是暖场；在中场休息时间，拜伦仅食用几块巧克力与一瓶苏打水，毫无倦容地上场演奏第三首普罗科菲耶夫的《C 大调第三钢琴协奏曲》，未等最后几个音符收场，观众手舞足蹈，疯狂喧叫并涌到舞台边，再突然转为有规律而缓慢的鼓掌，这是一种俄罗斯式的最高赞美；持续 20 分钟之后，拜伦望向指挥，康德拉辛一声"柴可夫斯基"，在未经彩排的情况下，管弦乐团立即奏出《第一钢琴协奏曲》的第三乐章，这是没有规划的安可曲，仍然令来宾如醉如痴，掌声、鲜花如潮。

会后康德拉辛称赞说："拜伦·贾尼斯是当代最伟大的钢琴家之一，他能演奏 3 首极度不同的协奏曲且能表达各自完美的风格！"吉列尔斯说："这是一次真正伟大的演奏！"阿什肯纳齐说："我从未听过普罗科菲耶夫如此灿烂。"普罗科菲耶夫夫人特别写了一篇感言，叙说普罗科菲耶夫的音乐不是靠灵感而是靠孜孜创作与泉涌心思，她听过国内外多位杰出钢琴家演奏这首"第三协奏曲"，拜伦的诠释令人深受感动、曼妙惊奇。

普罗科菲耶夫从 1917 年起开始断续谱写这首协奏曲，直到 1921 年开始将收集的主题素材组合整理，一气呵成。在这几年间，他还完成第三与第四钢琴奏鸣曲、芭蕾舞曲《丑角》、歌剧《三个橙橘之恋》等。

普罗科菲耶夫的第三协奏曲从采用自由奏鸣曲式快板的第一乐章开始，再以小行板的主题所作的 5 段变奏与尾奏构成第二乐章，最后是轮旋曲式不太快的快板完成终乐章。全曲既有古典主义的明快，也有机械主义的新颖；既有独特优美的主题，也有充实发展的变奏；乐章各有特点，管弦幻化丰富。因此，独奏者固然需具备高超炫技，管弦乐也要默契无间。在这张唱片中，拜伦·贾尼斯完美触键鞭辟诠释，管弦乐团应答巧妙，旗鼓相当，全曲呈现机灵、剧力与温馨，处处令人惊艳、会心与回味。

唱片另一面收录拉赫玛尼诺夫《升 f 小调第一号钢琴协奏曲》，这一作品没有第二号或第三号来得热门，虽然这是他 17 岁时的作品，也没有晚期作品甜腻，还有些柴可夫斯基第一号的影子，但仍是清新珠玑之作，不仅主题、技巧的发展令人印象深刻，管弦铺排同样绵密流畅，拜伦·贾尼斯同样华丽呈现浪漫与温暖，与管弦共谱无懈可击的乐章。

音乐诠释与表达殆无疑义，发烧友最关心的应该是录音成效。笔者发现费恩采用近距离拾音，以钢琴为主体，它的形体虽非巨大，但高潮乐段音量足以与管弦相抗衡；声场并不特别宽，仅达主音箱外侧，深度与宽度相当；空间温暖，混响适度。整体而言，钢琴与管弦极其生动，完全给人近距聆赏的感受，乐器细节极其清晰，音符动态收放自如，钢琴触键晶莹温暖、频响流畅无限，大提琴弦群优美透明，铜管咆哮威风明亮。但高音弦群与长笛高频接近锐化边缘；极低频扎实清楚，但低频又稍显模糊而轰隆，是否与话筒置于挂杆上而非如同

Prokofiev And Rachmaninoff Concertos. Byron Janis; Moscow Philharmonic, Kondrashin（LP SR 90300, SACD 4756607）

在美国惯用的吊绳有关不得而知。这些缺点，SACD 版比 LP 版来得轻微，但是声像的实体刻画与瞬态反应，LP 仍胜 SACD 一筹，不过，由于演奏极其精彩，聆听时瑕不掩瑜，不用太过在乎。

拜伦·贾尼斯安可曲

安可曲对拜伦·贾尼斯来说是他的琴艺与听众互动的高潮，听众意犹未尽，贾尼斯也从中获得满足。在他数以百计的钢琴演奏会中，世界各地表达安可的要求花样百出。在阿根廷，喧闹的掌声中会夹着希望安可的曲名；在意大利，不断叫着"Bis，Bis，Bis"（再多！再多！再多！）；在俄罗斯，听众规律性地拍掌，甚至拥至台下挥舞书写着曲目的纸片；在英国与美国，听众喊着"Bravo"（好！），吹着口哨；在巴黎，更是各种动作的集大成。由此可见拜伦的安可曲受欢迎的程度。

这张 LP 两面各收录 6 首拜伦最喜爱的安可曲，也分别收入"普罗科菲耶夫第三／拉赫玛尼诺夫第一"与"李斯特第一与第二钢琴协奏曲"及《拜伦弹奏图画展览会》的 SACD 或 CD 版本。LP 的 A 面收录李斯特的《第六号匈牙利狂想曲》（曲 1），虽然未严守匈牙利音乐"查尔达斯舞曲"（Csardas）形式，但仍有庄严肃穆的行板"拉散"（Lassan）部分及匈牙利音乐特有的切分法与即兴式花奏，全曲细腻、技巧复杂，尤其是曲尾的八度音程。曲 2 仍是李斯特作品《被遗忘的圆舞曲》（Valse Oubliée）三首之一，在强奏和弦的序奏之后呈现上下摇曳的圆舞曲，中间再夹奏玛祖卡舞曲，规模虽小，却成熟细致。舒曼写于维也纳的 3 首《浪漫曲》（Romance）之一的"升 F 大调"（曲 3）陈述简明又洋溢浪漫与轻淡感伤。取材自法雅《三角帽》芭蕾音乐的《磨坊主人之舞》（The Miller's Dance）（曲 4）是首西班牙"法鲁卡舞曲"，地方色

Encore Byron Janis（SR 90305，LP 版）

Encore Byron Janis（432 002-2，CD 版）

彩浓烈。依据诗人佩特拉卡（Petrarca）著名情诗临境创作的李斯特《十四行诗》（Sonetto）（曲5）是《巡礼之年》曲集"意大利"中的一首，叙述人生如梦，真爱永恒。曲6是美国作曲家吉恩（Guion）的《口琴吹奏者》（Harmonica Player），有着典型美国民歌的潇洒写意。

LP的B面第1曲是普罗科菲耶夫的《托卡塔》（Toccata），与《第六号匈牙利狂想曲》同样是拜伦的招牌绝活，这首作品是具有狂风暴雨般的律动、大胆奇特的和弦，不协和、桀骜的展技曲，讲究高难度演技，却有迷人的炫目效果。曲2是门德尔松的《无言歌》《五月的熏风》，优美柔雅，如沐清风。曲3是舒曼的《散曲集》（Novelletten）的第一首"F大调"，一首明晰而强劲有力的小品。曲4是肖邦的第三号《F大调练习曲》（Etude in F Major），

轻盈飘逸。曲5是肖邦的《a小调圆舞曲》（Waltz in a Minor），阴郁惆怅。曲6是奥克塔维奥·平托（Octavio Pinto）的《儿时情境》（Three Scenes From Childhood），描写巴西孩童的天真活泼、幽默无邪。这些曲子同样都有着动听、耐听的特色。

从拜伦·贾尼斯弹奏的安可曲中，我们可以知道他处理小品仍然一丝不苟，用心深入，理性浪漫而不滥情，雍容大度而不夸张，晶莹珠玑，耐人寻味。

关于录音，除了李斯特的《第6号匈牙利狂想曲》《被遗忘的圆舞曲》与佩特拉卡《十四行诗》是1961年10月6日在纽约的费恩录音棚录制，其余都是在莫斯科录音，这是无可挑剔的钢琴录音，不论频域、动态、音质、诠释都无懈可击。值得发烧友注意的是，在纽约录音室的作品，钢琴录得形体较

大，左右延伸几乎涵盖左右音箱内缘，在莫斯科音乐厅的录音，钢琴声像较接近现场近距离聆赏的感觉，虽有不同，仍无碍欣赏贾尼斯的高超艺术。

肖斯塔科维奇第四号与第八号弦乐四重奏

肖斯塔科维奇是写作交响曲的高手，弦乐四重奏也可视为交响曲的缩影，因此他的大多数交响曲以及15首四重奏中的8首都采用古典形式的四乐章构成，轮旋奏鸣曲式也是最常见的头尾乐章的曲式，中间乐章常用诙谐曲，也偏好长段单声部反复的慢板乐章，若非极具自信，一般作曲家鲜敢冒险，肖斯塔科维奇则称此种静思正是他的音乐哲理的中心，与交响曲的激烈乐段同样具有张力。

第四号弦乐四重奏采用稍快板、小行板、稍快板与稍快板四乐章。第一乐章并未直接采用民歌素材，只利用意念音符不慌不忙、深思熟虑地重复进行直到高潮再缓降结束。第二乐章，第一小提琴以半即兴旋律作前导，象征个人的苦难。第三乐章并非诙谐，以静音大提琴表达主题，采用俄罗斯歌谣旋律，与其他弦乐手的稳定节奏相抗衡。第四乐章不仅是各弦乐的对话，也是东方与西方世界的磨合，肖斯塔科维奇采用各种舞曲与多彩的旋律交织，人类共同的苦难在曲末和解消散。

第八号弦乐四重奏是1960年肖斯塔科维奇在参与苏联与民主德国合作的电影制作时在德累斯顿写成的，乐谱注明"纪念法西斯主义与战争的受害者"。因此，这是他反法西斯与反战争思想的表达，同时在曲中也融入"自传

性"的要素，也就是以他名字的缩写D-S(es)-C-H音名作为动机，成为全曲的主题，并于曲中引用自己的曲作片段。全曲由5个乐章不停歇演奏构成。第一乐章是最缓板，沉重赋格曲风，取用第一号与第五号交响曲中的乐节；第二乐章贯穿来自第二号钢琴三重奏的主题，是象征法西斯的恐怖与战争惨烈的托卡塔；第三乐章有第一号大提琴协奏曲中的圆舞曲，吐露肖斯塔科维奇冷嘲热讽的性格；第四乐章强烈突出，从不协和开始，引用格里高利圣歌的《末日经》、俄罗斯古调与革命颂歌《罪犯憔悴、奴隶殉道》及《麦克白夫人》中的咏叹调，听来缤纷灿烂，丰富满足；第五乐章再回到第一乐章的世界，最后在幽暗叹息中结束，让人低回不已。

这张唱片未见CD版本，鲍罗丁弦乐四重奏团的演奏，激昂处虎虎生风，低吟处沉重哀叹，极为传神，录音很值得探讨。费恩与埃伯伦茨采用极近距离拾音，就像在舞台

Shostakovich Quartet No.4 and 8 / Borodin String Quartet
（SR 90309）

前缘聆赏，4 位弦乐手的定位极其清晰明确，擦弦划弓纤毫毕露，堂音气韵浓郁可感，小提琴的高弦极为锐利，大提琴的低弦相当丰实，录音机器或地板反射的超低频轰隆声也不时耳闻，可说是一场近得就像用显微镜观看的录音，您必须非常细致地调整唱针的针压与垂直循迹角（VTA），调得精准，您会为它的直接通透感到心悸；调整失当，您会不忍卒听！

喜爱的巴拉莱卡

这一趟莫斯科之行会录制这张《喜爱的巴拉莱卡》演奏曲，事前连录音师埃伯伦茨都不知晓，80 人乐团与前所未见的苏联各种庞大的民族乐器更令人目瞪口呆，从未录过这种乐团，却是一气呵成，没有重来，之后也成为几张莫斯科录音唱片中最畅销的唱片之一。Classic Records 出版过复刻片，Philips首批由科扎特女士监制的 10 张 CD 也包括这张，最近重制的 SACD 也没遗漏它，现在 Speakers Corner 的复刻片让大家又多了一个选择。

这张唱片是这一系列，甚至是所有Mercury Living Presence 唱片中，笔者给予录音满分评价的超级唱片之一，在拜伦·贾尼斯演奏的协奏曲中出现的频域不均的现象完全没有出现，虽然录音师与话筒等器材完全相同。担任演出的是奥西波夫俄罗斯民族乐团，曲目从民歌到舞曲、通俗音乐到古典音乐，均具有典型的俄罗斯浓烈感性曲风，如欢愉节庆的《两首民歌幻想曲》（*Budashkin：Fantasy on Two Folk-Songs*）、乡愁满怀的《菩提树》（*Kulikov：The Linden Tree*）、神秘朦胧的《莫斯科午夜》（*Soloviev-Sedoy：Midnight in Moscow*）、妙俏入化的《野蜂飞舞》（*Rimsky-korsakov：Flight of the Bumble-Bee*）、热情满溢的《喜剧演员之舞》（*Tchaikovsky：Dance of the Comedians*）等 14 首。号称"巴拉莱卡曲"，其实主导旋律的是发音好像曼陀林的三弦拨奏乐器"多姆拉"琴，巴拉莱卡琴则是有着三角琴身的吉他族成员，经"俄罗斯民族乐器乐团之父"安德列也夫改良扩大而有高、次高、中、低、倍低音族系，继任的名指挥奥西波夫更将乐团编制扩大，纳入手风琴、风笛、木琴、三角铁、铮弦，以及音色独特、极其迷人的"弗拉迪弥尔牧羊号"（Vladimir Shepherd's Horn），让整体乐团有更多姿多彩的音色。

这场录音异于"钢琴协奏曲"场次，声场左右宽阔，感觉超出左右音箱外缘，深度

Balalaika Favorites，Osipov State Russian Folk Orchestra（SR 90310，SACD 475 6610）

依旧，其间声像分布均匀，中间无断层，动态大、瞬态响应快，将弹拨乐器的跳跃、吹奏号角之气韵、旋律节奏的奔腾、频率动态之变化、独奏齐奏的繁复都清晰刻画，既保持乐器形体的完整，也呈现厅堂气韵的丰润。此外，发烧友感兴趣的是这张唱片目前有两个数字版本、两个模拟版本的复刻片，究竟在声音或音响的呈现上有无不同，孰优孰劣？老实说，由于原始录音绝佳，如果不作比较，每一版本均属上乘，由于每一版本复刻的器材与工程师都不同，结果会有差异自不为奇，只要做好整体平衡，乐器力求真实即属优秀版本，对音色与声场的偏好就由个人主观取舍，这也是笔者从不迷信原始刻片一定胜过复刻片的理念根基。因此，在提出笔者对这4个版本的复刻音效的看法之前，它们的复刻方式值得先行了解。

20世纪90年代初Mercury Living Presence首度转制CD，请出费恩夫人威尔玛·科扎特女士（费恩先生已过世）监制，哈洛德·劳伦斯介绍历史，他们为了充分转化母带，首先修复原始Mercury电子管的Westrex胶片磁带录音机与Ampex三轨磁带录音机，精确调整，力求原始EQ曲线，争取原声原形再现。不论原始录音是胶片磁带还是普通磁带都不再采取EQ、滤波、压缩或限幅，直接采用128倍超采样的模数转换器，在重刻过程不断以原始模拟母带聆听校正，完成的CD，费恩夫人认为保真度超过LP。

2005年发行的SACD/CD版本，由于原始母带是35mm胶片磁带，复刻师使用一部Sondor Oma-S Chace机器（为了克服以醋酸基为基础的磁性胶片产生的"醋化现象"），使用SMPTE（Society of Motion Picture and Television Engineers）均衡，并以埃伯伦茨提供的参考母带作校正，先以192 kHz / 24-bit PCM处理再转成DSD三声道与二声道两个版本（Mercury Living Presence原始母带若是一般磁带，刻片师则采用具有Saki Magnetics三磁头的Studer A80R 1/2"或Studer A820 1"录音座，再以dcs模数转换器直接以DSD转制SACD/CD），为了尊重科扎特女士，20世纪90年代的CD版本同样纳入SACD层内。

Classic Records与Speakers Corner公司也都宣称采用原始胶片磁带，至于如何输入LP刻片机并无资料可寻，或许是商业秘密，各有妙计，不过可以确定Speakers Corner采用晶体管刻片机，Classic Records可能采用电子管刻片机。笔者的结论是：科扎特女士的CD版本值得尊敬，极温暖的音色，将电子管录音制作的特质充分保留，极宽频域、活生清晰与空间透视没有丢失Living Presence的精髓，当然数字录音的缺点无可避免，也就是说，与任一LP复刻片比较，声像的真实感与刻画度稍有欠缺。

SACD的双声道版本，与科扎特的CD版本比较，在频域两端延伸明显不同，但是声场显得稍微退缩，声像也较紧促，整体声音稍趋冷静，与LP复刻片相比，数字录音的缺点仍然明显可感。

CD复刻片较接近科扎特版本，但发声更松逸，频域延伸更顺畅，声像真实感与生动性更明确。

Speakers Corner的复刻片明显比Classic

Records 更强调高频与低频，由于中频也稍突出，整体平衡无甚问题，只是在大声齐奏高潮乐段，高频处于锐化边缘，VTA 若未调整适当，肯定出现失衡。

总之，这是一张任何版本都会令人耳目清新的唱片，也是最令人难忘的莫斯科追忆。

拜伦·贾尼斯演奏李斯特第一与第二钢琴协奏曲

出生于匈牙利的弗朗茨·李斯特（Franz Liszt, 1811—1886）有钢琴界的帕格尼尼美誉，正是由于 1831 年，他在巴黎观赏帕格尼尼魔幻般小提琴演奏炫技后，激励自己在钢琴技艺上不断精进。事实上，从他依循帕格尼尼所作的《超绝展技练习曲》（1878）与《大练习曲》（1851）即可见对其偶像的尊敬。同样地，他也心仪帕格尼尼的即兴演奏，而发展出一套更自由、更戏剧化的即兴演奏方法，例如在一次《幻想交响曲》管弦演奏之后，李斯特上台即兴改编弹奏一段《断头台进行曲》而博得更多掌声。

李斯特除了钢琴技艺高超，还将贝多芬掀起的浪漫乐风发扬光大，达到更热情、大胆、个性的表达境界。此外，他开创的交响诗手法，不但运用到钢琴曲或钢琴协奏曲中，他的单一主题以自由幻想风变幻曲思，使全曲贯穿一个明晰的概念，形成单乐章式的曲构，也极大地影响后世作曲家，例如弗兰克或圣-桑运用循环形式作曲的构思即源由于此。

李斯特的《降 E 大调第一钢琴协奏曲》藐视古典协奏曲的传统形式，采用自由曲式结构，4 个乐章不停、接连奏完，全曲热情澎湃，展现强烈而雄辩的意图，也荡漾着幻想与夜曲的氛围，钢琴部分充满李斯特巨匠的华丽风格，管弦的处理同样巧妙应答并且华丽充实。

《A 大调第二钢琴协奏曲》的结构更加绵密，更彻底地呈现交响诗式手法，可以说是附钢琴演奏的交响诗，全曲由连续演奏的 6 段组成，各段主题密切关联，半音阶和弦使用尤其巧妙，全曲运用变奏曲的原理，也采用轮旋曲的样式，如此变幻不断的主题，比第一钢琴协奏曲更富诗情，也充分展现狂想情趣。

在一场音乐会同时弹奏李斯特两首协奏曲已成为拜伦·贾尼斯的特色，在这张唱片中，与莫斯科管弦乐团一起演出的拜伦仍然展现他高贵的气质与理性的华丽。

录音效果基本上与《普罗科菲耶夫/拉赫玛尼诺夫》那张相同，只是低频模糊现象减弱。笔者仍然觉得 Speakers Corner 对这张 LP 复刻片高、低频进行了均衡处理，与科扎特版的 CD 相比较，笔者认为 CD 版更加平衡，弦群绵密透明适当（请特别注意《第一钢琴协奏曲》第二乐章的大提琴），三角铁飘逸自然（《第一钢琴协奏曲》第三乐章，当初此曲即因三角铁多次使用而被乐评家汉斯利克讥为“三角铁协奏曲”），LP 版则有过度刻画现象。在《第二钢琴协奏曲》中出现的铜管、木管，CD 仍较 LP 更加自然，尽管 LP 仍占有模拟唱片的优势。至于钢琴主角，LP 或 CD 都是动态无限、巨细靡遗。因此，笔者相信，原始录音肯定是极其优秀的，费恩夫人科扎特的绝佳 CD 转制仍然令

Sheffield Lab 的《莫斯科录音》CD 版封面。这 3 张一套的 LP 或 CD 早已绝版多时，只有期待复刻了

Liszt：Piano Concertos No. 1 & 2 / Byron Janis / Moscow Philharmonic, Kondrashin; Moscow Radio Symphony, Rozhdestvensky（SR 90329, CD 432 002-2）

人肃然起敬。

　　写完 Mercury 各种复刻版本，理当继续介绍 Sheffield Lab 的《莫斯科录音》，这场盛会除了喇叭花原班人马，还有音响名人名厂，包括 TAS 的 Harry Pearson、Madrigal、MonsterCable、Magnepan 等的赞助，录音大师 Keith O.Johnson、名音响设计师 John O.Curl 的技术支持，成绩斐然自不在话下，只是这 3 张一套的 LP 或 CD 早已绝版，现在多谈只有徒增向隅者伤悲，只有期待复刻版出现时再说了！

爱情神话 15F 1998 蔡克信画

13
极致低音

发烧友千奇百怪，各吹各的号，笔者司空见惯，见怪不怪，只要调出来的音响效果，乐器像乐器，频域够宽够平，不论是声场派还是声像派，不论是阴暗还是亮丽，不论是严肃还是甜美，笔者都能欣赏。但是，偏偏仅仅要求"频域够宽够平"就犹如登天之难，尤其是低音，遑论超低音。

笔者常有机会探访发烧友的听音室，发现问题比想象中的严重，不论是具有 15 英寸低音单元的大系统还是落地式全频音箱，十个有八个在 60Hz 以下急剧衰减。有的是音箱原始设计不足，特别是录音室监听用音箱的专业需求特殊；有的是摆位不当；占比最多的是聆听空间的高、中、低音比例不均所致，特别是低音部分，尤其是 100Hz 以下。因此，最简单的解决方法，就是利用分音重新分配，补足缺失。但是，笔者并不鼓励多路分音，因为难度极高，几十年来成功的例子，笔者只见识到一位医师前辈的系统。笔者主张的分音，是以原音箱作为一路，超低音音箱作为一路，从这两路去寻求精准的分频与配量。能够将这两路作天衣无缝的衔接，笔者认为可以获得"硕学会士"头衔，如果能够进一步摆出真实的声场声像，当然就值得受颁"博学会士"头衔。

杂听各类录音，反复摆位

老实说，调音并不容易，杂听各类录音，反复练习音箱摆位是成功的不二法门。敞开心胸、聆听建言，然后就得靠各自努力，利用不同唱片，不断推敲摆位，直到音响系统与聆听空间平衡融合。在达到频域宽平之前，除了"避振"，请勿浪费金钱在似是而非的道具或昂贵的线材上，那是提高班的课业，基础班没有快捷方式，只有勤练"空手道"，努力摆音箱。30 多年来，笔者调音的基本信念没变，调好低音和超低音，中高音往往水到渠成。最困难的就是低音，想想笔者的 Nola 巨无霸音响系统，仅负责 40Hz 以下的频域就要那么魁梧的低音柱，不仅仅是壮声势，而且非常有必要，因为笔者的听音空间同样是高低音域分配不均，经过分音调匀，从没有人责怪，反倒不断有人称赞。

平日，笔者以开放的态度，接受来自各地发烧友的聆听要求。我不担心踢馆，每次都欢迎自带唱片；我不好为人师，若说"言传"不如"身教"（实际示范）也有些言重，但每次仍本着野人献曝的赤诚，借着聆乐向朋友们"灌输"低音与整体平衡的概念。

知音虽少，难能可贵

一次朋友来访，包括曾在音响杂志写过专栏的廖倩慧老师，在聆听两首低音提琴独奏之后，她说了一句"心服口服"。能获得音乐家的认同是极为安慰的事。随着各式音乐的进行，她进一步指出，从笔者的系统可以清楚洞悉录音师的技法与意图，笔者心有戚戚焉，从来没有发烧友能够如此有共鸣。其实，平日笔者聆乐，探讨其录音、混音是另一种乐趣，也不时在唱片评论中透露，知音虽少，却难能可贵。

言归正传，以下要介绍几张录音超赞、演奏叫绝的低音提琴唱片，其中每一首都是极致低音的典范，既考验系统，也是调音的绝佳参考素材；从单人独挑、二人对唱、三人和鸣、四人成帮、五人围圈到六人组队的演出无不引人入胜，令人击掌。但是，如果您的重放系统无法重现低达30Hz低音可能就无法感受此中精妙。

阿萨金的艺术第一集

在《阿萨金的艺术第一集》（*Art of Rodion Azarkhin* Vol.1，Melodiya MEL CD1000883），我们可以听到典型俄罗斯电子管录音的厚实粗犷音色，也可以领会最杰出低音提琴家阿萨金不夸张的高超技巧与表情细腻浓郁的低音提琴表现。这张唱片收录其1959—1973年的演奏录音，除了挽歌与诙谐曲，均出自他的改编。录音虽然并不整齐，在平顺的重放系统上应可听出其中若干频率响应的不平整，但是仅第三轨《李斯特：第二号匈牙利狂想曲》即值回片价，并且足供调音参考。此曲采用极近距离话筒拾音，除了伴奏的钢琴清透，高把位至超低音充分展现低音提琴宽厚的实

体与自然的共鸣，如微风、似浪涛，波波袭人，通体舒畅。您可利用其超低音域调整音箱至适当（适量）的位置。

低音王 II

日本低音提琴演奏第一高手藤原清登（Kiyoto Fujiwara）在美国荣莉亚音乐学院学古典音乐演奏，在伯克利音乐学院学爵士音乐演奏，受大师Horace Silver垂青，探究低音提琴的真音妙韵。在《低音王 II》（*The King of Bass II*，King Records KICC 322）中，他使用一把18世纪意大利那不勒斯名琴Gagliano独奏自谱的风格迥异的三部曲，其音效与技艺只能用令人惊叹形容。在法国奇侬索伊教堂录音，堂韵清澈温馨，不论划弓拨弹都巨细靡遗。《诞生》（*Naissance*，轨11）一曲全部由短促和弦断奏构成，音色绝美，弓弦亮丽；拉丁名曲*Quizas, quizas, quizas*（轨12），轻盈绕指的拨弦，柔情万千，令人陶醉；爵士大

Art of Rodion Azarkhin Vol.1
Melodiya MEL CD1000883

《低音王 II》（*The King of Bass II*）
King Records KICC 322

师明格斯的民谣风第一号（轨 13），一气呵成的强拨奏，触动心弦。

Bass & Base

藤原清登在纽约与另一位日本名家铃木良雄（Yoshio Suzuki）组成"红酒"（Vino Rosso）低音提琴二重奏，在 Bass & Bass（King Records NKCD 3233）中有着精彩的对话，虽然是录音室作品，但具有高解析、高透明特性，由于尽量摒除人工加料，我们可以听出演奏家的情感，也可欣赏名琴（铃木使用 19 世纪意大利 Postacchini 低音提琴）的纯真音韵。这张爵士专辑，二重奏与独奏各半，每曲均可作为调音参考。例如 Sky & Sea（轨 1）、Blue Monk（轨 2）二重奏，您坐在皇帝位可以检视居声场左中的藤原与在声场右中的铃木的低音提琴形体与频域是否恰当，在藤原独奏的《阿兰胡埃斯协奏曲》（轨 3）或《花山》（轨 4）中，除了在皇帝位注意低音提琴是否发自声场正中，还要注意在频域高低变换之中提琴形体是否维持不变形，您也可分别在左、右侧音箱倾听频率响应是否平直，必要时当然就得作音箱摆位的调整，这种调音方式对具有超低音音箱的系统非常有用。这种只用徒手微调音箱而不用其他道具的方式，即笔者向来所谓的"空手道"调音，既经济又实惠。

Super Bass

Super Bass（Telarc CD- 83393）是大师班的低音提琴三重奏，由雷·布朗（Ray Brown）领导，John Clayton、Christian McBride 共襄盛举，是在波士顿斯库勒爵士俱乐部（Scullers Jazz Club）的实况录音，这张由 Telarc 当家录音师 Jack Renner 操刀的精彩作品已成绝响，弥足珍贵。首先，您要感受得到昏暗暖调的酒馆现场氛围；其次，唱片采用近距离、多话筒拾音，不论您坐在哪个位置，雷·布朗在声场正中稍后，Clayton 在左前，McBride 在右

Bass & Bass
King Records NKCD 3233

Super Bass
Telarc CD–83393

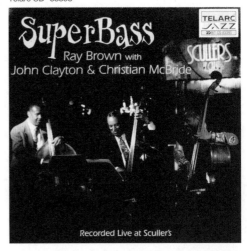

前的声像都应当清楚可见，现场观众的喝彩与掌声在其更前较低位置也应清楚显现；三位风格各异，却默契天成，和鸣无间。虽说是暖调，高音清晰、中音饱实、低音沉足；低音提琴的拨弹、断奏、划弓，音符刻画入木自然，音波如浪动人心扉。至于音乐，从《超级低音主题》开始，经过《再见黑鸟》《谁在乎》……《斯库勒蓝调》《布朗放客》，再以《超级低音主题》结束，可说高潮迭起，掌声不绝。以其中《老刀麦克》（Mack the Knief）一曲为例，这是首改编自怀尔（Weill）的《三便士歌剧》曲作。布朗与 Clayton 悠哉拨弦，McBride 则愉快地弹出主题旋律，他们不是描绘邪恶的麦克，而是刻画出一个昂然阔步的家伙，三位灵巧的技艺交织出一位有血有肉的人物，可谓绝妙的爵士另类诠释。

遁词与遁走

意大利的"牛筋四人组"（The Bass Gang）推出的《遁词与遁走》（Evasioni & Fughe，NBB 11）与《螫人的低音提琴》（La Contrabbassata，NBB 14）两张专辑，是令发烧友又爱又恨的超级发烧唱片。"牛筋四人组"是由原先各自闯响名号的罗马二人组 Un'Ottava Sotosopra 与佛罗伦萨双单枪 The Florentine Clan 合并而成，并由成员 Al Bocini 成立 NBB 唱片公司，专注低音提琴唱片的发行。在唱片内页中，他们或穿囚衣搞笑，或着西服耍帅，其实每位都是顶尖高手，不论演奏或编曲，都令人耳目一新，心血沸腾。此外，选择在修道院厅堂录音，自然回响加上近距离拾音，不论是 4 把低音提琴，还是邀请其他演奏家客串成 5、6 或 7 把组合，每位都形体明确，分离清晰，弓弦历历，音量、动态极为惊人，您的系统频域自高至低，若有缺失或突兀，上下扫描，一目了然。调音妥当，痛快淋漓，频域欠佳，一塌糊涂。

在《遁词与遁走》专辑中，只要先听

《遁词与遁走》（Evasioni & Fughe）
NBB 11

起头的《伏尔加船歌》与《黑猫白猫》即可领教这个组合举重若轻、挥洒自如的高超技艺，从改编的皮亚佐拉探戈曲或流行歌曲，更可了解他们融合音乐的深度与广度。在《螫人的低音提琴》专辑中，一开头就是 7 把低音提琴的《跳跃》，令人屏息，接着是串接 Take Five（爵士大师 Brubeck 曲）、悲怆第二乐章主题（柴可夫斯基曲）与 Everything's Alright（洛伊·韦伯曲）的《5×4》，优雅逍遥；随后，改编的 Zorbass、改编自古诺的《木偶送葬进行曲》、改编自皮亚佐拉的《自由探戈》等都尽情展现他们的绝妙技法与高超琴艺。

低音王究极

　　日本 King Records 发行了不下 30 张的演录俱佳的低音提琴唱片，这张《低音王究极》是继《低音王》《低音王 II》后的精选集，1 张价值可抵 10 张。在此要特别介绍其中的法国 L'Orchestre de Contrabasses。这个六人低音提琴乐团 1981 年成立，打破低音提琴的藩篱，融合古典、拉丁、爵士、流行，结合舞台声光与肢体语言，将低音提琴的音响技法发挥到极致。King Records 已发行他们 4 张专辑，在这张精选集中，收录有其招牌曲目 Bass，Bass，Bass，Bass，Bass & Bass。另外还收录了《帕尔玛》（曲 4）与《一路平安》（曲 6），从这两曲即可感受他们既严谨又细腻，既理性又感性的创作与表演意图，加上绝佳录音，每首都令人再三回味。

　　回顾这些"极致低音"的录音典范，笔者益加坚信，调好低音是玩好音响的不二法门。

《螫人的低音提琴》（ *La Contrabbassata* ）
NBB 14

《低音王究极》
NKCD6015

幻想·奇想　30F　复合媒材　2008　蔡克信画

14

从迪卡之声说起

"迪卡之声"（The Decca Sound）在模拟录音的黄金时代，与 RCA 的"Living Stereo"、Mercury 的"Living Presence"鼎足而立。虽然三家各自呈现不同的录音面貌，却都是录音艺术的典范，许多名盘即使是当今最先进的数字录音都难以超越。当然，仍有许多杰出的录音并非出自这三家的三种模式，这可以从许多唱片指南或音响杂志得到证明。因此，对于有人以某一模式作为绝对或唯一标准的主张，笔者不敢苟同。

录音只能重新造境

录音是种技艺，是重现音乐的手段，从拾音到放音也不可能原音重现，它只能重新造境。如果能再现原始录音的场景氛围，乐器、人声极近真实，即属最高技艺。在此过程中，制作人或录音师要营造近距离、中距离或远距离聆听的感受取决于个人理念，只要造境如真，能充分表达音乐，都属卓越录音。当然卓越录音若无绝佳重放系统、聆听空间的重新造境，也是枉然。

许多发烧友可能没想到 1950—1970 年的优秀录音要在几十年后才被听出全貌，因为当时的音箱或功放可能无法重放超低音或超宽的动态与细微的解析。反过来说，要评估录音，如果系统不足，即可能导致以偏概全或扭曲失真，评论人员不可不慎。

既然重现音乐是重新造境，首刻 LP 与复刻 LP 都有可能再现绝佳的音响与音乐，至于孰佳，并不绝对。如果您有幸获得首刻，又有能力精准回放，当然值得恭喜；如果首刻片状况极差或价钱高昂，笔者宁愿选择复刻，甚至 CD。

XRCD（Extended Resolution Compact Disc）技术

1990 年，当 Philips 将 Mercury Living Presence 系列转制成 CD 时，负责监制的原始制作人费恩·科扎特女士就宣称 CD 比 LP 优秀。笔者并不完全同意，笔者同意 CD 在再现录音母带的原始场景、氛围的音响性上胜过 LP，但是 CD 的原罪，是不可避免的信息量损失，音乐性与自然感仍略逊些许。几十年过去，CD 成为主流，许多数字工程师不断谋取 CD 精进之道，希望 CD 能逼近 LP，XRCD 便是其中的佼佼者。

XRCD 技术是日本 JVC 公司 K2 录音工程团队所研发的。早在 1987 年，他们先发展出一种增加 CD 格式解析的接口平台，并以团队中的资深工程师 Kuwaoka 与 Kanai 的两个 K 开头的姓氏取名，1993 年成功使用 20 位超编码，使用 20 位模拟 / 数字转换器，1999 年正式推出 XRCD 产品（即 20 位编码的 XRCD2），2002 年再推 24 位编码的 XRCD 24，2007 年再发展出更精进的 24 位、高频可达 100kHz 的 K2HD 技术，制作人马浚颇具慧眼，XRCD24 与 K2HD 的首发商业产品都由他的 FIM 公司拔得头筹。XRCD 任一系列的优点是可以用普通 CD 唱机播放而无须额外译码器，缺点是价格昂贵，与复刻 LP 相当，并且为了保存商业机密与利益，XRCD 或 K2HD 均在 JVC 公司或直辖分公司刻制母盘，严格管控。

复刻名厂 Speakers Corner

为了介绍"迪卡之声"与展现 XRCD 24 优秀的复刻功夫，JVC 在美国加利福尼亚州好莱坞刻片厂，于 2004 年由 Alan Yoshida 复刻 3 张分别于 1959 年、1960 年与 1971 年录音的迪卡之声唱片。笔者发现德国 LP 复刻名厂 Speakers Corner 正好也有这三款复刻片，于是购进以便作复刻版本比较。

在介绍音乐与录音之前，先介绍 Speakers Corner。该公司合作的原录厂牌包括 RCA、DGG、Decca/London、Philips、Mercury Living Presence、Mercury/EmArcy、Impulse、Verve、Harmonia Mundi、A & M、BIS、TACET 等。他们复刻的宗旨是忠实原录而非诠释原录，因此无所谓"Speakers Corner 之声"，并且刻自原始母带，除非万不得已，才使用第一代子带。刻片师都有多年经验，甚至有原厂工程师参与，并且在母带所在地分设刻片厂，例如在汉诺威刻 DGG、MPS、SABA 等，在伦敦刻 Decca、DERAM 等，在洛杉矶刻 Verve、Mercury 等。因此，LP 迷除了 Classic Records、Cisco、Analogue Productions 等复刻片，Speakers Corner 仍有许多宝贝可寻。

Decca 自创的"迪卡树"

"迪卡之声"之所以独树一格，在于异于 RCA Living Stereo 或 Mercury Living Presence 的 3 支话筒拾音，他们自行开创"迪卡树"（Decca Tree）话筒摆放方式，并积极研究混音器与录音机，成就层次清晰的透明声场及华丽丰厚的优美声响的特色。

许多适宜音乐表演的场所并不利于录音，因此，迪卡录音团队自 20 世纪 50 年代立体声开始发展时期，即致力寻找能呈现"音响舞台"（Sonic Stage）的录音厅堂，即使基本上符合，往往仍需作环境音响处理，以及精准的话筒摆位。他们要求能录出表演者（声像）之间及其四周有"气韵"的感受，声像本身要够清晰又有实体感，相对之间还要有空间感，音乐整体要够亮丽且能盛放（brilliance and bloom）。为达成这一效果，他们起初是在舞台前缘正中安排由 3 支 Neumann KM-56 话筒组成的"迪卡树"，另外在左右侧可以涵盖乐团处再各安排一支无指向性的 M-50 话筒，必要时，在独奏者或需要突显的表演者处再补一支 Neumann KM-56，这是进阶多话筒录音法与极简单点录音法之间的中庸之道，却能集两者之优点于一身。这种话筒技法一旦设定，在录音现场即直接混音完成二声道母带，无需事后作分轨调整，既减少相位失真，又能记录原始录音的氛围与完整度，当然也考验录音师的现场品鉴功力。

经典的 3 张"迪卡之声"

1959 年，迪卡在金斯威厅（Kingsway Hall），由意大利年轻指挥家皮耶里诺·甘巴（Pierino Gamba）指挥伦敦交响乐团，名小提琴家鲁杰罗·里奇（Ruggiero Ricci）主奏《卡门幻想曲》（Decca SXL 2197）等，即采用原始"迪卡树"配置，里奇独奏部也补上一支 Neumann KM-56。当时的录音师是老一辈的 A. Reeve 与 J. Timms，混音器是录音师 Roy Wallace 设计的六

RUGGIERO RICCI

LONDON SYMPHONY ORCHESTRA
PIERINO GAMBA

Bizet-Sarasate
CARMEN FANTAISIE

Sarasate
ZIGEUNERWEISEN

Saint-Saëns
HAVANAISE
INTRODUCTION &
RONDO CAPRICCIOSO

《卡门幻想曲》LP
（Decca SXL 2197）

轨混音器，录音座是 AMPEX/EMITR 90，监听音箱是 Tannoy Canterbury。

1960 年，再度由甘巴指挥伦敦交响乐团演奏《罗西尼序曲集》（Decca SXL 2266），这次改在伦敦沃尔瑟姆森林市政厅，由名匠威尔金森（Wilkinson）操刀。这里也是迪卡许多优秀唱片的录制场所，包括为读者文摘录制、由名制作人查尔斯·杰哈特（Charles Gerhardt）与威尔金森合作的系列唱片。这场录音的"迪卡树"部分，威尔金森改用 3 支 M-50 无指向性话筒，以较小的拾音头组成（减少话筒彼此干扰），另外在乐团木管部加上一支 Decca 话筒。

1960 年末，迪卡录音版图从欧洲扩展到美国。1971 年 4 月，在加利福尼亚州大学洛杉矶分校罗伊斯厅（Royce Hall），由青年才俊录音师 James Lock 与 Jimmy Brown 掌控，使用 30 支话筒，通过迪卡订制的 STORM（Stereo or Mono）混音机直入两声道的 Studer A-62 盘式录音座，由祖宾·梅塔（Zubin Metha）指挥洛杉矶爱乐乐团演奏古斯塔夫·霍尔斯特（Gustav Holst，1874—1934）的《行星组曲》（Decca SXL 6529）。这张唱片被 TAS 的 HP（Harry Pearson）选为私人调音的十大参考唱片之一。

甘巴与里奇

这 3 张唱片有两张的指挥是甘巴。这位在 20 世纪 50 年代与 60 年代被迪卡力捧的指挥，是 1936 年出生于意大利罗马的音乐神童，擅长钢琴与指挥，1962 年曾获 Arnold Bax 纪念金

1 《卡门幻想曲》XRCD
（JVCXR-0227-2）
2 《卡门幻想曲》CD
3 《李传韵：名琴复活》
（ABC HD-154）
4 《罗西尼：序曲集》
XRCD
（JVCXR-0229-2）
5 《行星组曲》XRCD

奖，录制的唱片中还有与伦敦交响乐团、钢琴家朱利叶斯·卡钦合作的贝多芬与李斯特的钢琴协奏曲。四十年来虽然没有成为耀眼的明星指挥，但仍在加拿大、澳大利亚、乌拉圭、西班牙、阿根廷等地的交响乐团担任音乐总监或常任指挥。我们欣赏的他二十三四岁指挥的两张唱片，俨然已具大将之风，并且与一流的交响乐团和大师级的里奇合作，日后没能大红大紫，只能归诸命运或机遇了。

里奇（1918 年生）也是位音乐神童，11 岁在纽约演奏门德尔松的小提琴协奏曲，16 岁逐音逐句钻研帕格尼尼的《随想曲》使琴艺趋于成熟，第二次世界大战期间他率领美国空军乐团劳军，冷战期间三度访问苏联，他首演多首当代音乐，也会推荐被忽略的 19 世纪小提琴作品，他也在印第安纳大学与茱丽亚音乐学院任教。笔者观赏他指导中国天才小提琴家李传韵的录像，虽时年已八十好几，但大师风范一览无遗，举手投足，人琴一体，技艺超群的李传韵在他面前真的就如童稚。我们看到什么是音乐细节（nuance），什么是音乐动态（dynamic），什么是音乐表情（express）。里奇是少数能演奏斯特拉迪瓦里琴与瓜尔内里琴的名家，虽然在 1957 年之

后，他以 1734 Gibson Guarneri del Gesu 为主要乐器。在李传韵 CD 专辑《名琴复活》（ABC HD-154）所附送的这张 DVD 中，动作夸张、表情丰富的李传韵也获借一把瓜尔内里名琴，但是不同的人操琴，竟然有天壤之别的琴韵心声，这是一堂值回片价，不容错失的大师班课程。

录音造境的不同

“甘巴／伦敦交响乐团／里奇”这张唱片（A）收录有萨拉萨蒂的《卡门幻想曲》与《流浪者之歌》，以及圣 - 桑的《哈巴涅拉舞曲》与《序奏与奇想轮旋曲》；“甘巴／伦敦交响乐团”的《罗西尼序曲集》（B）则收录了《鹊贼》《丝梯》《塞维利亚理发师》《塞密拉米德》与《威廉·泰尔 5 首序曲》；“梅塔／洛杉矶爱乐乐团”的霍尔斯特《行星组曲》（C）收录的都是乐迷耳熟能详的曲目，此次就不赘言谈其音乐，以下就依序以唱片 A、B、C 比较其录音与版本差异。

这 3 张唱片都具有清晰、生动、盛放的“迪卡之声”的特点，但是，由于录音厅堂、话筒使用及录音师个人之主见，仍有些许不同的音效。唱片 A 有着较窄的声场，居中央偏

《行星组曲》LP（Decca SXL 6529）

《罗西尼序曲集》LP（Decca SXL 2266）

左前的独奏小提琴与乐团有明显的间距，由于凸显独奏，其音量往往与乐团相当，并且其声像实体亦较整体明晰。唱片 B 声场明显宽深许多，左右已达音箱外缘，由于木管组已加重点话筒，通过威尔金森的妙手，乐团各部既清晰又平衡，声像层次既明确又自然，加上无压缩的频宽与动态，可谓巨细靡遗、栩栩如生。唱片 C 同样具有极宽深的声场，为了表达作曲家繁杂又清晰的配器，使用较多话筒而未陷入相位混乱的陷阱，录音师的技法可谓高超，其中大鼓、管风琴的超低音，缥缈的女声轻吟，各式低音管乐器的形体都非常考验重放系统的能力。

从音响角度出发，或以盲听方式鉴别，XRCD 24 版本已不再仅仅是模拟，而是有着聆听盘式录音带的感受，老实说，与复刻 LP 难分轩轾。不过，LP 在发声松逸度与声像的实体感、细微度方面仍然优于 CD，也许 XRCD 对音质的琢磨更精致，但也较严肃，复刻 LP 仍然率性而自然。如果您比较小提琴独奏，在一音段的滑弦中，XRCD 可以呈现平稳的丝质光泽，但是 LP 却能在其中呈现细微动态，表情更加生动。

此外，在唱片 A 中，复刻 LP 在 30Hz 附近不断出现地铁震动的轰隆声，XRCD 则滤除至微，但是迪卡的 CD 版本与复刻 LP 都有此低频噪声，似乎 Speakers Corner 唱片宣称忠于原始母带的确可信，XRCD 显然为了完美会进行处理，理论上并非原音重现，却也是 Re-mastering 重新造境的艺术。总之，录音、复刻、重现都隐藏着迷人的奥秘。

花语童谣　10F　复合媒材　蔡克信画

15

漫谈 CD 母带处理、录音、混音与压片

在这篇漫谈中，笔者仅就若干国内出版的作品进行阐述。

广州雨林唱片公司老板兼录音师陈健先生是多年来为提升CD品质在母带处理上下足功夫的认真人士，作品在世界各地发烧友中有耳共聆、口口相传。

雨林唱片的 A2HD

笔者曾在音响杂志开专栏报道"来自广州的声音"，评析雨林唱片。士别多日，当刮目相看！在听过 A2HD Mastering CD 之后，甚感惊奇、赞叹！多年来，笔者时常呼吁重视"母带处理"，鲜少获得响应，没想到雨林已突破瓶颈，有所成就，不让日本专美于前。

在试听过雨林已出版的 A2HD "人声篇""女声篇"，以及"器乐篇"《一水隔天涯》《青叶城之恋》等唱片，当然与之前同一录音版本的普通 CD 进行对比。笔者的结论是不亚于 JVC 的 XRCD 24，与 K2HD 相当。稍作保留的是，希望见到能以 A2HD 重制大型管弦录音，比较之后，当可下最后结论（陈健先生说，他已受托重制茶花女歌剧选段与巴赫作品）。A2HD 版呈现极其模拟的声底，发声非常宽松，音频两端的延伸自然无碍，高音飘逸、低音扎实，人声乐器实体感更为凝聚，质感更为逼真，声场的空间与气韵更为通透。这些，只要听一首陈洁丽的《人约黄昏后》立可判别，其差异极为明显，令人瞠目。

以模拟方式处理

陈健很早就知道母带处理的重要性，因为原始录音与压制成品的差异极其明显，苦于技术落后，早期曾委托日本 JVC、德国老虎鱼、美国 Doug Sax（The Mastering Lab）重制，成绩是有，却劳民伤财。多年来，老板兼制作、录音的陈健庄敬自强，秘密练兵（不过承认从 Doug Sax 学习基本招数），终于出师。他的 A2HD 制作流程关键在于模拟操作，通常是将 DAT 数字母带先通过 EMM LABS 数模转换器将数字信号转化为模拟信号，然

A2HD 人声篇，雨林唱片

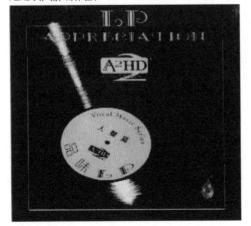

A2HD 女声篇，雨林唱片

后以雨林特制模拟效果处理器作第一次处理（A1 = Analog 1，利用不能透露的程序软件处理），之后再用顶级模拟信号处理器修正频宽、动态、声场，进行第二次处理（A2），完成的模拟信号再通过 EMM LABS 模数转换并升频至 2.8224 MHz / 1 bit，再以 DSD 数字格式制作，最后转换成 CD 格式（当然也可转成 SACD）。

目前的 A2HD 处理系统，其中有项模拟信号处理器在之前是使用 Avalon 厂牌，也就是第一张 A2HD "人声篇" 所用的，我们比较其中的《人约黄昏后》与后来出版的《一水隔天涯》的相同曲目，亦可分辨两者之差异。虽然两者显然都较原始 CD 优秀许多，使用 Avalon 的版本中频较为浓厚，但是后者却是整体较均匀，音染更少，人声实体更加自然凝聚。

制作流程，看似简单，其实并不容易，陈健说他借助 Stax 静电耳机，反复微调，即使 0.1dB 增减都得计较，他认为要调出正确的 "声场"（即声像的相对形体一致而不扭曲）才大功告成。

一时兴起

笔者非常认同以模拟方式作母带处理，最近笔者就有一个小小的经验。一张很受欢迎的唱片《伶歌》（瑞鸣出品），它的 LP 版远胜 XRCD 与 CD 版，笔者拥有的这张老虎鱼刻制的 LP 从头至尾无一声滴答，于是兴起将它转录为 CD 的念头。通过 Miyabi（雅）唱头、Rhea 唱头放大器、ARC-R2 前级，录进 TASCAM CDRW-901，如此以全模拟方式录出

的 CD，重放仍然比 XRCD 版真实自然许多，人声的细微变化尤其令人感动，一如 LP，这些在 XRCD 丧失泰半。

深蓝

MA 公司录音怪杰 Todd Garfinkle 以独门单点录音跑天下，在我国香港西贡一所教堂录制的《小城故事——张凌凌筝乐与歌曲世界》，以及 2008 年 2 月在新加坡 Republic Polytechnic 专业学府的录音室录制的《Skye 深蓝》（HR 0002-2），都是极具个人风格的极简、极纯录音作品。

华裔名制作人 Ying Tan 与 Sebastian Koh（女歌手 Jacintha 择仙花之制作人）于 2004 年在新加坡 St. James Power Station 酒廊惊艳于驻唱女歌手 Skye 的嗓音，经过多年酝酿，终于请来 Todd 操刀，在大约 8m × 10m × 4.7m 的录音空间，用惯用的一对 B&K 话筒以单点直刻方式，不经混音器，现场直入两轨 DSD 录音座，录下 Skye 唱的 10 首华语流行歌与一小段猫王的 Love Me Tender 得到这张专辑。

《Skye 深蓝》，Groove Note HR 0002-2，Joy Audio

全程不用压缩或剪辑，也无特殊后期制作，只是压片时采用 Todd 喜欢的绿色塑料 CD。

聆听《Skye 深蓝》，您必须将前级音量较平常调高，因为女歌手 Skye 的声音虽然带些许鼻音的娇柔细瘦，动态却是奇宽，《囚鸟》（曲 3）与《听海》（曲 8）都可以引证，她可以极低声喃喃自语，也可以嘶声呕心呐喊。虽然她的肺活量不大，但是她对歌曲的诠释极具个人色彩，加上录音师能以近距离拾音而不夸张口型声像将她的声音表情动态、呼吸换气全然拾获，这是这张专辑能够成功吸引人的关键。这张唱片的声像仅在音箱左中至右中，但深度足够容纳居前的女歌手（请注意是坐着歌唱）、左侧的吉他、歌手身后较高位置的贝斯手或打击乐手，以及右中的长笛手，但是自然的堂韵与适当的回响仍然涵盖整个音响系统。整体而言，这是一场朴素、直接、自然的录音，但是频响的平直、各部的平衡、无限的动态，让人感受如在现场观看，Todd 果然有一套。

魔杰座

周杰伦是华语圈最具才气的流行音乐创作家，发烧友会欣赏他的唱片的也许不多，其实他的唱片制作是流行音乐中混音最复杂，也最仔细的，他的唱片您绝对找不到频率响应不平，或动态范围不足之处，当然您也不能以发烧友熟悉的声场声像去评估，《魔杰座》专辑亦然。

《魔杰座》一如之前的专辑，周杰伦在传达他的多情摇滚与社会关怀，也利用录音与混音表现他的音乐艺术。在快歌《龙战骑士》

《魔杰座》，11004/88697401302

（曲 1）中，如念歌般，不对照歌词肯定不知所云，人声不特别突出，旋律却随着繁杂的电子合成器与真实乐器在三维空间淋漓挥洒，精准的混音让乐曲像抽象表现主义大师波拉克（Pollack）的作品。在情歌《给我一首歌的时间》（曲 2），吐字较清楚，人声也突出，配乐的频宽、动态、能量、混音、和声恰到好处又有十足的冲击力，也可看出录音、混音之绝佳功力。另外，歌曲善用背景效果，如《魔术先生》（曲 5）营造马戏团氛围，《时光机》（曲 9）以法拉利汽车激活引擎开场，以及多首和声善用反相音效，都丰富了乐曲的表达。虽然绝大多数的流行音乐都是在录音室多轨分录再混音而成，但是，能用心、细心混录，仍然可以营造出绝佳的另类音响境界。

金声演奏厅

笔者认为蔡琴的《金声演奏厅》是她唱得最好的一张专辑，深情入歌、潇洒诠释，随心所欲、收放自如，异于之前的录音室作品，虽然精确，不免矫情。专辑附有同步收音的 DVD，让我们更清楚录音的场景状况。在香港中文大学 Lee Hysan 音乐厅录音时，只有工作人员，没有观众，两层席楼的中小型音乐厅有着温暖的堂韵，蔡琴靠近话筒演唱，在不同乐曲分担伴奏的钢琴、两把吉他、低音提琴、弦乐四重奏、打击乐手亦各自有一支话筒。虽然是同步收音，但是声场声像的安排并不依现场实况，而是由控音室调配，例如原本两把并排左侧的吉他，混音时左右各

《蔡琴：金声演奏厅》，1747988，环球音乐

一；弦乐原在舞台右后，也拉到右前；左后的低音提琴移至右后。这张唱片有着极好听的电子管音色，甜美而不尖锐，宽松并且优雅，但是，以客观的音响条件评估，录音并非完美，主要是中低音有膨胀现象，在笔者的系统中，听其他蔡琴的唱片，包括最新以 HD-Mastering 复刻的《民歌蔡琴》（ABC K2-145），频域均是平直的。

这一低音膨胀现象在蔡琴演唱低音区域、大提琴低音区域、低音提琴音域明显可感知，因此，在《天天天蓝》（曲 1）中，人声与钢琴均在中高音域，没有问题，曲 2、3、4、8、9、10 低音声像不够凝聚极其明显，曲 5、6、7、11 则缺点较不明确，或许是在五天的录音当中，录音师的混音有些许变动所致。在笔者的 Philips 9800 A-V 系统上亦得出相同结论。别小看这套便宜的影音系统，调整妥当，依然可供敏锐监听，例如所附的蔡琴访谈，蔡琴与制作人、钢琴手在音乐厅的对谈，声音即保真透明，但是穿插的蔡琴外景独白，音色即明显失真，应是话筒选择不当。

用 EQ 调整

于是，笔者尝试以 Peavey PV-231（左右声道各 31 段）均衡器调整，没有逐曲细调，只作整体微调，经过反复试听，最后调整如下：20Hz 与 25Hz 各衰减 3dB，31.5Hz 衰减 2dB，40Hz 衰减 0.5dB，50Hz、60Hz、80Hz、100Hz、125Hz、160Hz、200Hz、250Hz、315Hz、400Hz 与 500Hz 各衰减 2dB，630Hz 与 800Hz 各衰减 3dB，1kHz 衰减 2dB，12.5kHz 与 16kHz 各衰减 1dB，20kHz 衰减 2dB。结果，笔者认为人

Ride of The Superior Sound SHM–CD Classical Edition，环球音乐

《刘雅丽：约会》，音乐堡 MB-1023，玮秦音乐

声低音区凝聚清晰、大提琴与低音提琴的形体明确可感，试听比较《用心良苦》（曲 3）、《一场游戏一场梦》（曲 8）、《假如我是真的》（曲 9）即可明了。几位有经验的发烧友来听过，都有同样的感受。

为了提升 CD 音质，各厂家各显神通，于是蓝、绿、黑、金各有主张，目前能同时提供寻常 CD 与特殊材质 CD 相对照的只有中国 ABC 的 HD-Mastering CD 与日本环球的 SHM-CD（ Super High Material CD ），笔者认为两者采用类似的聚碳酸酯材料，在音质、频响、解析、信息量方面，特殊材质的确有正面效果，当然也得付出较高的代价。

坊间还有颇多标榜 LP33Y3$\frac{1}{3}$ 转 / 分或 45 转 / 分音效的 CD，采用等化调整与 CD-R 烧录，索价如同 XRCD 或复刻 LP。听过几款之后，笔者极不认同，这种 CD 乍听好像声像突出、辛辣，再听则发现声像的泛音结构已遭破坏，太多人工凿痕，老实说，几十年来人们公认的录音名盘能完整复刻已属了不起，别妄想能够再超越。

另外，CD-R 烧录，从音效而言，笔者相当认同，因为它省去玻璃母盘与金属镍盘两道手续，失真肯定更少。要考虑的是烧录片的品质与保存。CD-R 烧录片异于寻常 CD 的物理压片，它靠的是空白片中特殊染料的化学变化定声。这种染料极昂贵，空白片中含量是否足够、能否耐高温、能否长期保存而不变质都是问题，不过据称日本制母片用 CD-R 可存百年。其中，制作精美、音效奇绝的《刘雅丽：约会》（音乐堡 MB-1023）则提供普通 CD 与 CD-R 各一，不失为两全其美的良方。

总之，从录音到压片，每个环节都充满变量与学问，不可不慎。

净升　20P　2007　蔡克信画

16
自然录音　发烧造境

德国 TACET 是发烧友心目中"十足发烧"的唱片公司，它可以极传统地以全电子管器材录制音乐，也可以极前卫地以 SACD 的方式为个人聆听打造真正的环绕音乐，但是，绝不妥协的是乐器的本质本色与音乐的真实自然。因此，TACET 的灵魂人物，老板兼录音师 Andreas Spreer 不论采用电子管还是晶体管话筒，都不会偏离这一宗旨。

自然录音的精品

为达成自然录音，TACET 会慎选录音场所，搭配能接收正确声音的话筒，采用不扭曲原音的录音器材与技术（最先进的模拟／数字转换器与混音器）及最少的剪辑（保持现场演奏的连贯氛围与音乐默契），让音乐家的风格能够最忠实地呈现。从创办以来，TACET 在古典音乐领域的作品，几乎每一张都是自然录音的精品。

下面以勃拉姆斯的"钢琴三重奏Ⅲ"（TACET 147）为例。这张唱片于 2005 年在德国 Bad Krozingen 录音，应该是一处古代大浴场遗迹的大厅，非常丰润的堂韵能展现绝美乐器的悠扬音色，与勃拉姆斯这两首乐曲的内涵很贴切。虽然没有标明录音器材，却极明显有老式电子管的温暖味道。

勃拉姆斯的《降 E 大调钢琴、小提琴与圆号三重奏》是极具魅力之作，可以令人感受煦阳、树林、春绿、枫红的景致，尤其是圆号的独特音色还令人产生慕情与梦幻的联想。事实上，完成此曲那年，勃拉姆斯正因丧母悲伤。第一乐章的"行板"，牧歌般的主题旋律有着迷失森林中的孩子的彷徨，也夹带着母亲

Johannes Brahms

Klaviertrios III

Abegg trio

historische Instrumente
Stephan Katte, Naturhorn

《勃拉姆斯：钢琴三重奏Ⅲ，阿贝格三重奏》
TACET 147

的抚慰；第三乐章的"忧郁的慢板"无疑是借着古老圣咏表达悲愁，也是悼念母亲；第二乐章的"诙谐曲"与第四乐章的"灿烂的快板"则是对大自然的讴歌。全曲三件乐器中的圆号，原本勃拉姆斯强调必须使用古老的树林号角（狩猎号角、自然号角）而非具有活塞的圆号，因为最符合原创意图，但在克拉拉·舒曼演奏该曲后给勃拉姆斯写信提出活塞号同样有效果，勃拉姆斯也不再坚持，但宣称，若以中提琴取代圆号亦可，就是不能用大提琴，才不会丧失原曲音色和谐的平衡。

TACET 这一版本，由阿贝格（Abegg）三重奏成员加上 Stephan Katt 的自然号（2001 年仿 1800 年名器制成）组成，其中小提琴是 1821 年名器，钢琴是 1864 年名器。中远距离拾音，小提琴非常甜美柔畅，钢琴晶莹温润，自然号朴实幽亮，整体演出水乳交融，和谐无

间，美得无以复加，也不见人工凿痕。在极浓郁的堂韵中，要能呈现三种乐器的正确比例与优美音色，还真考验重放系统的音箱摆位与质感。

这张唱片还收录一首钢琴三重奏，是 Theodor Kirchner 改编自勃拉姆斯著名的《G 大调第二弦乐六重奏》。原曲有"阿嘉特六重奏"的称谓，是勃拉姆斯与未婚妻阿嘉特（Agathe）的恋爱回忆，因为有 A-G-A-D-H-E（D = T）音名化入曲中。全曲充满喜悦与幸福，优美又抒情，阿贝格三重奏的诠释高雅、轻盈，录音同样自然，弦质透明如真，毫无数码痕迹。

真正环绕声响（RSS）

SACD 多声道技术的发明，让许多录音师利用后声道营造聆听室有如音乐厅的空间感，TACET 认为这样仍太保守，他们认为音乐载体原本即是合成的，也就是笔者所说的造境，乐团或演出音乐家的位置也可以是合成的，只

有乐器声音的真实度不可合成，因此，他们提出"真正环绕声响"（Real Surround Sound, RSS）的主张，以聆听者个人为中心，乐团在其四周围绕排列，这是全新的音响美学概念，虽然和传统聆听，不论是音乐厅或家居环境，都不同，但是，实际尝试，亦颇有趣，就看聆听者是否习惯。TACET 从 1999 年开始制作 RSS，在此以《贝多芬：第 5 与第 6 交响曲》（TACET S164）与《维瓦尔第：四季》（TACET S163）为例，由于曲目耳熟能详，仅探讨录音。这两款 SACD 均由波兰室内爱乐管弦乐团在波兰的一所教堂录音。

在 SACD 的 CD 层，TACET 使用全电子管器材录制，只用 2 支 Neumann M49 话筒，V72 电子管功放、W85 调音器，直入模拟 / 数字转换器录制。以笔者的两声道系统聆听，《贝多芬：第 5 与第 6 交响曲》是远距离拾音，《维瓦尔第：四季》是中距离拾音，都具有典型电子管温暖甜美音色，乐团整体融合有如音乐厅氛围，《维瓦尔第：四季》因拾音距离较近，

TACET RSS（Real Surround Sound）音箱配置图

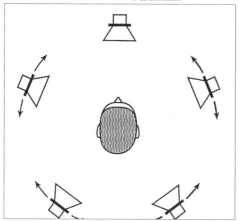

TACET RSS 乐团配置图

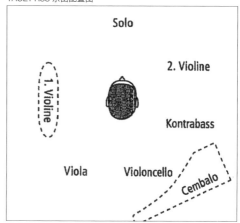

《维瓦尔第：四季》，TACET S163

《贝多芬：第 5 与第 6 交响曲》，TACET S164

声像刻画更清晰，但是两者基本上都是音乐性十足的自然录音。

为了了解 SACD 层的 RSS，笔者以 AV 系统（Philips 9800）为例，依 TACET 推荐的音箱排列方式，在环绕音响的正中位置聆听。

笔者发现，《维瓦尔第：四季》采用 4.1 方式录制（前中置音箱无信号），贝多芬交响曲采用 5.1 方式录制。依 TACET 所附乐团排列图标，聆听时，按图索骥，真是全新奇妙的感受，前后左右各部乐器都非常清晰，这或许才是真正的"皇帝位"聆听。老实说，虽然不习惯，例如小提琴组与大提琴组、大键琴在背后发声，却比 CD 版从正面听要来得清晰。此外，RSS 在表达乐曲的意念与细节上也有独到之处，例如在《命运》交响曲中的前三乐章，居右侧环绕音箱中的圆号相当忙碌，左侧环绕音箱中却寂静无声，待到第四乐章，左侧环绕音箱中的 3 支长号齐鸣即刻引起深邃印象，因为在这个乐章，贝多芬首度在交响曲中引入长号、倍低音巴松管与短笛扩展音域；又如《田园》交响曲中的第四乐章"暴风雨"，长号、定音鼓、短笛扮演重要角色，于是在左右环绕音箱中各安排一套定音鼓与长号，短笛则安置在正前方中间最远处，营造包围感。因此，RSS 显然可以依乐曲需求做出恰当安排。此外，SACD 的录制应当是采用多支指向性话筒同时分录再合成，其电子管味道亦较 CD 层淡薄，相信是两场不同时间的录音。无论如何，这正是 TACET 的发烧造境之作。

极具个性的 KKV 唱片

挪威 KKV（Kirkelig KulturVerksted）唱片极具个性，唱片解说内页往往无英文对照，但是它的高格调音乐与高水平录音却又令人不得不予正视。由诗人 Erik Hillstad 于 1975 年成立的

《伤痕之歌》（*Sanger OM Sarbarhet*），KKV FXCD 332

Kari Bremnes Live，KKV FXCD 321

KKV，以汇集顶尖音乐家与艺术家，融合各国音乐文化元素，制作精致唱片为宗旨。以下将介绍的两款唱片既能彰显 KKV 的精神，也是现场自然录音的典范。

《伤痕之歌》（*Sanger OM Sarbarhet*，FXCD 332）是十二位挪威知名音乐家在"摩顿浴场"（Modum Bad）表演的现场实况录音。古代的浴场多作为疗愈场所，该场所已有 150 年历史，近 40 年也成为艺术、美学、文化据点，它还包括一个演奏大厅与一所 Olav 教堂。

从这场音乐会的演出曲目，我们可以看出有抚慰、鼓舞的特殊目的，乐曲非常美，绝不严肃枯燥，人声或器乐都极为动听。

KKV 采用近距离拾音，且不添油加醋，非常自然地录出实况氛围，您可注意观众掌声的实体感，也会发现个别乐器，如钢琴、中提琴、长笛、大提琴、低音提琴、吉他、小提琴都录得栩栩如生，男女声乐同样录出真挚与深情。

凯瑞·布莱妮丝现场

有人说，发烧友若没收藏凯瑞·布莱妮丝的唱片就不算发烧，我要说，如果没有这张 2007 年的 *Kari Bremnes Live*（KKV FXCD 321）就不算收藏。

在这张专辑里，凯瑞的歌艺自是超群，伴奏的技法也极精湛，最令人叹服的是现场气韵的掌握，音乐、音响、能量、动态，巨细靡遗、高度保真，是自然录音的里程碑式的经典。

1956 年出生于挪威的凯瑞是语言、文学、历史、戏剧专业的硕士，能写歌填词，更擅长歌唱；天生一副宽音域又带磁性的金嗓子，声音纯度极高又柔滑迷人，极其难得。从 1987 年的第一张《狂野我心》到 2017 年的《我们所拥有的》，已出版约 16 张个人专辑，其中 KKV 的《谜中谜》（*Gate ved Gate*，KKV FXCD 143）与《挪威心情》（*Norwegian Mood*，KKV FXCD 221）都是发烧友的最爱。这张 *Kari*

Bremnes Live 是 2007 年在挪威与德国的两场音乐会的实况录音选辑。

依聆听推测，KKV 用采多话筒近距离拾音，凯瑞与伴奏乐手形体有如真人，相对比例正确，从位于声场较低处、声音较小却清楚的观众掌声分布，也可判断乐曲选自两个不同的演出场地，但是台上场景则相似。最厉害的是，不论人声还是乐器，发声极为轻松，能量却无比澎湃。人声既清晰又圆润，鼓组在低音域的层层音浪更是拳拳击中发烧友的心坎，高钹与打击乐器的轻盈飘逸，也在极高频作了巧妙的平衡。从中也可知道伴奏的四位乐手是灵魂人物，电吉他与电贝斯则有辅佐点睛之用。如果您的音响系统频宽、动态、能量应付自如，特别是超低音够沉够量，必定会有多首曲目令你大呼过瘾。您不妨播放曲 3 *Stjernelause Dogn* 与曲 8 *Sovngersken* 验证。

专辑的 14 首歌都是 30 年来凯瑞的招牌，可贵的是她不重复自己，全新诠释。原曲已然绝佳，新唱竟然另有一番气象，感动指数有增无减。并且，全辑泰半词曲出自凯瑞手笔，此次编曲则是四位伴奏乐手的集体创作，与之前录音室版本有极大的不同，凯瑞的嗓音更加浑厚老练。例如曲 5 *Sangen Om Fyret Ved Tornehamn*，一首凯瑞依据一位为瑞典铁道人员煮饭的女人的传奇写就的餐馆余兴歌谣（cabaret），音乐以渐强发展，键盘与钢琴引导旋律，鼓手扮演极重要角色，与之前录音室版《北国黑熊》（KKV FXCD 200）中以较温和的键盘合成旋律主导伴奏相比，这个现场版明显狂野许多，凯瑞的歌唱则由十年前

《谜中谜》（*Gate ved Gate*），KKV FXCD 143

《挪威心情》（*Norwegian Mood*），KKV FXCD 221

《北国黑熊》，KKV FXCD 200

有些许青涩转为炉火纯青的温柔。又如曲 14 *Hurtigrute*，即著名的《挪威心情》专辑中第二首的 *Coastal Ship*（英语版，YG Acoustic 选为测试唱片乐段），录音室版一开头左右相互开弓的重捶低音鼓声令发烧友印象深刻，现场版完全不同，采用挪威语，节奏放慢，较远的大鼓阵阵擂击，键盘合成背景，凯瑞慵懒的叙述，更增沿岸行船之诡谲氛围，的确较前版更耐人寻味。无论如何，*Kari Bremnes Live* 是难得一遇的自然录音，不论是发烧友或是音乐迷，都不容错过。

两张混音造境的典范

接下来介绍的是两张录音室混音的典范唱片，肯定也能获得发烧友的青睐。您不能以声场观念评估，但是声像、质感、频响、平衡、动态、能量都达到天衣无缝、令人跃动的发烧境界。

瑞士古典音乐科班出身的气质美女 Nathalie Manser 与编曲鬼才键盘手 David Richards 合作的《狂恋大提琴》（Alpha Centauri D065519）是流行、摇滚、世界、古典的融合邂逅，波莱罗、夜曲以及平安夜都令人耳目一亮。

纳京高（Nat King Cole）《花样年华》（*Spanish Flowers*，SSDJ-9219）则是 20 世纪 50 年代的拉丁情歌，穿越时空，于 2007 年由丹麦天才 DJ Lenny Ibizarre 重新混音，以时尚节拍装饰，交织出怀古新潮的浪漫能量，单声道与立体声融合无间，令人耳炫目迷，加上日本发烧音乐大厂 S2S 的母带处理，让纳京高金嗓的穿透力在现代舞台复活，的确是发烧造境的另类典范。

结论：不论是自然录音还是发烧造境，音乐本质、本色不能妥协失真，这才是真正的发烧。

《狂恋大提琴》，Alpha Centauri D065519

《纳京高：花样年华》（*Spanish Flowers*），SSDJ-9219

克里莫那的传奇　蔡克信拼贴摄影

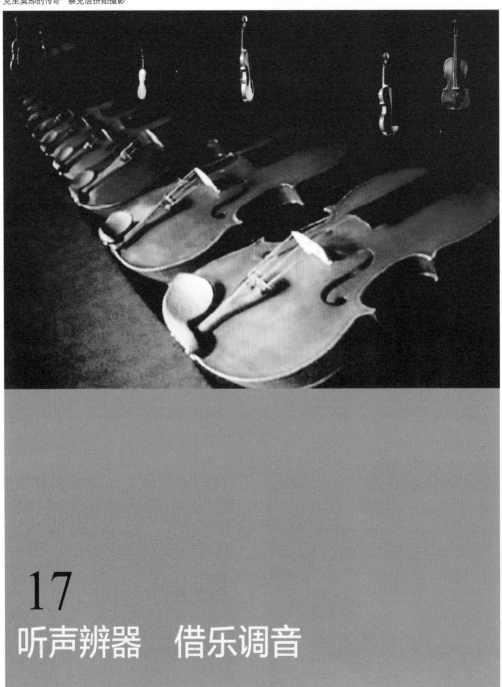

17

听声辨器　借乐调音

如同武侠小说所描述，"听来声，可以辨识何种暗器"，调音妥当的音响系统也应能让人辨识正确的乐器。

低频是最大的问题

常常有机会与未曾谋面的资深发烧友互动，在访问彼此的聆听空间之后，笔者发现即使使用顶级的器材，若未能妥当调音，往往只能聆赏局部的音乐或音响，殊为可惜。

最常见的调音失当在于左右不平衡与频率响应不平。当左右声道不平衡时，声像的实体感与定位感会失焦，声场会扭曲。当频率响应不平时，乐器会变形，质感会变差；当频响范围不宽时，音乐会缩水，空间会缩小。高频问题较少，现代音箱高音愈做愈高，超越 20kHz 甚至达 100kHz 已属寻常，问题出在低频。即便音箱低音设计可达 20Hz，由于聆听空间音域能量分配不均（估计超过 80%），往往全音域的低频（特别是 40Hz 以下）会平白消失，因此许多使用全频音箱的玩家有可能从来没听过超低音。

因此，如果从您的音箱听不出确定录有超低音域的音乐，那么有可能是您的空间太小，无法容纳（密闭空间的最长边必须大于 5.5m 才能重现 30Hz 以下低频），最大的可能即是能量分配不均。此种情况，另加具有可调式分频器的超低音音箱是最经济实惠的良方，或许有人会建议您换功放或线材，若只是借用试听无妨，只是笔者不相信如此可以无中生有。

一旦频宽解决（若无解亦无妨，只是您只能在有限频域中求取最大平衡），左右平衡与频响平顺调整最重要的基本功夫就是音箱摆位。而音箱摆位所依靠的就是您的双手及唱片，并且要利用各种不同类型的数字唱片（除非您已是 LP 老手），反复测试，一再微调，终能在您的聆听空间找到最妥当的位置。

以下笔者将介绍一些唱片，这些都是录音精准，足以让您的音箱分辨人声乐器是否真实的唱片，当然也就可以作为调音摆位的参考。您的系统若已调试妥当，那就随笔者欣赏这些音乐，许多可能是您第一次听到的曲目。

贝札莉的《"胡旋舞"》

莎朗·贝札莉（Sharon Bezaly）的《胡旋舞》这张专辑是 2008 年 9 月由瑞典 BIS 唱片公司录音团队在台北中山堂录音。经过半年准备与制作，于 2009 年 3 月正式发布。

《胡旋舞》演出的主角是以色列籍的莎朗·贝札莉。专辑包括两首协奏曲——《长笛协奏曲》及《梆笛协奏曲》，另外加上 4 首小品，即《胡旋舞》《妆台秋思》《花好月圆》及《望春风》。这些曲目，很难得地在唱片解说中有中文解析，笔者不再重复，只是《梆笛协奏曲》中的短笛误译为长笛。

极令人赞赏的是贝札莉，这位新生代女长笛家的确身手非凡，不论吹奏长笛或短笛，人笛一体，对诠释东方曲目一如西方作品，流畅又深邃，这部分要归功于她所师承的 Aurele Nicolet "循环换气法"，您不妨留意《胡旋舞》与《长笛协奏曲》的第三乐章。另外，在第二乐章还有非传统长笛的吹奏技巧，例如"多重泛音"（multiphonics）与"拨奏"（pizzicato）。当然，她的黄金长笛的优美笛韵与短笛之耀眼嘹亮，在绝佳的录音下，的确动人心弦。

乐团的伴奏同样精纯老练、无懈可击，不过，请注意低音弦的音色，革胡与低音革胡被大提琴与低音提琴取代，原本革胡的音色就较接近西方低音古乐器。

BIS 唱片的顶尖团队

录音是让这张专辑成功的幕后大功臣，录音团队的工作态度与精神值得学习。此次的制作人 Ingo Petry 是 BIS 当家首席，制作了超过 300 张唱片，1996 年曾获 Gramophone 最佳录音工程奖，多次获得坎城唱片大奖。录音师 Fabian Frank 同样经验丰富，曾经录制新加坡交响乐团、柏林爱乐乐团、德国不来梅德意志室内爱乐乐团的演奏。他们空运来六百公斤的

先进 SACD 录音相关设备，之前更预先详细阅读总谱，在网络搜寻相关中国乐器的形状与声音，研究乐队的配置。在预演与录制过程中，他们以观众的角色客观地聆听音乐的表达，通过话筒拾音，他们可以比台上指挥听到更多的细节，必要时还要与指挥、乐团沟通音乐的进行，甚至微调话筒的摆位。

实际聆听，我们可以感受录音师采用中远距离拾音的效果，乐团编制没有西方管弦乐团庞大，但是声场仍然宽深，乐器的形体与定位极为清晰，乐器之间的气韵自然交融，高潮乐段的盛放仍可呈现厅堂的回响。为了容纳最大的动态，录音采用较低的电平，只要重放系统够好，这是有利的。

（上）
Bright Sheng
Flute Moon，China Dreams，
Postcards，Sharon Bezaly，SSO，Lan
Shui，
BIS CD-1122

（左）
Whirling Dance
Sharon Bezaly，Taipei Chinese
Orchestra，BIS SACD-1759

另外值得赞赏的是，录音师录出了乐团高贵的气质，乐器精致的质感及极其细微的"表情"，也就是录出极低音量时的高度解析信息，如果与之前同样是上扬发行的《悲欢离合》（Sunrise 78567）作比较，《悲欢离合》采用较近距离拾音，音效其实亦佳，只是稍显粗犷。

笛声，不论是长笛还是短笛，仍然是这张专辑的灵魂，相对于伴奏，它显得突出但不突兀，它的气韵、质感、力度深刻地扣紧聆听者的心弦，录音师的话筒技法功不可没。

作为调音参考，这张唱片处处是素材，至少您得轻松分辨长笛与短笛的音色与形体，声音必须清扬而不尖锐。此外，远处小鼓的震波、大钹的清脆瞬态响应及不同弦群的音色与质感都应该能够听声辨器。

[延伸聆听]

Bright Sheng:
Flute Moon, China Dreams, Postcards,
Sharon Bezaly, SSO, Lan Shui,

BIS CD-1122

这张唱片同样由 Ingo Petry 制作，2000 年在新加坡录音，是当代作曲家盛宗亮的作品集，由指挥家水蓝指挥新加坡交响乐团演奏。其中的《笛月》（Flute Moon）——为短笛 / 长笛、竖琴、钢琴、打击乐器与弦乐团而作，短笛 / 长笛也由莎朗·贝札莉担纲，音乐和音响都极为精彩，发烧友不容错过。

《笛月》由《麒麟之舞》与《笛月》两段组成。《麒麟之舞》以短笛代表中国神话中这种独角兽雄性之"麟"，而以弦乐团代表雌性之"麒"，整体音乐着重缅怀远古中国尧帝时代人民的善良与正直、真诚与热情。《笛月》则是以宋朝词人姜夔的《暗香·旧时月色》为本，由长笛吟诵出"旧时月色，算几番照我，梅边吹笛。唤起玉人，不管清寒与攀摘。何逊而今渐老，都忘却，春风词笔，但怪得，竹外疏花，香冷入瑶席"的意境。

录音采用中近距离拾音，动态对比极大，声场宽深更明显，长笛 / 短笛皆与乐团呈正常音乐会比例。堂韵丰润、声像清晰，当然重放系统必须能够听声辨器！

达拉斯管乐交响乐团的《帝国皇冠》

《帝国皇冠》是一张"由管风琴、木管、铜管与打击乐器演奏的节庆音乐"特辑唱片，也是可以令发烧友达到几近涅槃（Nirvana）境地的超凡唱片。

这张唱片在达拉斯莫顿·H.迈耶森交响中心（Meyerson Symphony Center）录制，这座由著名建筑师贝聿铭设计的音乐厅具有举世公认的现代绝佳音效，Dorian 唱片公司有许多杰作亦在此录音。这张唱片由 RR 唱片公司录音巨匠约翰逊教授操刀，由领导达拉斯管乐交响乐团十多年的杰瑞·琼金（Jerry F.Junkin）指挥，由达拉斯交响乐团管风琴首席兼策划玛丽·普雷斯顿（Mary Preston）操作这部具有 4 500 支管的现代无敌管风琴、由 Fisk 制作的 Lay Family Concert Organ。

因此，要聆赏这十段惊天地、泣鬼神的音乐，发烧友必须备好能耐高声压级的音箱，必须要有能接受挑战的超低音（质与量）及逸入天际的超高音，还要有能掌控至高动态又巨细

（上）
Pomp & Pipes
Fennell, DWS, Riedo
Reference Recordings RR-58CD

（左）
Crown Imperial
DWS, Junkin, Preston
Reference Recordings RR-112

无遗的功放与 CD 机。如果系统调音妥当，这些乐段肯定让你享受"听声辨器"的妙境，反之也可"借乐调音"。

在第一首《进场祭》中，理查德·施特劳斯的《圣约翰骑士团的庄严进场》即刻展现超绝演录。约翰逊教授采用中远距离拾音，可以感受到音乐厅的高度和深度，厉害的是管风琴从后方发出，声波却能充盈整个聆听空间，耳朵还不时可感受阵阵声压。管风琴中细声踏瓣，低频连续音符出现，铜管于其上逐渐层层叠加，管风琴音量亦随之增加，中段也是管风琴主导营造骑士团进场前的氛围，末段即在打击乐器与铜管昂扬中达到高潮，管风琴仍然如君临天下般铺陈到底。

挑战发烧友的超级唱片

第三首《帝国皇冠》是英国作曲家沃尔顿受 BBC 委托于 1937 年为庆贺英王乔治六世加冕而作的进行曲。这是管乐与打击乐的火热交织，精彩无比，音效已臻现阶段最高技艺，生动的木管、亮丽的铜管、利落的敲击，既有气势又极悦耳。最可怕的是低音大鼓，大音量重击固不用说，小音量轻击仍然清晰震耳才叫人惊异。笔者取出芬奈尔指挥伊斯曼管乐团 的 Mercury Living Presence 名 盘（*British and American Band Classics*，Mercury 432009-2）比较，发现 Mercury 采用较近距离拾音，乐器较直接，但是质感的精致度、声场的宽阔度、管风琴的权威度，都无法与 RR 这一版本相比。

法国 20 世纪作曲家亨利·托马斯（Henry Tomas）的 4 首耶稣受难日进行曲中的《耶稣受难节进行曲》（曲 4）是首精彩的鼓号曲，从乐曲开头的极小声定音鼓、小鼓、低音长号在声场最深远处既清晰又反映堂韵，随着木管、铜管、鼓钹的添加与音量的加大，管风琴也变得越来越壮阔，您必须轻易分辨各个巨细靡遗的声像。

保罗·欣德米特的《第七号室内乐》（曲 7～曲 9）是融合传统与当代音乐的巴洛克风格的曲作，可视为 20 世纪的"勃兰登堡协奏曲"，3 支铜管与 8 支木管的管乐团与管风琴展开亦步亦趋的对位，在第三乐章您还必须能分辨出大提琴与低音提琴的拨奏声。

迈克尔·多尔蒂（Michael Daugherty）的《尼亚加拉瀑布》是一段十分钟的沿河风光音乐之旅，包括其中停顿的鬼屋与蜡像馆，从曲乐开始的长笛吹出的四个音符主题，各种乐器都以这个主题相继出现，音彩幻化，节奏曼妙。三角铁、管钟、竖琴之高频清扬，木管、铜管之鲜活泼辣，加上声底有波浪般的管风琴伴随，聆之有若乘船沿河漫游，吟唱蓝调。

这是绝对挑战发烧友的超级唱片。

［延伸聆听］
Pomp & Pipes!, Fennell, DWS, Riedo,
Reference Recordings RR-58CD

这张唱片与《帝国皇冠》（2007 年录制）是姊妹作，却是 1993 年的作品，显然约翰逊教授的功夫早就成熟。现在聆赏历久

弥新，至今依然是 TAS 的 Harry Pearson 个人的十张调音参考唱片之一。要完全聆赏这张唱片，条件与《帝国皇冠》完全相同。指挥是管乐团教父芬奈尔，管风琴手是达拉斯交响乐团的前任驻团管风琴家，这种组合已成绝响，这张完美唱片更是弥足珍贵，值得收藏。

在数字时代，音响系统最难重现的乐器应是弦乐器，尤其是小提琴，最常被 LP 收藏者鄙视。但是，如果蒙眼试验，以当前妥当调音的绝佳系统再现来自 CD 或 DVD 的小提琴，相信极少人会否定它的保真性，再顶级的系统，人们或许也无法分辨声音是模拟的还是数字的。

有趣的是，同样是小提琴，在音色、质感、共鸣、音量、传递特性方面的组合，更是千变万化，每把都各有不同，当然基因雷同也就较为近似。因此，拿不同的小提琴声音来听声辨器，不但考验音响系统的重放能力，也考验聆者的辨识耳力。

克雷莫纳的精神

早在 1964 年，大师暨教育家里奇即以 15 把意大利克雷莫那制琴巨匠的遗珍——包括 6 把斯特拉迪瓦里琴（Antonio Stradivarius）、5 把瓜尔内里琴（Giuseppe Guarneridel Gesù）、各 1 把的安德烈·阿玛蒂、尼古拉·阿玛蒂、格斯帕罗·达·萨罗与卡洛·白贡齐，录制一张 LP《克雷莫纳的荣光》（The Glory of CREMONA，1989 CD 版为 MCA 2792-2145），用琴声诉说每把提琴的妙音与特色。

2001 年，里奇再度录制一张《克雷莫纳

的精神》(The Legacy of CREMONA, Dynamic CDS-373)CD，这次他使用了18把当代制作的小提琴，这些小提琴来自美国、德国、意大利、法国、西班牙与英国的制琴师，追随克雷莫纳先贤制琴的精神，力求精准优美的音质和音色。里奇依据每把提琴的特色，分别演奏不同曲目，以展现各琴的特色，证明当代制琴技术已可媲美四百年前的名家，后半部再用贝多芬小提琴协奏曲（OP.61）第二乐章的华彩乐段，分别呈现18把提琴的差异。里奇在这张唱片要传递的信息是，乐器固然重要，但是不要过度迷信，演奏者选择适宜自己表达的乐器最重要，其余就靠技巧与诠释。

话是不错，对得道高深的演奏家的确如此，对许多提琴家来说，有名琴加身，确能如虎生翼。倒是随附小册中里奇所写的"每位小提琴家的圣杯"一文，有一段是关于提琴的选择的，也值得发烧友参考。他说："演奏一小段旋律，要注意质感而非音量，琴音是否带浓浊鼻音（常见诉病）？是否尖锐刺耳（在E弦）？是否空洞单薄？声音能否传递出去还是闷在琴身里？轻松地试演一段流畅的旋律，看看声音是否轻易流泻。在E弦与A弦上大声演奏第三把位以上音阶，若泛音够强，表示声音扎实容易驾驭。拉奏G弦的最低四个音阶，肩膀要能感受琴背的振动，才表示该琴的低音够好，并且要确认G弦不可过分混浊（狼音）。"他的结论是：如果一把小提琴能通过以上的测试，剩下的就靠你，而不是斯特拉迪瓦里。这段话用在音响系统的调音上，似乎亦有异曲同工之妙。

里奇的这两张唱片当然都可以作为"听声辨器"的参考，接着介绍的这张《礼赞》同样是名琴示范，亦是演录俱佳的杰作。

名琴的考验

加拿大新生代小提琴家翘楚詹姆斯·埃内斯（James Ehnes），1976年生，才气洋溢，1997年才从茱丽亚音乐学院毕业，1995年就在发烧唱片公司Telarc录制帕格尼尼的"24首随想曲"。4岁开始习琴即一路得奖，1994年借用一把1717年斯特拉迪瓦里琴（Windsor Weinstein）赢得国家比赛，并且第一位获得小提琴名师伊凡·加拉米安（Ivan Galamian）奖金。现在则获富尔顿（Fulton）的资助，使用1715年Ex Marsick斯特拉迪瓦里名琴。

从1995年首录至今，已经录制50多张唱片，从巴赫的6首奏鸣曲组曲到约翰·亚当斯（John Adams）的《公路电影》，形式多样。他2006年的《巴伯、科恩戈尔德与沃尔顿小提琴协奏曲》（ONYX 4016）获得2008年格莱美与

Homage，James Ehnes，ONYX 4038

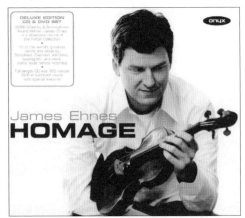

茱诺（Juno）奖，2008 年的《埃尔加小提琴协奏曲》获得留声机（*Gramophone*）杂志协奏曲类奖。因此，埃内斯虽然年轻，却经历丰富。除了录音，他还跑过很多国家，由他担纲名琴的介绍与示范，的确游刃有余。

《礼赞》（*Homage*）这张唱片的制作得到富尔顿的赞助，他出借私人收藏的 12 把名琴，包括 6 把安东·斯特拉迪瓦里小提琴、1 把彼得·瓜尔内里小提琴及 2 把瓜尔内里小提琴，另外还有盖斯巴·达·沙罗、安德烈·瓜尔内里（Andrea Guaneri）与瓜达尼尼（Giuseppe Guadagnini）中提琴各 1 把。另外，他还提供制弓名家 Francois-Xavier Tourte（1747—1835）与 Dominique Peccatte（1810—1874）的多把名弓以备匹配。有趣吧！名琴与名弓同样讲究搭配，不只是音响器材！事实上，埃内斯在选择曲目、琴弓搭配上也是煞费苦心。好在他与富尔顿的深厚情谊，多年来对这些名琴个性早已成竹在胸，为了此次录音，特别在选弓上下了功夫。

在此不得不提富尔顿这位奇才。他学的是数学统计，也是哈特福交响乐团小提琴手，他在大学成立计算机科学系并担任教授，又创办 FOX 软件公司，以设计 FoxPro Database 出名，1992 年将公司卖给微软（Microsoft），1994 年退休，足够的财富让他悠游于室内乐演奏，赞助音乐家，并且成立世界最大的弦乐器收藏机构。这张唱片就是在他赞助的华盛顿 Redmond Overlake 学校的富尔顿表演艺术中心录制的。

随着乐曲的行进，埃内斯变换提琴，爱德华·劳雷尔（Eduard Laurel）弹奏的施坦威

D 型大钢琴亦步亦趋，如绿叶之于牡丹。由于采用近距离拾音，埃内斯演奏的每把提琴巨细靡遗，在调整得当的系统上，的确可以分辨每把提琴的微妙的差异，加上录音绝佳，可以严苛考验音响系统的高音与中音。

名琴两大派系

在小提琴部分，埃内斯以不同提琴分别拉奏巴齐尼的《妖精之舞》（轨 1）、法雅的《西班牙民歌组曲》（轨 2 ~ 轨 7）与《西班牙舞曲》（轨 18）、斯科特的《安乐乡》（轨 9）、迪尼库的《霍拉断奏》（轨 10）、埃尔加的《随想曲》（轨 8）与《爱的礼赞》（轨 15）、拉威尔的《哈巴奈拉小品》（轨 11）、维尼亚夫斯基的《奇想练习曲》（轨 12）、莫兹科夫斯基的《吉他》（轨 14）、克莱斯勒的《路易十三之歌与孔雀舞曲》（轨 16）及柴可夫斯基的《旋律》（轨 17）。另外，布鲁赫的《苏格兰幻想曲》同一片段，分别由 9 把小提琴演奏（轨 22 ~ 轨 30）。

在中提琴部分，"盖斯巴"演奏沃恩·威廉姆斯的《绿袖子》（轨 19），"瓜达尼尼"演奏本杰明的《牙买加伦巴舞曲》（轨 20），"瓜尔内里"拉奏大卫的《夜》（轨 21）。另外，柏辽兹的《哈洛德在意大利》片段，分别由三者演出（轨 31 ~ 轨 33）。

老实说，好的音响系统绝对可以重现这些名琴的特色，但是，要发烧友逐一记清每把名琴的名字是有些强人所难。但是，至少您的系统应当清楚容易地分辨出小提琴与中提琴，其次要能辨识是"斯特拉迪瓦里"琴还是"瓜尔内里"琴，因为这两类琴有极明显的音色差异，历代大师也都选用其一。这两大派系的祖师爷

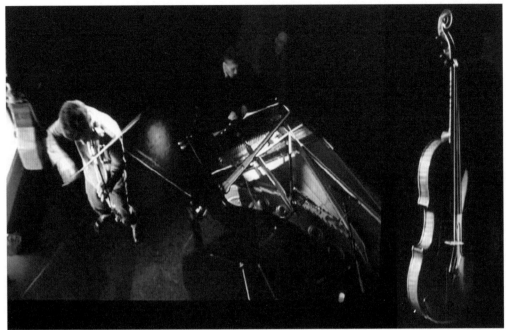

克雷莫纳的礼赞（埃内斯录音现场）　蔡克信拼贴摄影

都来自"阿马蒂"家族。

　　小提琴大师中喜爱如同丝绒般、风琴声般音质的会选用"斯特拉迪瓦里"琴（如约阿希姆、施波尔、布施、萨拉萨蒂、艾尔曼、弗朗赛斯卡蒂、梅纽因、米尔斯坦、奥伊斯特拉赫等），若希望能随兴更强烈表达曲思则会选择"瓜尔内里"琴（如帕格尼尼、维厄当、维尼亚夫斯基、伊萨伊、海菲兹、史坦恩、里奇等），克莱斯勒则是两琴都用。若以阴阳比喻，"斯特拉迪瓦里"琴偏"阴"，"瓜尔内里"琴偏"阳"。

　　18世纪的前20年是制琴的黄金时代，安东尼奥·斯特拉迪瓦里（1644—1737）与裘瑟毕·瓜尔内里（耶稣）（1698—1744）是当时的两大巨匠，他们留存至今的提琴，"斯特拉迪瓦里"琴约有600把，"瓜尔内里"琴只有140把。

　　从这张唱片中，您不但可欣赏埃内斯精湛的技艺，更可学习辨识"斯特拉迪瓦里"琴与"瓜尔内里"琴的妙韵与差异。

［延伸聆听］

Paganini：24 Caprices，James Ehnes，Telarc 80398

　　小提琴鬼才帕格尼尼的24首随想曲网罗了小提琴演奏的多方技巧，如琶音、断奏、滑奏、双震音、左手拨奏等，既可作为练习曲，也考验演奏者，但是，旋律虽然单纯，却具有多样曲式与丰富和声，其音彩曲趣极为迷人，以致李斯特、舒曼、勃拉姆斯、拉赫玛尼诺夫会引用其中的曲目另行编曲。

所谓随想曲在 17 世纪是指一种近似赋格而富幻想主题的作品，19 世纪多是用在幽默性与多变性的钢琴短曲中，也用于特殊主题的幻想曲，帕格尼尼的此作则属练习曲性质，现在泛指生机盎然、不拘形式的音乐作品。

埃内斯 19 岁时录制这张唱片。录音前，他彻底研究帕格尼尼原谱手稿，发现 24 首随想曲，将其分成三部分，1 ～ 6 首、7 ～ 12 首与 13 ～ 24 首。三部分在形态风格方面略有不同，较前的随想曲着重技巧的表达，较后的则以音乐为导向。为了一张 CD 能容纳 24 首，在前 12 首（第 3 与第 6 首除外）他省去反复部分，后 12 首由于结构之必要，完全依原典演奏。

这张唱片在克利夫兰赛佛伦斯音乐厅录音，采用近距离拾音，清晰透明、堂韵适中，

埃内斯的演奏极为笃定利落，将小提琴的绝美质感与细微表情交代无遗。您应当听出这把昵称为 Windsor Weistein 的 1717 年斯特拉迪瓦里琴的美妙音色，了解高音至极、柔细如绒的感觉，在强奏时铿锵而不锐耳的弓弦质感。

您不妨将这一录音中的 1717 年斯特拉迪瓦里琴与《礼赞》唱片中埃内斯现役的 1715 年昵称 Marsick 的斯特拉迪瓦里琴进行比较，虽然两者录音场地状况不同，但是两者都能呈现斯特拉迪瓦里琴共同的音色，只是笔者认为 1717 年的斯特拉迪瓦里琴在中低音域稍厚，1715 年斯特拉迪瓦里琴整体较为均匀。

无论如何，以上所提及的唱片中的每一把提琴，不论是遗珍还是当代小提琴，您的系统都应该呈现流畅、光滑、清脆的质感，绝不容许有任何粗糙或尖锐，否则您得再检讨整体系统的调校。

辨识过小提琴，以下介绍的这张《63 弦》是笔者首度见识，相当特别的拨弦四重奏，由

The Glory of CREMONA，MCA 2792–2145

The Legacy of CREMONA，Dynamic CDS–373

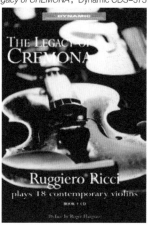

于演录俱佳，足以作为"听声辨器"的参考。

4 件乐器, 63 条弦

63 弦四重奏于 2002 年成立于意大利，目的在向世人推介马诺歇吉卜赛（Manouche Gypsies）的音乐文化传统。所谓 63 弦是包括一部竖琴（46 弦）、一把低音提琴（4 弦）、两把爵士吉他（6 弦或 7 弦），但是从照片中看到的吉他手都弹奏 4 弦吉他。

这一四重奏团的特色是以即兴方式演奏来自姜戈·莱恩特（Django Reinhardt）的音乐与吉卜赛民歌的融合乐。吉他手姜戈·莱恩哈特是具有法国吉卜赛血统的比利时人，在 20 世纪 30 年代开创结合法国慕塞特舞曲与美国摇摆爵士，加上匈牙利吉卜赛人传统民歌的个人独特乐风，使得吉他成为演奏旋律与即兴发挥的主要乐器，这种风格有人就称为 Django（姜戈），在他去世多年之后的今天，有越来越多的人欣赏他的音乐。

这张唱片收录的 9 首音乐，7 首即源自姜戈。63 弦或舒缓，或恬静，或激昂，或浪漫地撩拨聆者的心灵。意大利《每日邮报》的评论甚为贴切：被丘比特祝福过的手指，变化万千的音符从指尖流出，时而轻触心灵如天使耳语，时而抚慰伤痕如母亲的双手，时而热情奔放如情人的舞姿，时而天真童趣如孩童的笑声。

"听声辨器"，您的系统应当能够清楚辨识四重奏每一乐器的形体与音色、整体的比例与协调。

Paganini：24 Caprices，James Ehnes
Telarc–80398

63 Strings Featuring Manomanouche
Folkclub Ethnosuoni ES 5357

传统与蜕变2（水调歌头）80M 复合媒材 2008 蔡克信画

18

哈里·皮尔森的超级试音碟

哈里·皮尔森（Harry Pearson）是 TAS（*The Absolute Sound*，发烧天书）的创办人，是顶级的音响教父级人物。既是教父，争议难免，正如葡萄酒界的罗伯特·帕克（Robert Parker）一样，有人奉若神明，有人嗤之以鼻。笔者认为，两个极端都不可取，我们不妨以理性的态度评估他们的优点与贡献。

TAS 最新超级唱片榜单

所谓"绝对音响"（The Absolute Sound）的依据是该杂志所述重放音乐能呈现 the sound of acoustic instruments in a real acoustic space，即自然乐器在真实空间中展现的声响。严格来说，这当中并没有要求"原音重现"，因为演奏（唱）经过话筒拾音、功放放大、音箱播放后，原始声音不可能一成不变，完全再现，因为每一件音响器材都有各自的音色，因此，只要再生音乐的呈现像真实乐器（人声）一样，即是接近绝对音响。话说起来简单，就只为了"接近"，音响设计师无不绞尽脑汁，夙夜匪懈；发烧友为了调出"接近"，也往往不计代价，废寝忘食。

笔者观察哈里·皮尔森三十多年来所提出的超级唱片榜，从 LP 到 CD、SACD，不论音乐，只依其"绝对音响"评估，笔者认为他的超级唱片作为试音、调音绝对不用怀疑，如果您的重放系统与他的叙述相背，您必须再度检讨。这么多年，哈里·皮尔森总有一套完整音域（超高音至超低音）、高动态、高解析的参考系统，并且不断精进、触类旁通，他的超级唱片也能愈来愈深入地描绘绝对音响的概念。经笔者多次、多方印证，认为可以复制他的经验。

在 2009 年 4 月—5 月的 TAS 中，哈里·皮尔森在他的工作室提出更新的超级唱片榜单，包括 13 张 LP 与 5 张 CD。他使用这些唱片作为最近评估超级音箱 Scaena Model 1.4（参考价格：99 600 美元）的参考，也建议发烧友通过这一基础建构自己的超级唱片收藏。笔者即就这 5 张超级唱片作进一步阐释。

1. *The Composer and His Orchestra*
Howard Hanson 解说并指挥
Eastman-Rochester Orchestra

Mercury 434.370-2 2CD，475 6867（4CD）

汉森的《作曲家与他的管弦乐团》（*The Composer and His Orchestra*）这张唱片，在 LP 时代，就已经是 Mercury Living Presence 系列的畅销唱片与发烧唱片，因为接近唱片内缘铙钹重击乐段，非常考验唱臂唱头的循轨能力，虽然它不至于像后来的 Telarc 的 1812 大炮会摧毁音箱，但已经令发烧友心惊胆战了。CD 版没有循轨问题，但是仍得小心您的高音单元！这个版本的 LP 和 CD，都是哈里·皮尔森参考唱片的首选。

双 CD 版本的已经绝版，现在找得到的是并入 *Howard Hanson conducts Howard Hanson* 的 4CD 版本，但是无论双 CD 版本或 4CD 版本，哈里·皮尔森用来考机调音的是 CD-2 *The Composer Talks* 中大约 20 分钟汉森解说管弦示范的部分。其实，整张 CD-2 长达 78 分 36 秒，汉森利用管弦乐团解说他的三部作品。第

The Composer and His Orchestra
Howard Hanson 解说并指挥 Eastman–Rochester Orchestra
Mercury 434.370–2（2CD）

Howard Hanson conducts Howard Hanson
Howard Hanson 解说并指挥 Eastman–Rochester Orchestra
Mercury 475 6867（4CD）

一部是《快乐山组曲》（*Merry Mount Suite*），汉森解说作曲家如何写作管弦乐，并介绍管弦乐团各部的音域与音色。第二部是《马赛克》（*Mosaic*），解释作曲家如何利用音乐的色彩影响音乐的结构。第三部是《第一次》（*For the First Time*），示范如何以音乐的语汇描绘一个小孩一天的生活。

这三部解说与完整的三部曲作（收录在CD-1）分别是 1957 年、1970 年与 1963 年的录音，也是 Mercury Living Presence 的主录音师费恩与副录音师埃伯伦茨的杰作。发烧友首先可以感受的是录音舞台，左右极宽（超越音箱侧缘），远胜前后深度。其次，汉森的解说是事后无乐团时在舞台上单独录音，他的声音极为清晰，声像凝聚，但是高度与示范的乐团不成比例。此外，三部作品中汉森在舞台的位置也不相同。第一部，汉森位于左中稍后，第二部则在左中稍前，第三部则

在右中，但声像不时飘向正中，并且声像没有前两部扎实。

要了解为何哈里·皮尔森对这一部作品的前 20 分钟如此推崇，聆听之前，请将前级音量调高到可听到原始录音带的嘶声，因为这些音乐动态对比极大，如此，才能听出最细微的音色与排山倒海般的巨大能量。

一开始，汉森以倍低音巴松管（contrabassoon）与短笛（piccolo）介绍低音域与高音域，然后介绍弦群、木管组、铜管组与打击乐器（包括竖琴）组的音色。接下来就是最精彩的 15 分钟。汉森引用《快乐山组曲》的片段旋律解说。

最先介绍木管组，请注意每一件木管乐器的形体与音色，所有示范的木管乐器都在左半部声场内。从长笛、短笛、双簧管、英国管、低音管、竖笛到倍低音竖笛，您应该听到在堂音回响中，每一种木管乐器都有着极清晰如

真的形体与甜美气韵，不论独奏还是合奏都保持明晰和谐。

其次是铜管，示范在右半侧声场，但是回响可达左侧声场。从小号、圆号、长号到低音大号，所有铜管闪烁金属光芒，穿透力足而不刺耳，尤其是当长号与大号同时怒吼时，那种巨大的能量真的有音乐会现场的感受，此段即为汉森所称"管弦乐团的终极力量"。此外，如果您的系统够好，您应当会发觉，小号位于右声场靠后较上位置，其前下自左至右为圆号、长号与大号。

接下来是弦乐部分，从中提琴到大提琴，再出现小提琴组，让您分辨弦群的音域与衔接，您也应当听出录得非常清晰又漂亮的弦乐，然后再示范不加入与加入低音提琴时整体音乐的感受。低音要好，超低音最重要，这段音乐是很好的教材，到了最后的众弦拨奏，呈现"巨大吉他"般的音色，也是解析、瞬态响应的绝佳考验。

最后是打击乐部分（包括两部竖琴），从定音鼓、木琴、马林巴、钟琴到钹，尤其是悬钹与击钹同时敲响，就是 LP 时代发烧友的梦魇之处，非常考验高音的质感、动态与延伸，必须强烈震耳，但不应觉得锐刺。其他还有铃鼓、木鱼、小鼓等，但是三角铁必须极为轻盈悠扬，低音大鼓则必须强劲、扎实、低沉才能通过考验。

以上是笔者在自家系统实际聆听的报告，相信已经比哈里•皮尔森的叙述更为详尽。

趁着还找得到这套 CD，有心的读者不妨也印证一番。

2. The Absolute Sound SACD Sampler

Telarc SACD-60011

以数字录音起家，并不断精进录音技术的 Telarc 唱片，是少数钻研真正 DSD（Direct Stream Digital）录音的公司。它既是发烧友心目中的发烧唱片厂，也是"绝对音响"的实践者。它的唱片，曲目从巴洛克到当代音乐，非常广泛。它的录音，绝大部分都选择真正的表演厅堂。在公司的 3 位灵魂人物 Robert Woods、Jack Renner 与 Michael Bishop 的主导下，"泰拉克之声"已具有独家特色——宽频域、大动态、真舞台，加上真实的声像，或许要再加上特有的低音大鼓。

这张样片是 2006 年 Telarc 委托哈里•皮尔森选制发行，哈里•皮尔森的构想主要在于利用 Telarc DSD 多轨系统录音的优越性能，借着这些乐段充分展示，也可用来诠释他的"在真正空间重放未被放大的音乐"概念，也就是接近真正的音乐。

因此，这张 SACD 最好能使用 5.1 声道系统播放，并且 5 个主音箱都得相同，而后置音箱只能调出厅堂感，也就是不能听出来自后置音箱的乐器直接声像。当然您也可以使用 SACD 机的 DSD 两声道，或普通 CD 机聆听。

在这张包含 14 选段的样片中，您可以细细品味"泰拉克之声"，例如管弦加上合唱，您一定会发现，乐团在声场稍低处，合唱者在舞台稍高处，独唱者绝对与团员成真实比例，不会刻意放大。当然，要完整聆赏"泰拉克

The Absolute Sound SACD Sampler,Telarc SACD-60011

之声",非得具有超高音至超低音的音箱不可,并且还得有高度解析能力的播放系统才行。

如今,Telarc被并购,人事有变动,外制唱片将来能否保有"泰拉克之声"仍未定数,这张特选,弥足珍贵。

3. Zimmer:
Thin Red Line

BMG/RCA 09026 63382 2

哈里·皮尔森说,如果有所谓超超级CD榜单,*Thin Red Line*的录音一定排行接近榜首。汉斯·季默的电影配乐挑战音响极限,《神鬼战士》就是典型例证。哈里·皮尔森会选《红色警戒》主要是减少惯用的电子合成音效,加上作曲家擅长东方乐器,并沉稳严肃地处理这部具深度人文气息的战争影片的氛围。因此,如果您观赏这部影片,您不会特别去注意配乐,它似乎已与诡谲、紧张的枪林弹雨融为一体。但是,当您冷静聆听CD,您一定会为汉

斯·季默的手法与录音折服。

对发烧友而言,这张唱片严格考验您的低音量解析力及大音量分离度,当然少不了超高与超低音域的展现。

以轨3《迈向前线路途》(*Journey to the line*)为例,一开始非常低音量的声音类似雨杆(rain stick)的敲击及拍拍声,断断续续有若跳针的激光唱片,许多系统可能会听不到,接着电子管风琴出现,低音大鼓深沉地加入,一直到极大音量高潮,依稀还听到拍拍声。接着转入小提琴高音弦的呜呜,此时出现极低的如开水沸腾的声响(可以明显摸到我的40Hz以下低音扬声器的震动),这不但考验超低音域,也考验超低音量解析力,直到曲尾。

在轨6《气氛》(*Air*),连续的低音大鼓,真的有如雷鸣或落弹,曲中急促的日本笛(尺八),真切的近距气韵也考验瞬态响应。曲7是弦乐的大考验,从弦群的组合快奏中,您必须听出极小声的小号、木管及多种打击乐器不时夹杂现身,到曲末一阵低音提琴声后响起的

Zimmer：Thin Red Line,BMG/RCA 09026 63382 2,索尼音乐

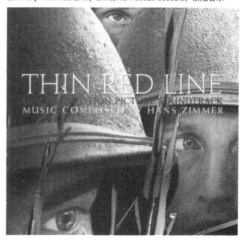

细声小提琴独奏，您也必须听出非常清晰的形体与甜美的音色。

总之，在一套平凡的系统上，这张唱片不可能带给您非凡感受，一套绝佳的系统就能听出它的精微绝妙。

4. *Holst: The Planets*
祖宾·梅塔指挥洛杉矶爱乐乐团

JVC/Decca JVCXR-0228-2

哈里·皮尔森很奇怪为什么 JVC 的洛杉矶工厂在 XRCD 转制达到模拟超级母带水平时，宣告放弃，这张《行星组曲》是最后 3 张唱片之一（另外两张是《罗西尼序曲集》与《卡门幻想曲》）。

用来测试调音，轨 5《土星》（*Saturn*），开头的一段低音提琴拉奏，即可用来检视低频音域的清晰与权威，曲中的木管必须形体与气韵逼真，曲尾管钟的超高频延伸与管风琴超低频

量感与基音都是绝佳参考乐段。

轨 6《天王星》（*Uranus*），定音鼓、低音大鼓及曲尾的管风琴滑奏（glisando）都很优异。轨 3《水星》（*Mercury*），则要注意低音量的弦质与各种高音域打击乐器的悠扬自然。

如果您的系统够好，您还会感受到这是几乎没有声场边界的录音，因为当时的录音，乐团并未在舞台上演奏，而是在台下观众席前，这是迪卡录音团队因录音空间所作的音效考量。

5. *Moussorgsky Pictures at an Exhibition*
Janis（钢琴版），多拉蒂指挥
Minneapolis Symphony Orchestra

Mercury 434 346-2

1962 年，Mercury 到苏联录音，那时大受欢迎的美国钢琴家贾尼斯在前一年于费恩录

Holst: The Planets，祖宾·梅塔指挥洛杉矶爱乐乐团，JVC/Decca JVCXR–0228–2

Moussorgsky: Pictures at an Exhibition，Janis（钢琴版），多拉蒂指挥 Minneapolis Symphony Orchestra，Mercury 434 346–2

音室录制的《图画展览会》，直到 1994 年才以 CD 首度发行。在这一录音中，您会感受中距离聆听的钢琴形体，极度清晰透明的琴键音符，有如在消声室的声响。请特别留意最后一段《基辅大门》，贾尼斯有如魔术般幻化指法，高低音阶对比时繁复又清楚的细节，非常考验系统的解析力。

唱片中还收录两首肖邦短曲，也是在莫斯科时所录，远距离聆听的钢琴，极明显的堂韵，较柔美的琴韵，与录音室作品大异其趣，虽然两者都是使用相同的 3 支 Telefunken 201 话筒拾音。

多拉蒂指挥明尼亚波利斯管弦乐团的《图画展览会》，同样展现 Mercury Living Presence 直接率真的录音特色，声场左右不超出音箱外缘，但深度够深，弦群、木管、铜管都呈现原貌，动态十足，盛放慑人。

哈里·皮尔森是人，没有必要神化膜拜，但是，他的观察与建议，经笔者长期印证，绝大部分可靠，可以参考。

调音是现实，如果系统没有校正，音源解析度再高，也是枉然，更不能面对昂贵的音响，睁眼装耳聋。这也是笔者一再呼吁重视调音——特别是音箱摆位的缘由。

天书 2　30F　2007　蔡克信画

Bashmet & Moscow Soloists（蔡克信合成照片）

19
弦乐的现场与录音

中提琴界的帕格尼尼

2009 年 6 月 15 日，笔者受邀聆赏由尤里·巴什梅特（Yuri Bashmet）领导莫斯科独奏家室内乐团（Chamber Orchestra Moscow Soloists）的演奏会。当今世界顶尖的，有中提琴界的"帕格尼尼"之称的巴什梅特果然魅力十足，大受欢迎。

这次笔者的座位居于舞台前第二排近中位置，可以说是极近距离聆听，正可与在家中聆听室的感受作比较，当然音乐会之前已做足功课，先行聆听该乐团录制的部分当天演出曲目唱片。

巴什梅特于 1953 年出生于罗斯托夫，虽然从小学习小提琴，却更喜爱吉他，也是 The Beatles 的粉丝。1971 年进入莫斯科音乐学院才确定学习中提琴并认真苦练，1975 年即在布达佩斯国际比赛中获得二等奖，隔年在慕尼黑国际中提琴大赛抢元，在优胜音乐会上与名指挥库贝利克合作，演出巴尔托克的中提琴协奏曲。25 年来，他不但是西方第一位举行中提琴独奏会的音乐家，也与世界各大乐团合作，包括柏林爱乐乐团、维也纳爱乐乐团、阿姆斯特丹皇家乐团、波士顿交响乐团、芝加哥交响乐团以及纽约爱乐乐团等，也与名演奏家奥伊斯特拉赫、巴巴拉·韩翠克丝、林恩·哈瑞尔、高威、李希特、罗斯特罗波维奇、凡格洛夫、史坦恩、克莱曼、穆特同台。

1992 年，巴什梅特组织一批莫斯科音乐学院毕业、年纪都在 30 岁以下的优秀弦乐家，组成莫斯科独奏家室内乐团，很快在欧洲打响名号，并环球巡演。当然，多年来，团员更迭，历经重组，已是媒体与乐评人眼中的"世界一流乐团"与"国家之声"，演奏曲目更是广泛多样，从古典经典到当代新作，极具挑战性并拓展弦乐曲目的创团使命，这当然与指挥巴什梅特相对年轻有关。巴什梅特曾担任新俄罗斯交响乐团的首席指挥，也担任世界许多乐团的客席指挥。

接近自家聆听室的听感

莫斯科独奏家室内乐团在舞台上呈半圆形排列，左侧前排有 5 把第一小提琴，其后排是 5 把第二小提琴，中间前后排各 2 把中提琴，右侧有 3 把大提琴，其右前则是 1 把低音提琴。在演奏会开场的《格里格：给弦乐团的霍尔堡组曲》（Holberg suite for strings）则加入一位台湾女大提琴家，在《巴赫：勃兰登堡第三号协

Yuri Bashmet & Wu Man, etc.
Tan Dun：Pipa Concerto, Hayashi：Viola Concerto & Takemitsu：Nostalghia, ONYX 4027

奏曲》(*Brandenburg Concerto*，*No.3*) 则在低音提琴后方加入一部大键琴。压轴的是《柴可夫斯基：给弦乐团的 C 大调小夜曲》(*Serenade for strings in C*)，另外两首是由巴什梅特指挥并担任中提琴独奏的《布鲁赫：给中提琴与弦乐团的祷文》(*Kol Nidrei*) 与《欣德米特：给中提琴与弦乐团的丧乐》(*Trauermusik for viola and strings*)。

以前有过几次坐在音乐厅最前排聆乐的经验，大多是管弦乐演奏，这次却是第一次听到音乐厅如此清晰、甜美、和谐、精致的音色，与在自家聆听室近距离聆乐有着极为接近的感受，完全合乎客观音响评估的最高标准。这么说，或许有人认为本末倒置，事实上，一个调整妥当的聆听系统可以非常接近音乐厅的现场氛围，尤其是室内乐团。

弦乐重现几可乱真

值得探讨的是，笔者并非坐在正中皇帝位，但是乐团自左至右的声像都不偏不倚在其定位，在家听唱片就不见得每次能有如此听感。笔者认为，若是单点录音，您非得坐在皇帝位不可，多话筒录音若经高手调校，较有可能在多个位置重现此种体验。但多话筒有多话筒的风险，理论上，3 支话筒应当可获得最高的"经济"效益。

或许是因为室内乐团不到 20 人，乐团层次较单纯，加上近距离聆听，大部分是直达声，并且能量与动态不如大型管弦乐团，因此可以听到如此美妙的音乐与音响效果。以前同样近距离聆赏交响管弦，繁复的乐器齐鸣，超高频极低频有缺点，就很难讲究音响客观评估

了。反过来说，绝佳的系统，也只能再现音乐厅交响管弦的缩影。

因此，关于主题"弦乐的现场与录音"，通过这次经验笔者可以肯定地说，绝佳的录音通过绝佳的系统重放，可以媲美现场，尤其是通常认为用数字录音方式最难录制的弦乐，现在也可以乱真。如此，同一乐团，如果在家聆听其唱片无法再生现场弦乐的质感，这时就应检讨音响系统的各个环节。尤其要重放巴什梅特的极美中提琴（肯定是斯特拉底瓦里级）音色。他掌握中提琴的细腻与动态表情，已臻化境。

巴什梅特（当时虽年过半百，除了技艺超绝，仍深具偶像造型魅力）还有几张演录俱佳的 CD，可相当程度地视同现场，足供聆赏并当作调音参考。

Shostakovich, Sviridov, Vainberg
Moscow Soloists / Bashmet
ONYX 4007

这张专辑收录三位作曲家各一首室内交响曲（Chamber Symphony）。

肖斯塔科维奇的作品 110A 是由著名指挥巴尔塞（Barshai）改编自肖斯塔科维奇的第 8 弦乐四重奏。这首名作是 1960 年肖斯塔科维奇濒临自杀前所作的安魂曲，曲中可以听到他过去作品片段的回顾，从《第一交响曲》《大提琴协奏曲》、DSCH（肖斯塔科维奇姓名缩写）动机、《第五交响曲》《第二钢琴三重奏》《纪念革命烈士葬礼进行曲》到歌剧《姆岑斯克县

的麦克白夫人》的咏叹调。虽然乐谱上注明"纪念法西斯主义与战争的受害者"，其实亦是自传式的哀歌。

斯维里多夫（1915—1998）是肖斯塔科维奇在圣彼得堡音乐学院作曲班的学生，是20世纪俄罗斯民族乐派的代表人物，曲风颇受肖斯塔科维奇影响，唱片中收录的第14号作品先呈现戏剧张力与情感苦闷，再以温柔抒情与犹太民俗舞曲释怀，对情感转折的描绘颇具功力。

波兰裔俄罗斯作曲家范贝格（1919—1996，魏因贝格）以肖斯塔科维奇门徒自居。唱片中收录的是第一室内交响曲，以传统古典元素为基础，再赋予范贝格个人风格、难以捉摸的节奏变化与心境对比，呈现鲜活的新古典主义曲风，可以与普罗科菲耶夫的作品相互辉映。

Stravinsky Prokofiev

Moscow Soloists / Bashmet
ONYX 4017

这张专辑收录斯特拉文斯基新古典主义时期代表作舞剧音乐《阿波罗》（*Apollo*）与《D大调弦乐协奏曲》，以及普罗科菲耶夫的《20

Shostakovich, Sviridov, Vainberg
Moscow Soloists/Bashmet
ONYX 4007

首瞬间影像》弦乐合奏改编版。

《阿波罗》完全采用自然和弦，音乐平和而清澄，乐曲从阿波罗的诞生开始，接着是一系列歌颂艺术之神与三位音乐缪斯（史诗女神、圣歌女神、歌舞女神）的舞乐、每一女神的变奏、阿波罗的变奏、阿波罗与三女神的尾舞等，是极典型的新古典主义作品。

写作《阿波罗》之后的20年，斯特拉文斯基在好莱坞受托谱写《D大调弦乐协奏曲》，这是斯特拉文斯基最具高贵曲风之作，优美的旋律，精致的结构，加上斯特拉文斯基杰出的节奏与和声，全曲颇具柴可夫斯基或巴洛克风味。

普罗科菲耶夫的"瞬间影像"原始版本是20段每首不到一分钟的钢琴珠玑，是对1917年革命的心理反映，因此，音乐从平和到激动，有多层次的心理描绘。此次世界首次录音采用巴尔沙伊（Barshai）与巴拉索夫（Balashov）的弦乐改编版本。

Grieg, Mozart, Tchaikovsky
Moscow Soloists / Bashmet
ONYX 4037

这张专辑中的格里格的《霍尔堡组曲》与柴可夫斯基的《弦乐小夜曲》即为此次演出的

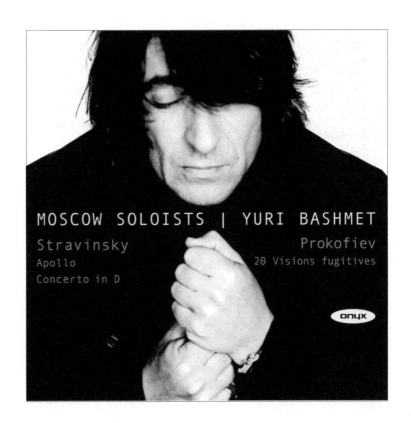

Stravinsky, Moscow Soloists
Bashmet,
ONYX 4017

主打曲目。

"霍尔堡"是指挪威剧作家路德维希·霍尔堡男爵，他被认为是现代丹麦文学和挪威文学的创始人。为纪念他二百周年诞辰，格里格先以钢琴写此阕组曲，再改编成弦乐合奏曲。全曲采用巴洛克曲式，以多首舞曲谱成，端庄优雅。

柴可夫斯基的《弦乐小夜曲》是弦乐合奏曲，第一乐章是"小奏鸣曲"，其庄重的前奏在第四乐章的终结部回顾再现，第二乐章是"圆舞曲"，第三乐章是"悲歌"，第四乐章是"俄罗斯民谣主题"的终曲。

专辑另收录一首莫扎特著名的《G 大调弦乐小夜曲》(*Eine Kleine Nachtmusik*)，由快版、浪漫小步舞曲与轮旋曲快板构成，全曲展现了莫扎特圆熟期的纯美音乐。

值得注意的 ONYX 唱片

以上 3 张由尤里·巴什梅特指挥莫斯科独奏家室内乐团演奏的专辑，可以充分领会巴什梅特依不同乐曲展现的凌厉锐气、圆熟深思的驾驭工夫，也可享受弦乐团和谐共鸣、精致细腻的音乐氛围。

虽然第 1、2 辑在德国新哈登贝格城堡录制，第 3 辑在莫斯科录制，两处堂韵有些许不同，由于均采用近距离拾音，该乐团呈现的整

Grieg, Mozart, Tchaikovsky
Moscow Soloists / Bashmet,
ONYX 4037

Shostakovich / Bashmet / Richter
Melodiya MEL CD 1000095

Shostakovich / Piano Quintet / Bashmet et al
ONYX 4026

Reminiscences / Bashmet / Muntian
ONYX 4032

体音色相当一致，加上录音绝佳，可以获得如同现场般的音响，弦乐的质感、细微、动态均可作为考验重放系统的参考标准。

这3张专辑都是ONYX唱片公司的作品。这家成立于2005年的公司，由前迪卡唱片资深执行制作Paul Moseley创立，3年之内即获得两项格莱美奖、两项留声机杂志大奖与两项法国金音叉奖。他的成功在于尊重艺术家的主导与意向，慎选录音场所并用心录制。

2007年，ONYX在柏林新哈贝格城登堡，再度由巴什梅特与莫斯科独奏家室内乐团录制一张东方现代音乐专辑，同样是一张演录超绝的杰作，收录华人与日本作曲家的曲作。

谭盾的《琵琶弦乐协奏曲》，1999年在札幌太平洋音乐节首演，这次是首度录音，由当代权威的女琵琶演奏家吴蛮担纲。全曲以琵琶代表中国乐风，弦乐代表古典，融入当代音乐新思维，一新耳目。

日本作曲家武满彻（Toru Takemitsu，1930—1996）的《乡愁》与《三首电影音乐》，虽然采用西方当代音乐语汇，仍然具有日本哲学根基。《乡愁》这首为独奏小提琴与弦乐团而作的曲作，是难得听到的巴什梅特拉奏的小提琴。

同样以电影配乐著名的林光（Hikaru Hayashi）的《悲歌》是首为中提琴与弦乐而作的协奏曲，具有东欧与俄罗斯风味，巴什梅特的中提琴强烈情感的表达令人印象深刻。

总之，莫斯科独奏家室内乐团在巴什梅特的努力经营下，感染力十足，加上唱片录音十分保真传神，不论现场还是录音都可以获得乐迷或音响迷的喜爱。

〔延伸聆听〕

1. Shostakovich / Bashmet / Richter（Melodiya MEL CD 1000095）

2. Shostakovich / Piano Quintet / Bashmet et al（ONYX 4026）

3. Reminiscences / Bashmet / Muntian（ONYX 4032）

西电之声　蔡克信拼贴摄影

20

"西电之声"杂谈

西电传奇

西电（Western Electric）是早期 Hi-Fi 的开拓者，影响 20 世纪音乐录放至深且巨，至今仍是许多发烧友的梦幻之声，它的来龙去脉颇值得发烧友探究。

1856 年，乔治·肖克（George Shawk）在克利夫兰购买一家电工商行，1869 年与艾诺斯·巴顿（Enos Barton）合伙，随后将股权出售给伊利沙·格雷（Elisha Gray）。1872 年巴顿与格雷将事业移至芝加哥，公司更名为"西电制造公司"（Western Electric Manufacturing Company）。他们生产多种电子产品，包括打字机、警报器、照明设备，并且为电报公司西联（Western Union）供应器材零件。

1875 年，格雷将股份售予西联，其中还包括与贝尔仍具争议的一些电话设施专利权。西联与贝尔电话公司的专利权之争直到 1879 年西联退出电话市场才落幕，贝尔公司也在 1881 年顺利收购西联公司。

1899 年，"西电制造"开拓海外市场，参与日本 NEC（Nippon Electric Company）的投资，拥有 54% 的股权。

1915 年，"西电制造"并入纽约的 AT&T（美国电话电报公司），以"西电公司"（Western Electric Company）名称成为其全资子机构。同时，原已并入"西电"的"贝尔电话公司"（Bell Telephone Company）也归 AT&T 管辖。贝尔原本负责电话技术的研发，包括线路与音质的改善，内部即设有"贝尔电话实验室"（Bell Telephone Laboratories），自此也开启录音系统的研发，并由"西电"制作器材供应唱片公司。

1929 年，"西电"在早期有声电影中扮演拓荒者的角色。它发明"西电通用底座"（Western Electric Universal Base），让无声电影放映机能放映有声电影。同时，它也设计出电影剧院用宽频号角音箱，用仅 3 瓦功放即可让电影院充满声响，在当时是一大突破，因为当时大功率电子管功放仍未普及。

除了是 AT&T 的供应厂，"西电"也成为专业录音系统与再生器材研发与制造的重要角色。它的主要贡献如下。

（1）设计供电影发声的"维他风"（Vitaphone）系统。

（2）在 20 世纪 20 年代未提供唱片公司电子录音技术（当时另一竞争对象是 Autograph Records 的电子系统）：①"正声唱片"（Orthophonic Phonograph），具有平直频率响应的电子录音唱片；② Westrex "光学音响"（Optical Sound）；③ Westrex 刻片系统，以单沟刻制立体声音轨，并兼容单声道系统。

当然，几十年来，作为 AT&T 旗下公司，西电与贝尔的主要业务仍然在电话通信行业。到 1995 年，AT&T 更名为朗讯科技（Lucent Technologies）后，西电宣告落幕。现今，西电电话机成为收藏品，它一向以耐用著称。同样的，在 19 世纪 20—30 年代生产的西电音响器材，原本为电影剧院所设计，也成为发烧友追逐收藏的对象，主要在于它的高品质结构与美声再现，例如它的巨型剧院号角音箱只需极低功率即可发出充盈满院的声响。

关于西电与贝尔系统，发烧友关心的当然不是电话而是音响，其中，笔者较感兴趣的是其录音。

西电的录音

贝尔的电话与爱迪生的留声机相继被发明，两者的目的都是为了"人声"转换与再生，电话是为了"空间"传递，留声机是超越"时间"回放。早期商用留声机系统是纯机械式的，录音靠号角集中拾音，再传递到旋转的刻片蜡筒，频率只能局限于250Hz至2500Hz，音量、音质也受到限制。

1915年，贝尔公司的工程师阿诺德认为要获得较佳录音品质，刻片系统必须依靠电子而非声学，如同电话传输采用电子管功放。通过电话业务，贝尔工程师已汇集有关电子线路与声音重放的理论与实际经验，因此，其团队合作设计出一套电子式录音与重放系统，同时也发明一套唱片播放系统。他们录制的所谓"正声"唱片，具有前所未有的绝佳音效。起初并未获唱片公司青睐，在经历唱片因经济不景气而滞销时，胜利公司与哥伦比亚唱片公司才向贝尔公司要求授权，并由"西电"供应器材。1925年的圣诞节，新的电子录音唱片问世，"正声"唱片也为唱片工业的复苏作出极大贡献。

后来，贝尔实验室持续研究改进录音与声音重放的品质，特别是频域两端的延伸、动态细节的对比，以及高低音量音乐信息的过渡。接着改善唱片表面的杂音，以塑料取代虫胶，在压片过程中使用喷金镀铜母盘。在回放方面，发明轻质量电子唱头唱针，引进33⅓转/分转速并将其定义为LP的标准规格。另外还设计出新式话筒与音箱、公共扩声系统、影音同步录音与声音叠录技术等。这些，当然得靠"西电"的全力配合。

贝尔实验室另外一项创新技术，就是立体声的录制与重放。

立体声的滥觞

在20世纪20年代，贝尔实验室作为美国电话电报公司的研究部门，致力于音频传输技术的改进，其中包括开发电子录音技术。与之前的机械声录音方式不同，电子录音不再依赖物理振动直接刻制唱片，而是使用电子技术捕捉并记录声音，大大提高了录音的音质。在那

（左）斯托科夫斯基在贝尔实验室操作录音器材
（中）*Early Hi-Fi* LP 唱片封套
（右）高保真的拓荒者：贝尔实验室工程师——Flanders、Maxfield、Keller、Harrison 与 Blattner（左起顺时针）

个时代，常见的录音介质是 78 转 / 分的唱片，其录制技术相对简单，但音质受限，高频和低频细节损失较大。

1931 年 4 月起，贝尔实验室开始在费城音乐学院的音乐厅进行一系列具有开创性的录音实验。他们邀请了斯托科夫斯基指挥的费城管弦乐团参与，利用安装于音乐厅地下室的新型实验设备进行录制，且其目标是实现前所未有的音频保真度。这些设备采用了创新的垂直刻片技术，不同于传统唱片的横向刻片，它能够在蜡盘上以"峰与谷"的形态刻录音频信息。

为了实现这一目标，工程师们设计了一种全新的磁性动圈拾音器，装配了特殊的蓝宝石唱针。这种唱针在柔软的蜡层上刻出音乐沟槽，之后通过电镀铜层来增强和保护音槽。与以往的石墨涂覆工艺相比，贝尔实验室采用了分子级的镀金工艺，避免了传统方法导致的表面划痕和噪声问题，从而提高了最终录音的清晰度。

这种新型的设备能够录制 50 ～ 10 000Hz 的音频频率。这大大提高了对原始音频的保真度，而当时的常规录音则仅限于 60 ～ 4 500Hz。亚瑟·凯勒表示，《罗马狂欢节》的录制频率响应延伸到了 13 000Hz，这是贝尔实验室在当时取得的最高频率响应。

此外，动态范围——从安静到响亮音乐的音频范围——几乎是常规录音的两倍，进一步提高了对原始音频的保真度。

这些实验不仅限于单声道录音，从 1932 年 3 月开始，贝尔实验室还尝试了双声道或立体声录音，这是音频技术的一大突破。

当时使用了两个刻针，每个刻针都有自己的唱臂，唱臂之间是平行的。一个刻针从蜡盘的外缘开始刻制（与正常相同），另一个从盘的一半位置开始刻制，这样就记录下右声道和左声道的音频。回放是相反的过程，使用两个唱针。

其中，最著名的录制内容包括斯克里亚宾的 Op.60《火之诗》和穆索尔斯基—拉威尔的《图画展览会》，这些作品成为了现存最早的立体声录音实例。尽管有资料错误地认为英国科学家艾伦·布卢姆林在 EMI 的工作才是最早的立体声录音，但实际上，布卢姆林的专利和实验是在 1933 年，晚于贝尔实验室与费城管弦乐团的合作。

1979 年，贝尔实验室邀请已经退休的亚瑟·凯勒出山，协助对存档的金属母盘进行编目和转录。在新泽西州默里山的贝尔实验室，凯勒从中识别出了斯托科夫斯基—费城管弦乐团的录音。随后，由沃德·马斯顿领导的团队进行了大规模的转录工作，超过 100 张母盘得以保存。1979 至 1980 年间，这些录音被整理成两张纪念性质的 LP 专辑，即 BTL-7901 和 BTL-8001，所有后续发行的 CD 和其他媒体中的相关录音材料都源自这两张 LP。

关于这套专辑的更多详细信息，以及立体声技术的发展历程和斯托科夫斯基在其中的贡献，读者可以参阅本书 142 页的内容，那里有更详细的介绍。

遗憾的是，尽管大量实验录音得以保存，但由于将这些珍贵的母版转换为数字文件的技术挑战，以及原录音版权状态的不明确，使得这些历史录音未能进一步向公众广泛发布。

美艺人生　10F　1999　蔡克信画

21
初探 LP2CD

您可能不会想到，有几家小公司复刻模拟时代的录音，采用初版 LP 而非原始母带来制作 CD，从而获得比原版母带转制更像 LP 的音效。这种 CD 我称它为 LP2CD。

所谓 LP2CD，就是"LP to CD"的简称，也就是说虽然有原始母带，却要用 LP 唱片去转制 CD，这样做出来的 CD 比原始母带更接近 LP。是不是有些诡异？笔者近几年来不断探讨这一现象，从外制品到自制片，结论可以确定，原理很难说清，后文会逐渐阐释。

在录音带发明以前，早期的 78 转 / 分（SP）唱片要数字化，当然只能拿虫胶、黑胶以唱针读取再转化。现在也有好多私人工作室从事

LP2CD 的制作，其中发烧友一定要知道的有 Mythos 与 Spectrum Sound 这两家，主要制作美国、日本的唱片，都是以极致音响器材去追求最佳音效。

首先介绍 Spectrum Sound，这是音响前辈骆良朝先生介绍的，他整天到处跑，常会挖到宝。

Spectrum Sound 2009 年开始营业，制作人是日本的 Yoshihara.k 与美国的 Darren Rouvier，由 Darren 担任母带重制录音师。他们的创业第一炮是传奇指挥家富特文格勒庆祝柏林爱乐乐团成立 70 周年指挥演出的《勃拉姆斯第 1 交响曲》与《舒伯特第 8 号未完成》（CDS-001）。先说他们如何制作这张 CD，他们先找来 DGG

器材列表

（1）LP 唱盘：Micro SX-1500FVG（SX-5500），Airbass 悬浮系统。

（2）单声道唱头：EMT XMD-25，Ortofon Original Old type CG-25，My Sonic Lab Mono，Koetsu Mono。

（3）立体声唱头：Ortofon SPU Gold Reference Stereo，EMT XSD-15。

（4）唱臂：SME 3012-R（立体声用），Ortofon RMG-309（单声道用）。

（5）前级、后级：Marantz 7 原始机型，搭配原始电子管 Telefunken 803 与 833。

（6）LP RIAA 均衡器：FM Acoustics FM 122 MK2。

（7）MC 唱头配对放大器：WE 618B（Shindo Lab）。

（8）数字录音座：TASCAM DV-RA 1000HD DSD Recorder。

（9）DCS 905 A/D Converter。

（10）母带再制工作机：Sonic Solution。

（11）监听音箱：

A. 原始旧型 JBL S8R Olympus【150 4C+375+075（32 欧姆）】，分频器 LX5，N7000 + 原始 HL-88 号角。

B. Wilson Audio Watt Puppy 5.1 to Yoshihara 系统（2012 年更改为 Tannoy Westminster Royal）。

（12）监听后级：WE300B（Shindo Lab）。

在 1976 年首次压制的两张 LP（1952 年的模拟、单声道母带录音），然后有如下的大阵仗器材备用。

这些器材都是发烧友的梦幻铭器，玩 LP 的人也极少人能够攀上，新机只有极昂贵的 FM 唱头均衡器。由于是 1976 年压片，原始 LP 品质极佳，转制的 CD 也就绝少杂音，但是，非常明显，Spectrum Sound CD 的声色与从原始母带转制的 CD 不相像，倒是与 LP 声音极像，如果蒙眼试听，我想 95% 以上的人无法分辨。

过去我多次提过，录音绝佳的 CD 与盘式录音带的声音接近，LP 则另成一格。但是，在大多数人心目中，只认为 LP 才是模拟录音，比较好听，但模拟盘式录音带却是不折不扣的模拟录音！数字录音转制的 LP 又如何界定？这就涉及所谓"好听"与"保真"的话题。

我就以 Spectrum Sound 出品的另一张由 Jean-Max Clement 演奏的《巴赫：六首大提琴组曲》（CDSM014JT）为例。这是 1958 年的迪卡天堂鸟立体声录音，有着独特的分句与节奏。Spectrum Sound 由其第二版转制的两张一套唱片，在第 3 组曲，分别使用 EMT XSD-15 唱头与 Ortofon SPU Gold Reference 唱头，在其他条件相同下复刻两个版本，EMT 阳刚利落，Ortofon 阴柔华美，两者音色及音响效果差异极大，但都很"好听"，频率与乐器也都正确，请问何者较"保真"？笔者拿由原始模拟母带转制的 CD（福茂迪卡）比较，显然 LP 转制版都不像母带转制版，因为 LP 系统各个环节都是变量，造成不同音效，自不为奇。这就是我说"好听"与"保真"似乎都对，但也是矛盾的。大家对 LP 印象深刻，恐怕正是由于有唱针刻过而产生独特的音响效果有关，因为以 LP 刻出的 CD 的确像极了 LP，这就与模拟或数字无关了！

Micro LP Player ＋ Ortofon Mono 唱头

Spectrum Sound 首发——勃拉姆斯第一交响曲

另一层次思考：许多 LP 迷不惜花费巨款购买二手 ED1、ED2，请问在您的系统上播放，能比 Spectrum Sound 刻出的 CD 更好听吗？能有更少杂音，更保真传神吗？

Spectrum Sound 搜寻许多珍品 LP，用心精制 CD，笔者认为可以取代 LP，而且以最合适的价钱得到犹如聆听 LP 的效果。Spectrum Sound 早期有几款限量 1000 至 1500 张，都已绝版，近期不限量，反倒有普通版与 HQ 版并出。

Spectrum Sound 从 2010 年开始发行由 LP 转制的 CD，单声道版本居多，至今已发行 40 余款，每一款至少包括两张原始 LP 的内容，套装有 2～4 张 CD，所以转录的名盘已至少超过百张，每一张都是以前大多未曾听过的绝版珍品。虽然转制使用的唱头有多款，正可反映 LP 转制的多种可能，转制绝佳，感觉好听而有特殊韵味，正是典型 LP 的魅力的代表。

Spectrum Sound 将 LP 转成 DSD 文档，再制成普通 CD、HQCD 或 SACD。

在这 40 余款产品中，富特文格勒指挥的

唱片占了四分之一，除了首发片，包括《贝多芬第 5、6 交响曲》（CDSM008JT），原始 LP 取自 1954 德国 EMI Electrola LP（德国富特文格勒协会提供），柏林爱乐团演奏；《贝多芬第 3（英雄）交响曲》附带理查德·施特劳斯《狄尔的恶作剧》（CDSM009JT），原始 LP 同样来自德国富特文格勒协会，1952 年柏林爱乐团演奏，德国 EMI 版；《贝多芬第 7、8 交响曲》（CDSM010JT），1953 年柏林爱乐团演奏，出处同前；《贝多芬第 1、勃拉姆斯第 4 交响曲》（CDSM011JT），前者由维也纳爱乐团演奏（1952），后者由柏林爱乐团演奏（1949），版本与出处同前；《贝多芬第 9 交响曲（合唱）》（CDSM004JT），1953 年由维也纳爱乐团演奏，取自德国富特文格勒协会初版 LP；《1952 年柏林爱乐团创建 70 周年纪念演奏会》（CDSM017WF），内含《贝多芬：大赋格》《奥涅格：第 3 交响曲》《舒伯特：第 7 交响曲》与《勃拉姆斯：第 1 交响曲》，原始 LP 取自德国富特文格勒协会文献，这套是 2012 年版本。另外，有 4 套（4 张一套）"向富老致敬"专辑，其中有舒曼、理查德·

Spectrum Sound 的富特文格勒 LP2CD 系列

施特劳斯、贝多芬、勃拉姆斯等人的作品，每张唱片以何种唱头转制都标注清楚，包括 Ortofon CG-25、EMT XMD-25、My Sonic Lab Eminent Solo 单声道唱头，方便发烧友作音质、音色、频域比较。

其次是四套 "Analog Collector"（模拟收藏），每套 4 张 CD，内容更是琳琅满目，处处珠玑。例如有女小提琴家玛茨（Martzy）演奏的《德沃夏克小提琴协奏曲》和《贝多芬第 8 小提琴奏鸣曲》；米尔斯坦演奏的《贝多芬第 9 小提琴奏鸣曲》《帕格尼尼变奏曲》和《贝多芬小提琴协奏曲》；大提琴家沙弗朗（Shafran）演奏的《舒伯特琶音琴奏鸣曲》《巴赫大提琴组曲》；大提琴家扬尼格罗（Janigro）演奏的《勃拉姆斯大提琴奏鸣曲》；小提琴家埃达·亨德尔（Ida Haendel）演奏的《亨德尔咏叹调》《舒伯特圣母玛利亚》；让德隆（Gendron）演奏的《贝多芬第 3 大提琴奏鸣曲》《柯达伊大提琴奏鸣曲》等。其中还有许多曲目是首度转制成 CD，也就是 20 世纪 50 年代发行 LP 后即未复刻 CD，都是名家演奏，包括施塔克（Starker）、罗斯特罗波维奇（Rostropovich）、托尔特利耶（Tortelier）、麦纳迪（Mainardi）、赫尔舍（Hoelscher）等。

《小提琴家的不朽炫技》（The Violinist Immortal Virtuoso）第一辑，是从 20 世纪 10 大名家，包括格吕米奥（Grumiaux）、里奇（Ricci）、维多（Vito）、富尼埃（Jean Fournier）、莫凯尔（Merckel）、巴雷利（Barylli）、艾尔曼（Elman）、海菲兹（Heifetz）、米尔斯坦（Milstein）与奥列夫斯基（Olevsky）演奏的 12 张 LP 中精选转制。

不论原始 LP 是单声道录音还是立体声录音，转制的效果是完全模拟的效果，并且每把琴各有不同的妙音美色，如温润甜美的艾尔曼声（Elman Tone）即清楚可感。这 12 张原始 LP，我一张也没有，因此这 3 张一套的选辑弥足珍贵，并且限量 500 套。

Spectrum Sound 转制 20 世纪 50 年代多位大提琴家的 LP 名盘，例如施塔克的美国 Period 唱片录音，演奏《德彪西：大提琴奏鸣曲》《欣德米特：大提琴奏鸣曲》《柯达伊：大提琴奏鸣曲》与《巴赫：大提琴组曲》（CDSM002JYNA、CDSM003JT）。以巴赫的大

提琴组曲而言，这套 1950 —1951 年的单声道录音的唱片，比后来 Mercury 立体声时代的录音宽松悠逸，转制后完全就是 LP 的感受；法国大提琴家李维（André Levy）演奏的《巴赫：6 首大提琴组曲》，转自法国 Lumen 首版 LP，应当很少有人听过他的演奏，轻快、自信、极有个性；另一位是法国大提琴家皮埃尔·富尼埃（Pierre Fournier, 1906—1986），笔者在他晚年听过现场，这张转自 Melodiya 的唱片，1961 年在莫斯科录音，也是世界首度发行 CD 版，演奏巴赫、海顿、韦伯、肖邦、福雷、德彪西、斯特拉文斯基等人的 12 首秀品，展现他惯有的温文儒雅风格；法国大提琴家安德烈·那瓦拉（André Navarra, 1911—1988），学生时代的第一名，后来改编乐曲及教授学生，这张转自 2 张 1958 年 Capitol 首版 LP，演奏圣 - 桑、拉罗（大提琴协奏曲）与福雷、门德尔松、德沃夏克等人的小品，是立体声时代的单声道 Hi-Fi 录音，可以听出全音域宽频，模拟 LP 味道十足；意大利大提琴家、作曲家兼指挥恩里科·麦纳迪（Enrico Mainardi, 1897—1976），演奏风格高雅优美又具深度，但是唱片极少，他的 LP 在市场属极稀有的高价品，这张转自 1956 年 DGG 的首版，由雷曼指挥柏林爱乐乐团协奏演出海顿、舒曼的大提琴协奏曲，可以听到麦纳迪独特的音乐语言，也是世界首度发行 CD；俄罗斯伟大的提琴家沙弗朗（Shafran），演奏风格具有特殊诗意，自由挥洒又技法高超，他的唱片在西方世界罕见，这张 CD 转自东德 Eternal LP 与俄罗斯 Melodiya LP，都是第一版，但东德 LP 显然品质欠佳，炒豆声连

CDSM 001 LESIK BOX 3CD Limited Edition

Cover Photo
Painted by professor and Dr. Angio K

10 大小提琴家的模拟录音，LP2CD 与原始 LP 封套

连，但无碍美乐的传达，收录舒伯特著名的《琶音琴奏鸣曲》与巴赫的《第 6 与第 1 大提琴组曲》。

在立体声 LP 转制 CD 方面，Spectrum Sound 也有极精彩的珍盘。首先介绍柯岗（Kogan）的两张唱片。

柯岗是 20 世纪俄罗斯可以与大卫·奥伊斯特拉赫（David Oistrakh）齐名的小提琴家。他在 1951 年获得比利时伊丽莎白小提琴大赛头奖后声名大噪，只是当时媒体对他宣传很少，因此在西方较少人知。事实上，他在演奏的掌控、颤音的运用上犹胜大卫。

一张是转自 1959 年 UK EMI Columbia 银标首版 LP 的《勃拉姆斯小提琴协奏曲》（CDSMAC002），原本就是名盘，由康德拉辛（Kondrashin）指挥伦敦爱乐管弦乐团演出。原始录音是在伦敦 EMI Abbey Road 录音室，近距离拾音，管弦乐团铺陈绵密，在适度的堂韵下，弦群清晰又厚实，极具说服力，独奏小提琴有点话筒，柯岗的小提琴表情活灵活现，可以细致，可以甜美，可以穿透，可以高歌。由 LP 转刻的 CD 的确异于母带转制的 CD，黑胶味十足。

另一张柯岗演奏的《贝多芬小提琴协奏

曲》（CDSMAC004）则由法国 EMI LP（CVD 850 D ED 2）转制，这是康斯坦丁·西尔维斯特里指挥音乐学院协会管弦乐团，1959 年在巴黎的录音。录音在华格兰音乐厅，显然是较为宽阔的音乐厅，管弦规模与正常的音乐会相似，柯岗的小提琴也较接近正常协奏曲比例。整体音色清澈透明，柯岗的琴艺同样令人赞赏，在众多名盘中，他的演奏仍令人感受到不一样的清新气息。这张 CD 还附送柯岗与钢琴家密特尼亚合作的 8 首小品，转自美国 RCA LP（LM 2250 Shaded Dog ED 1），1958 年的单声道录音，可以进一步欣赏柯岗的艺术。

另外一张奥伊斯特拉赫演奏的《贝多芬小提琴协奏曲》（CDSM005JYNA），取材自英国 EMI Columbia LP（SAX 2315 Semi Circle Label ED 2），由克鲁伊坦指挥法国国家广播电台管弦乐团演出，于 1958 年录音。正可供大家比较大卫与柯岗的不同诠释与音韵，俱属上乘，喜恶由人，至少转制 CD 的 LP 意味十足是一致的。

笔者特别要介绍 Spectrum Sound 转制的一张鲜少人知、唱片指南也从未提及的精彩作品，由约瑟夫·凯尔伯特（Joseph Keilberth, 1908—1968）指挥汉堡爱乐管弦乐团演奏奥地利作曲家布鲁克纳的《第 9 交响曲》（CDSM007JT）。取自德国 Telefunken SLT 43043 银黑标立体声首版 LP，1956 年在汉堡录音室录制。

凯尔伯特在德国非常有名，但由于不热衷为大牌唱片公司作录音室录音，所以在境外没有耀眼的光环。他由大提琴家转任指挥，在

凯尔伯特指挥布鲁克纳第 9 交响曲 LP2CD 封面与原始 LP 封套

1936 年，成为最年轻的瓦格纳《尼伯龙根的指环》指挥，同年也首度指挥柏林爱乐乐团，之后在德国各大都市乐团任客席指挥，1940 年由富特文格勒推荐到布拉格的德国驻地乐团当首席指挥。第二次世界大战快结束时被任命为德累斯顿国家管弦乐团指挥。他的指挥长项是德奥派大师作品，特别是理查德·施特劳斯与瓦格纳的作品。

1955 年，在拜鲁特节日剧院，Decca 唱片首度以立体声现场录制全本《尼伯龙根的指环》，同时录制单声道版（由已故名家 Kenneth Wilkinson 操刀），这套录音因没有发行（之后才有萧提指挥的录音室版大放光芒），直到 2007 年，才由 Testament 发行 CD 与 LP。笔者认为这套唱片极为传神、保真。

布鲁克纳第 9 交响曲是只有三个乐章的未完成交响曲，但仍然具备布鲁克纳交响曲的几个特点：第一，"布鲁克纳起始"，以弦乐器的颤音神秘弱声开始；第二，"布鲁克纳休止"，类似交换管风琴音栓般的休止（他也是管风琴演奏家）；第三，"布鲁克纳节奏"，使用三连音加上二连音；第四，"教会音乐圣咏曲风格"（他是极虔诚的教徒），同时使用几个八度同音齐奏，造出沛然的演奏威力，管弦技法显然受到瓦格纳影响。

第 9 交响曲由于终乐章未完成，形成慢、快、慢三乐章，由于前三个乐章音乐细节密度极高，整体结构完整，因此全曲如此安排也仍然成局。第一乐章，由所谓"布鲁克纳起始"的虚无意象导出主题，再发展出有如上天降临的威赫巨响。第二乐章，诙谐曲主部有诡异激情拨奏，霍尔斯特的《行星组曲》、斯特拉文斯基的《春之祭》显然由此获得灵感。第三乐章，一开始小提琴即以强音奏出悲叹主题，逐渐震撼性描绘出天才布鲁克纳心目中的天堂，终曲回顾他的第 8 交响曲第三乐章的主题与第 7 交响曲开头的主题，最后在宁静祷告中结束。

凯尔伯特非常细腻地掌握乐曲的氛围营造与音乐动态，虽然是录音室作品，录音空间的堂韵一如音乐厅，乐团在宽深声场中，前后层次有序，音乐庞然盛放。在这一版本中，他使用加强版弦乐五部配置: 18 / 17 / 13 / 11 / 9，比 1960 年萨尔茨堡现场单声道版（Testament SB TZ 1472）的弦乐五部配置 16 / 14 / 11 / 10 / 8 更多，以平衡强劲的铜管，达到更佳效果。

LP 转制的 CD，仍然如聆 LP 般深刻，但许多家从事 LP2CD 的厂家，他们几乎只认为 LP 较 "好听" 而没提出任何理由。笔者在先前作过小结论，LP 较 "好听"，更准确地说是会给人 "深刻" 的印象，因为由 LP 转制的 CD 有许多与 LP 难以分辨的特点，特别是声像的刻画着墨，这就与模拟或数字无关，何况与原始母带比较，CD 往往比 LP 有更 "保真" 的特点。或许 LP 之特色是来自唱针的刻画加上沟槽的空间回响，盘式录音带中磁带与放音磁头还只是 "接触"，但非 "刻画"，CD 则是完全隔空拾取信号，因此盘式录音带与母带转制的 CD 声场景较为接近，经过 LP 转制的 CD，因为已经由唱针刻画而有接近 LP 的表现，这就是我的初步假说。

另外一个反证是，最近听到一张日本复刻片厂 Altus 的唱片，他们用激光读取 LP 信号再转制 CD，其 LP 味道就显得较为薄弱。

"深刻" 与 "保真" 在目前各有拥趸，或许 LP2CD 会是两者的综合体，但是关键在于使用老式唱头还是新式唱头。

接下来，就来谈谈号称神话盘的 Mythos 唱片。

Mythos 于 2000 年在美国由 A. J. Foster 创立，他一直对 CD 极为清晰、毫无失真但并非好声耿耿于怀，于是创立这一品牌，希望能重现原始音乐的 "素颜"，不论是好是坏。一开始他仅将产品与好友分享，但很快在音响唱片圈子引发话题。

由于他一向极热衷于古典音乐，经过多次实验，他找到一个理想的方法，就是将 LP 转录到专业母片用 CD-R 上，之后就轻松愉快聆听他喜爱的演奏家的录音。

他认为 LP 唱片的表面杂音和音乐会现场演奏家与观众产生的天然环境声响非常相似，而他对数字 CD 的长时间完全寂静有陌生感，因此在转制过程中，不会去除杂音。他用采新旧器材混搭，设法提高原始信号的音量与信噪比。

2001 年，Foster 开始在日本少量烧录唱片，但很快就到了必须规划市场营销的阶段，以应付与日俱增的爱好者。开始时的曲目选择是以 Foster 自己偏好的富特文格勒、汉斯·克纳佩茨布施（Hans Knappertsbusch）指挥的唱片为主，然后逐渐寻觅各种 LP 音源，完全手工，逐片烧录在 CD-R 上。

他们从世界各地的收藏家那里，挑选品质优异、音轨无损的 LP，经过聆听，选择认为值得转制的唱片。最重要的是考量原片的音乐性，尤其是制作人与工程师是否将他们的音乐意图注入原始母带，即是否有个性。同样地，Foster 也希望能创造自己的声音特色，因此他刻意寻找第一版（ED 1）LP（刻片师亦各有个性，第一版最接近整个录音团队的原始精神），特别是以 HMV、Columbia、Decca、Pathé、RCA 为基础，但是 Foster 仍然希望听者能辨识 Mythos Tone。

在现有品种之外，Mythos 计划扩充室内乐与器乐曲，也设法从法国或英国寻找片源，希望爱乐者不要囿限聆乐领域。

与 Spectrum Sound 采用正常 CD 压片不同，Mythos 采用一对一 CD-R 直接烧录，省去先制成玻璃碟，再转铝碟，最后压印塑料碟的步骤（物理性压制，可以久藏），理论上可减少转制过程中可能混入的噪声。但是 CD-R 是靠空白片中的染料以化学方式储存信号的，染料之优劣影响音质与保存，因此空白片价钱悬殊。

即使是基本款，Mythos 也采用录音室用的空白母片。他们提供各种版本供买家订制，以下是不同空白片的特性。

1. TDK Thoery（Master Grade）

具有高贵质感与寂静背景，是 Mythos 的母片级盘片，可惜已停产。

2. MPRO（MITSUBISHI Green Tune）

MPRO 原本就是母片级盘片，具有专业创造力，音质优美，背景寂静，是再转制模拟音源的最佳选择。从模数转换器的选择到电源供应器，都力求发挥此片的潜能，达到接近模拟的境界。

3. Gold（MITSUBISHI Gold）

比正常级盘片品质高且耐用，动态大、噪

Mythos 转制器材列表

前级：Marantz Model 1 & Model 7

功放：Mcintosh MC-275

唱机：Garrard 301 BBC（Full CFRP Caebon Tuned）& EMT 927

唱头：Ortofon SPU AE（1959 Model）—CC Coposit Carbon Shell

   EMT TSD-15

   EMT OFD-25

唱臂：Ortofon RF-297 Original

唱片垫：CC Coposit（5mm）

升压变压器：Partridre TH-7559（Special Tuned）

CD 刻录机：Tascam DV-RA 1000HD

监听 CD 机：Studer D-730

监听音箱：Tannoy Autograph（Monitor Gold 15 inch）

监听耳机：Sennheiser HD-800

声小，中音至高音音域极吸引人，聆听畅顺无压力。制作过程中强化电源供应，让手工制作也能满足收藏家的需求。

4. NORMAL GRADE（That's 650M）

太阳诱电产品，一般母片用标准盘片，是 Mythos 的入门级盘片。性能稳定，是低价位高品质的首选。

笔者订购多款 LP2CD，其中有 TDK Theory、MPRO、Gold 盘片，由于价格高昂，没有刻意以同样的音乐不同片材作比较，而且 LP 变量原本就极多。我比较在意以下两点：（1）CD-R 的耐用度，据制造厂商宣称这种母片级盘片可使用 80～100 年，比寻常压制的 CD 更耐用;（2）再现 LP 的听感，我认为 Gold 已经足够好。

以下为笔者聆赏过的 Mythos LP2CD。

（1）切利比达凯指挥伦敦交响乐团/《穆索尔斯基：图画展览会》（NR-2013 G）/Gold。

（2）安塞梅指挥皇家歌剧院管弦乐团/《皇家芭蕾》（NR-2044/45 G）/Gold。

（3）康斯坦丁指挥巴黎音乐学院管弦乐团/柯岗/《贝多芬：小提琴协奏曲》（NR-ZERO 12 PRO）/MPRO。

（4）傅尼埃大提琴/《大提琴家的时光》（NR-6031 Glorious Heritage）/MPRO。

（5）富特文格勒指挥柏林爱乐乐团/《贝多芬：第五交响曲》《艾格蒙特序曲》

安塞梅指挥的《皇家芭蕾》

NR-2044/45 G
《皇家芭蕾》原始封套

布鲁诺·瓦尔特指挥的《贝多芬：第六交响曲》（田园交响曲）

（NR-5003 Glorious Heritage Limited）/TDK Theory。

（6）富特文格勒指挥维也纳爱乐乐团/《贝多芬：第七交响曲》（NR-9020 Glorious Heritage Limited）/TDK Theory。

（7）富特文格勒指挥维也纳爱乐乐团/《贝多芬：第三交响曲》（NR-5011 Glorious Heritage Limited）/TDK Theory。

（8）富特文格勒指挥拜鲁特管弦乐团与合唱团/《贝多芬：第九交响曲》《舒曼：第四交响曲》（NR-9000 Glorious Heritage Sovereign）/MPRO。

（9）布鲁诺·瓦尔特指挥哥伦比亚交响乐团/《贝多芬：第六交响曲》（NR-2013 G）/Gold。

总体来说，这些神话盘都刻画得虎虎生风、栩栩如生，声像近大、响亮，是典型的许多 LP 老玩家喜爱的声音，完全就是 LP 的听感，再度证明笔者这个关于 LP2CD 的假说。这种景象与使用的老式唱头有关，其中 Ortofon SPU Gold 最为典型，中音饱满突显、高音甜美、低音不明，但整体平衡悦耳，的确极具魅力。但是这些 LP2CD 若与原厂以母带转制的 CD 比较，整个场景非常不同。笔者尝试以新式唱头（Miyabi 雅 47）播放这些 LP，并转制 CD，发现比老唱头更接近原厂 CD 的场景，不同的是仍具有 LP 的特色。由此推测新唱头在频宽、细节、动态、解析、场景方面优于老唱头，转制的 CD 更接近普通 CD 或 SACD。因此我可以理解当年 Mercury Living Presence 制作人科扎特女士在首度转制 CD 时

所说的 "CD 比 LP 更接近母带"。问题是许多
人还是喜欢老唱头的音色、场景，其实，只要
调整平顺就当作重新造境，我并不反对，只是
不要说老唱头是唯一的模拟或最接近现场的是
LP 即可。这些都是笔者以高保真的定义为前
提所作的探讨。

　　Mythos 这 9 款 LP2CD 都来自 LP 名盘，
发烧友最感兴趣的应属安塞梅指挥的《皇家
芭蕾》与布鲁诺·瓦尔特指挥的贝多芬《田园
交响曲》，这些都是立体声录音的杰作。另外，
富特文格勒指挥拜鲁特管弦乐团与合唱团演奏
的《贝多芬：第 9 交响曲》这一 1951 年的名作，
包括 EMI 的母带转制 CD，还有许多小厂有版
权无版权的复刻 CD，EMI 也有数字化后再以
DMM 方式复刻的 LP，但是 Mythos 还是最具
魅力，它的礼盒版还附有一本拜鲁特剧院沿革
与 1951 年这场音乐会海报及节目单。Mythos
的转制的确吸引人，声像突出，音响强烈，虽
然笔者的转制更清晰，有更多细节。

　　无论如何，LP2CD 是一种有趣的录音，
许多绝版珍品有人用心制作，我很乐意买来聆
听，即使老唱头有让人愉悦的音染，亦无妨。

富特文格勒，1951，拜鲁特音乐节，《贝多芬：第 9 交响曲》
（合唱交响曲）

春之祭(斯特拉文斯基) 75 cm×70 cm 2015 蔡克信画

22
LP2CD 之我观

我认为，将来音源可能只剩数字流与LP。对数字流我目前是冷静观察，在百家争鸣的战国时期，我认为CD/SACD已够好，现在则有很好玩的LP2CD让我愿意花时间精神从事。

所谓LP2CD就是"LP to CD"，也就是将LP转成CD。早年，许多人因舍不得反复聆听，磨坏唱片，常将LP转录到盘式录音带或盒式磁带，当时都是模拟录音，也没有人刻意去比较LP与录音带的差异。20世纪80年代CD狂飙，横扫LP，LP落得抱残守缺，然而也有发烧友至今仍只好LP一味。或许很多人不习惯或不喜欢CD的声色，随着CD读取系统与数模转换的进步，老实说CD已经够好，好到如同盘式录音带，想当年Mercury Living Presence知名录音师费恩的夫人科扎特女士，负责母带转CD的监制，当时她说CD是最接近母带的音源，许多人存疑，笔者也不例外，但很快同意这一说法，也就是以高保真理念，CD极其接近母带。但是相当多的人甚至大部分发烧友会认为LP比较好听，怎么好听？答案无非是温暖、活生、细节等，其实CD也办得到。又有人认为是模拟的关系，可是许多LP的母带也是数字录音。我承认LP好听，但绝大多数母带并不保真，因为经过层层转制，只有直刻LP唱片是例外。我找了许多中外杂志书籍，没能发现LP好听的原因或原理的论述。于是提出假说，希望有人能以更科学的理论解说。我认为关键在于唱针在沟槽循轨摩擦，创造出独特的声像、音质、音色。没经唱针刻画的录音带或CD，再生时犹如观赏平面绘画，有可能因透视有三维空间，声像也可有相当程度的实体感，但是，LP则犹如观赏雕塑，有更明确的立体声实体声像与空间感，造成二者不同的音响美学，与原始录音是数字录音还是模拟录音无关。

早期的SP（Standard Playing）在录音带发明之前都算是直刻唱片，之后复刻成LP或CD，都会先转成录音带，在数字时代或许会直接转录成数字文件，但也得经过唱针拾取信号，讲究点的还会使用Mono唱头、利用去噪声工具，转出的LP或CD当然是单声道，但是声像刻画就像黑胶一样生动、深刻。这方面转录最有成就的是Ward Marston与Mark Obert-Thorn（作品见下页图）。

最早真正将LP转制成CD有两种情况，

湖光

音源唱片大都是单声道 LP，当时正值第二次世界大战后录音带开始普及。第一是因为母带毁损，第二是不满母带转成 CD 的音效或音乐性。原本从事这种转化大多是为音乐迷之需，提供已绝版的历史性录音，近年来开始有人为发烧友追求 LP 特有的魅力而专门制作。虽然有许多小厂家从事类似转制，但是成效最佳、最能掌握 LP 风貌的是 Mythos，这家完全以"手工"CD-R 制作，并且依不同等级的 CD-R 空白片（价格不同）接受定制，其基本款是许多人使用过的录音用母片。另一家是 Spectrum Sound，以 CD 方式发行，量稍多，早期限量 1000～1500 张唱片即告绝版。这两家都是美国和日本古典乐迷兼发烧友的合作，转制器材均极讲究，但是他们也没提出 LP 迷人的理论依据。两家的共同点是都很迷富恋特文格勒，Mythos 较多涉猎早期立体声录音领域，Spectrum Sound 则较多青睐罕见却演奏精彩的版本。基本上两家都是转成 DSD 再转制 CD。

如果国外著作权 50 年公版确认，那 20 世纪 60 年代初期精彩的立体声录音 LP 转制 CD 将开启发烧友另一扇大门。

这一年来，为了印证我的 LP 特质假说，我尝试转录许多 LP，特别选择有原始母带转制 CD 的版本作对照。我的初步结论很清楚：（1）不论 LP 的原始录音是模拟录音还是数字录音，LP 转制的 CD-R 听感一如 LP，因此，LP 好听与是否是模拟录音无必然关系；（2）LP 的宽容度高，相对于 CD，它与原始录音的保真度较低。

关于（2）不用怀疑，试想 LP 系统涉及

Naxos 8.111286（Mark Obert-Thorn 作品）

多少手动环节，它对音色、音质、声场、声像的影响自可了解。仅以唱头来说，老唱头与新唱头在频域与细节、音色与声像方面往往有极大差异，但二者重放的音乐都对，也都有不同的喜好者。那请问何者比较接近原始录音场景？我的经验是两者都不如 CD。Spectrum Sound 的 LP2CD 就有同一张 LP 以不同唱头转制的音轨可供比较。

再举一张荷兰 LP2CD 的例子佐证 LP 之魅力。荷兰 STS 唱片以 MW 编码，重制许多发烧唱片，其录音师 Fritz de With 似乎以前没有 LP 的经验。2012 年他的一位音箱设计师朋友（Blumenhofer Acoustic），请他去听一套 LP 系统的播放效果，令他相当震撼，于是 Blumenhofer 请他将 LP 转成 24 位 WAV 文件，听过者都惊呼，于是转制 CD 作为推销音箱的参考 CD，他们将此 LP2CD 命名为 Groove Into Bits，即沟槽变比特。当然他也没有给出解释，只是可以想见越来越多的人会注意到

Mythos 作品 NR-ZERO 12 PRO

Spectrum Sound 作品

LP 的转录。

　　对于录音，我从不认为有所谓的原音重现，一经录音即是制作人与录音师对作品的重塑，因此再生越接近母带或母版文件即算越保真。LP 变量极多，刻片的均衡曲线的取舍，可能导致偏离原始录音场景自可预料。对它的重塑要合乎常情实境，最重要的是乐器要真实，频响要宽平，客观音响要件够好，音色可以有变化。LP 在音响系统中，比 CD 有更多不同造境的空间也可理解。CD 有如母带直接镜像拷贝，偏差较少。

　　要从事 Re-Mastering 或转录的工作，一套精准的音箱参考系统必不可免（其实，评论器材或录音也应具备），我的 LP2CD 在我的 Estelon 聆听室进行，采用最直接的 LP direct to CD 的方式。因为多重数字转换，可能混入未知的失真，取样升频也多有争议，同样采用 2 倍 DSD，有的机器让声音变好，有的却会劣化声音，这是笔者的亲身经历。国内 Re-

Mastering 专家马浚先生用先进的 UltraHD 转化技术，认为 192kHz 有时不见得比 96kHz 优，要视乐曲母带录音而定。因此，我仍秉持丐帮精神，以最直接、简单、经济的方式解决问题，非必要也不动均衡器，成品效果获发烧友肯定。

　　转制过程如下：首先要调准 LP 唱盘系统，根据不同唱片厚度设定 VTA（唱针垂直循迹角度）、唱针针压（允许有个人的音响美学空间），唱针拾取的信号经 Ayre 唱头放大器，输入 Orpheus 前级，再导入 Tascam CD 录音座。录音座需自定输入电平，在 LP 音轨间要通过手动来控制，直到整张转录完成。全程采用 AAD 方式，此母片即可以 DDD 方式烧制子片，子片同样具有 LP 特质。

　　另外，有人以激光 LP 播放机读取 LP 转制 CD，希望可以减少炒豆声，例如日本复刻名厂 Altus 于 2008 年以此法转录富特文格勒指挥柏林爱乐乐团演奏贝多芬第九交响曲

（1942-3 版），如与 XXcentury CM 或 Music & Arts 以同版本 LP 用唱针转录的版本比较，用激光读取的 Altus CD，其 LP 感受相对薄弱，也可佐证 LP 的特质产生与唱针刻画有关系的假说。另外，日本有位复刻名家平林直哉，他大多采用多轨录音带转制 CD，或有可能比原始母带转制得更精致，但是仍然不具有 LP 韵味。

此外，LP2CD 可以创造个人的音响美学，也可打破对 ED1（首版）的迷恋，如 Mythos 唱片大多采用 ED1 转制，但又宣称他的 CD-R 可以让人清楚分辨他的转录风格，其实这已不同于 ED1，这是他的重塑，只要得得平衡如真就算成功。ED1 的意义在最接近原始制作人、音乐家与录音师的理想，回放时，除非使用与当时同样的器材（尚不计听音环境），否则都属造境，大可不必无谓争辩谁比较接近原音。

以下就列举几张我转制的 LP2CD，希望有同好也来共襄盛举，有机会彼此切磋：

01. *Stokowski / Rhapsodies*

02. *Virgil Fox Vol.1*

03. *Rossini：6 Sonate A Quattro*

04. *The Royal Ballet*

05. *Fennell Conducts The Cleveland Symphonic Winds*

06. *Joan Baez / Diamonds And Rust In The Bullring*

07. *Famous Blue Raincoat*

08. *Kind Of Blue*

09. *The Tube*

10. *Witches' Brew*

11. *TAS 2004*

12. *Jheena Lodwick –All My Loving*

我相信同一张 LP 每个人会转出不同音效，也可能都是可接受的平顺音乐，这就是我所说的 LP 有较大宽容度，可以有个人音响美学在其中，但是也很容易陷入极主观的各说各话。所以，我不希望新一代玩家走老路子。所谓老路子就是极力追求自己心目中的音色，强调中频、虚胖低频、软弱高频。当然，玩音响可以很个人化，关起门来自得其乐也可以，快乐就健康，但是要与众乐，与国际接轨，还是要有客观的音响条件。越贵的现代唱头表现出的规格其实越接近 CD，不同的是多了 LP 的特质与魅力。就音响论音响，要玩好现代 LP，音响舞台（Sound Stage）的音箱摆位与音响要件的客观评估仍然是王道。这可以再举 1962 Westminster LP 唱片 *Knappertsbusch conducts Wagner* 一例佐证。它清楚标明录音的动态，最

Knappertsbusch Conducts Wagner 录音信息

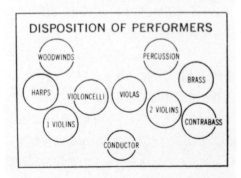

低频及最高基音与泛音，同时将乐团排列层次标明，作为回放重现音响舞台的参考。

2013 年 3 月，有一家唱片进口商将两张我转录自黑胶的 CD-R（LP2CD），送到日本一家复刻名厂，他们在一天之内三次电子邮件的回复如下。

我回信感谢欣赏并答复目前只作研究与教学之用云云。

すばらしい!
精彩!
実に素晴らしい!
実在精彩!
これは販売しないのか?
这个没有在贩卖吗?

今、またいています。
现在又听了一遍。
何回いても素晴らしい。
不管听几次都很精彩。
本によくできています。
真的制作得非常好。
今手に入るのは2タイトルだけですか?
只有我现在手上的两张吗?

教えてほしいのは以下の事柄です。
希望告知以下信息：

レーベル名、番号、作曲家、作品名、演奏家名、音年、原盤価格何かコメントがあれば以上です。
唱片厂牌、编号、作曲家、作品名称、演奏家、录音年代、原盘价格，如有任何评论，请告知以上信息。

蔡克信さま
蔡克信先生
あなたの复刻技术には、爱を感じました。
对您的复刻技术，我感受到爱。
とても素晴らしいので、私は何回も何回もいてしまいました。
因为实在太棒了，我已经一遍又一遍，听了很多遍。

こんなことは久しぶりです。
已经很久没做这样的事了。
ありがとうございました。
非常感谢。

23
PO 杂谈，任重道远

最近在克信兄的社交媒体上看到一些有关 PO 音箱摆位的有趣对话，有关 PO 音箱摆位的一点疑虑在这里想做一点点补充。

PO 音箱在调音班学员家中试用调整的过程中，每次都是高潮迭起，刺激万分。原因是 PO 音箱中高音部分设计是用传统单元 Open Baffle 的双向发音方法，来仿真静电丝带音箱 360° 发声点音源的尝试。所以，在摆位上就和传统单向发声的音箱有很大的差异。一般音箱只在正面安装扬声器单元，音箱箱体的其他各面都是封闭的及简单的反射孔，在摆位上只要把重点放在处理好音箱正面所传来的直达声，音箱与后墙的驻波处理好，音箱与聆听位置间的第一次反射声处理好就大致搞定。但是 360° 发声的音箱除了注意正面单元的声音，还得考虑向左、右、后方单元的发声与各墙面的互动是否调和，以产生精准的声像及 3D 声场。所以，尤其在两边不规则的聆听空间里面，音箱最后摆放的位置会与传统音箱的摆放位置有较大的不同，这是 PO 音箱发声特性导致的必然结果。

再者，High-End 音响系统并不一定是 High Price，DIY 也可以很 High-End，只要合乎一定客观的、可以被认定的标准。"只要我喜欢，没有什么不可以"是很多音响发烧友的态度，这是无可厚非的。但是，High-End 音响是在疯狂追求忠实重现现场音乐，不是只求好听或音色美丽。整体系统，尤其是音箱，一定要能如同一面光滑明亮的镜子一样，将音乐中

全部频率平顺表达。功放、CD 等设备只要线路设计妥善，使全部频率平顺表达，并不是太难，但是音箱就完全不是那回事了。音箱设计者一定是在设计上力求设计完美，有实力的大厂更在消声室里面精密调整，直到接近完美。但是音箱一放到使用者家里面就完全不同了，因为使用者的聆听室不会是消声室，也不会是音箱设计者的空间，这样一来，音箱与空间的互动的差异就会让相同的音箱在聆听者家里听起来与原设计的声音完全不同。如何在使用者家里让音箱发出原设计的声音，正是 High-End 发烧友最大的挑战，也是调音班的教学重点。音响发烧友不能把音箱摆位到可以发出原厂设计的声音，就直接希望评价器材的好坏，甚至希望用改变线材、分频器、功放来调整都是在缘木求鱼，是一条没指望的死胡同。

High-End 音响既然是在追求现场音乐最忠实的重现，High-End 发烧友的必修功课就是常去听没有经过扩声的现场音乐，才能够判断声音是否正确。我记得年轻时到美国的时候，第一次喝到浓缩的新鲜橙汁，还一直觉得那是添加了人工香料的，因为和我熟悉的橙汁味道完全不同。后来才发现我自幼年就熟悉的美味浓缩橙汁竟然是用人工香料合成的。只听罐头音乐不听现场音乐的音响发烧友可能也有同样的盲点，不能经常听现场音乐，以现场乐器音质来作为比较的标准，那又如何能够分别音响系统播放的大提琴声音是否真实，琴弓擦弦时的木质气息呢？

最后，High-End 发烧友学习、交流音响文化的基础是相互尊重、彼此欣赏，要理解每

个人对音乐的喜好及音色的偏好是不同的。就像去参加一个聚会，有人喜欢穿得很酷，有人喜欢鲜明的色调，有人则偏好保守的风格，这是个人喜好，没有对错、高下之分，只要基本穿着是合乎当时的场合的就好。音响系统只要能表现 High-End 的基本客观条件:(1) 平顺的全频率反应,(2) 精准的声像和声场定位,(3) 乐器声音正确,(4) 不同的话筒拾音方式，就能够将音乐忠实地再生出来，让发烧友走进音乐的本质。至于音色的表现，就成了发烧友相互欣赏个性化品位的乐趣了。High-End 音响文化是发烧友进入音乐内涵的人文追求，是享受穿越时空艺术的升华，本来就是美的，是真的。

24
音箱摆位有那么神奇？
比换器材还有效果？

最近在机场碰见一位发烧友，相谈甚欢，聊天中了解到他对于调音班的活动、粉丝团内的文章都很关注，对于降龙伏虎的摆位也多表赞叹。他问了一个非常有趣的问题，那就是摆位的效果会比换更好的器材效果还好吗？其实，在我们的日常生活经验里面，就藏着这个问题最好的答案。

我们都曾到嘈杂的餐厅去用餐，人声鼎沸，一桌人讲话要喊，对方讲什么也听不清楚，几乎无法有完整的对话。如果稍微留意一下那家餐厅四周的摆设，很可能大多是容易保持清洁、易于进行卫生处理的硬材质平行平面，如落地玻璃窗、瓷砖地板、玻璃桌面、木头椅子、水泥隔间墙等。有时我们会去幽静的餐厅吃饭，所有的人讲话都变得轻声细语。看看周边的摆设：落地窗帘、厚地毯、铺了长台布的餐桌、沙发椅、壁布名画等都是软材质及多曲面的摆设。讲话的人没有变，但是讲话的环境与声音的互动变了，声音的大小、清晰度也改变了。所以有时会听到发烧友说器材已经换到极致，声音还是不好，只好下重金要盖专属音响室来处理空间的问题。处理声音环境的方式有两种，一种是改变环境，从吸音、扩散开始，到不平行墙面，甚至专门设计专属聆听空间等，都是大资金的投资。另外一种方式则是移动发声点与空间相对的位置，就像我们在嘈杂的餐厅里还是可以找到不太吵的位子来坐一样。这个在现有空间里找好位置的方法就是音箱摆位的道理所在。

音乐演奏家最了解摆位的重要性。在蔡医师所举办的一个大提琴小型演奏会上，大提琴家欧阳伶宜在表演前就花了很长的时间在找最佳的演奏位置，演奏两首后蔡医师请她稍移动表演位置后，同一位音乐家用同一把大提琴演奏，但是整体大提琴的音质、音乐的感染度比之前大大提升，不但听众感觉到了，连欧阳老师也佩服。她在演奏会后也透露每次她去音乐厅表演时，都要花时间去找舞台上最佳的共鸣点来作为表演位置，以求能充分展现她的音乐。对于当晚发烧友们灵敏的耳朵能辨别她大提琴在演奏位置些微的改变后，所营造音乐的不同，也表示印象深刻。其实，表演者善用摆位来充分发挥音乐的例子，比比皆是，常在街头表演的艺人就经常将这一点发挥得淋漓尽致。有时我会看到街头游唱家会利用地下通道的过度共鸣效果，找一面墙来反射以增加人声或乐器的穿透能量，让单薄的一人乐团变得感情丰富、厚实，让路过的行人更容易驻足欣赏他们的表演。

这种利用空间的声音特质，妥善选择表演者的乐器或人声发声点的位置，产生美妙音乐的方式，对音乐家来说是一门必备必学的学问。但是在音响圈里，对声音影响最大的音箱摆位，竟然成了一种传说中的神秘绝技。

在一个听音房间里，任何两面平行的墙面都会产生驻波，在低频 100Hz 以下，不同的驻波会对音响有明显的干扰，造成低音的不平顺，进而影响声音。一般的空间就有屋顶、地板、四面墙等六个平面。低频驻波在房间里面

干扰音箱发出的声音，传到聆听者的耳朵时就变得不好听了。如果是录音监听室，因为监听音箱的位置基本是固定不动的，所以他们就要花大钱来处理监听环境本身，让这些干扰能够受控。但是一般家庭的音箱位置是可以移动的，就可以用音箱摆位的方式来避开空间里容易产生不良驻波干扰的位置（AntiNode），让音箱处在不易产生驻波的位置，让声音能够直接被听到（例如，让落地型大音箱离开墙角及

侧墙，摆位接近在 Node 位置）。或者利用摆位的方式让空间里面产生一些补强的驻波来弥补低音的不足，让整体感情丰富或节奏感更明确（例如，书架型小音箱摆位较靠近墙角及侧墙，摆位在接近 AntiNode 位置）都是有效的办法。蔡医师的降龙伏虎教学，就是累积数十年功力，针对这样的摆位技巧特别设计的课程，实在让人佩服。学会以后一定要亲自动手，勤加练习，将现有的器材及空间的潜力完全发挥，则指日可待。

不过摆到什么样子才是全频率平顺、3D声场产生、乐器的音质正确？这只有靠你经常去听现场音乐的耳朵才能评断了。这是你的音响，是你的音乐享受啊！

蔡医师注：改变摆位的效果会比换更好的器材效果还好吗？辜老师的举例解说已经明白告诉我们，正确摆位才能让声音最好，反之，再贵再好的器材没正确摆位也是枉然。我常说，没有正确摆位就会陷入不断换机换线的轮回，但是要求质感仍得花钱。

25

High-End 入门级系统要多少预算?

最近听到了一位音响发烧友说："花了相当高的预算，买了一套进入 High-End 音响门槛的系统……"不禁让人联想起每年美国 TAS（*The Absolute Sound*）杂志都会出版的 *Buyer's Guide to Affordable High-End Audio*（负担得起的 High-End 音响购买指南）榜单。

记得有一年的榜单一开头有一段话——"不管你的音响预算是多大或多小，能在这个预算内买到最高性价比的产品，是最重要的事"。"如今大家可以不必一定要花大钱才能买到 High-End 音响系统。以当年榜单中所推荐的产品为例，整体 High-End 系统可以以 1000 美元组成"。没错，1000 美元，也就是约 7000 多元人民币，也能组成 High-End 音响系统，有没有搞错？ 这家美国最受尊崇的 High-End 音响杂志不都是评论上百万上千万的音响系统吗？ High-End 不是就是 High Price 吗？

其实在 High-End 音响世界里，音响系统是否 High-End 是由音响系统对音乐的重现能力，包括频率响应、动态、定位、声场、乐器声音的真实度、录音现场的呈现能力等来定义的，而不是由品牌来定义的，更不是以价格来定义的。音响发烧友只要能够花点功夫做好功课，知道哪些机器，如何匹配得当，把系统调教（摆位）好，远比只会花大把预算，被音响专家、音响商牵着鼻子走重要。这样发烧友就能按自己不同预算的大小，组成 High-End 音响系统，享受高保真音乐重现的乐趣。

购买指南内还节录了一段 Robert Harley 所著的 *The Complete Guide to High-End Audio*（《High-End 音响大全》）书中选择 High-End 音响的方法。High-End 音响系统重视的是整体音乐重现能力及系统组合平衡的表现。如果音响发烧友是按照一般专家所建议的把绝大部分预算花在买好音箱上（因为音箱是最终声音的还原者）而搭配比较差的音源及功放，这样的音响组合往往会比较难听，而且好音箱会把系统里各环节的缺点都表露无遗。音响聆听空间的大小与音箱的大小也要有基本搭配，大配大，小配小，这样比较容易调整成功。

Robert Harley 建议了 10 个步骤提供给音响发烧友选购 High-End 音响时参考。

（1）设定你的预算。

（2）做一个内行的买家，读杂志，看展览等，尽量做好买前资料的收集、熟读的功课。

（3）找一家专业可靠的音响店。好的音响店可以帮你找到并展示你要的音响组合，并介绍一些你没有听过的组合。

（4）选择声音互补、兼容的系统。

（5）用耳朵来判断器材的好坏而不是用器材规格的高低来判断。

（6）用心慢慢选择，不要错过廉价品，低价的机器可能会比高价的机器好听。

（7）选择声誉佳、服务好、性价比高的音响品牌。

（8）如果可能，购买前请音响店安排家庭展示，觉得好听再买。

（9）细心调整系统，或是请有能力的音响店帮忙做初调。

（10）音响道具应在系统调好后再使用。

乍看起来，这些建议的方法和步骤与坊间其他音响专家的建议大同小异，但是却有着根本上的不同。High-End 音响发烧友是熟悉现场音乐及真实乐器声音的，他们用自己的耳朵来判断音响，并不是以主观的"只要我喜欢就好"为标准，而是以客观的"接近真实音乐重现"能力的高低来评价音响产品。这也是 High-End 音响发烧友与一般音响发烧友最大的分别，High-End 音响发烧友专注于真实音乐现场感受的忠实重现，而不是只追求音响是否好听，音响效果是否强烈。

这种对于真实音乐的坚持与坊间有些音响评论员不听音乐会、有些音响店会卖音响却不懂音箱摆位或不懂音乐的怪现象成为鲜明的对比。

美国 *Stereophile* 创办人 J.Gorden Holt 也曾经留下这样的名言："任何有智慧的音响专家是不会替别人决定音响系统搭配的"。因为每一个 High-End 音响发烧友的耳朵都不同，对

于真实音乐经验的偏好也不同。音响专家最多只能建议哪些机器本质还不差，描述一些组合搭配的表现，供音响发烧友作为选购组合时的参考而已，而发烧友本人，那熟悉真实音乐的金耳朵才是最终的裁判。

各位音响发烧友，你们的入门系统预算是多少？如何分配？系统又是如何组成的呢？

26
小房间，大低音，有没有搞错？

开玩笑地说，音响发烧友们的家庭地位一般来说有三种。有一种发烧友的家庭地位崇高，有专属的音响聆听室、独立电源、隔音设计，甚至请名家亲自设计并签名留念。有一种音响发烧友的家庭地位也不差，可以使用家中的客厅或起居室这样的空间来摆放音响，对于音响设备是否与室内装潢调和并不要紧。还有另外一种音响发烧友非常体贴家人，度量非常大，自己选择家里的一个小房间放音响，让出公共空间给家人使用，放音乐也考虑到其他人的需求，这种情操可谓高贵伟大。这些体贴的发烧友为家庭做出了大量的贡献，虽然其他人不一定都领情，不过更伟大的是让自己面临了小房间放音响的种种问题及挑战，让自己在音响修行的路上，增添了克服困难的乐趣，太了不起了！最大的挑战就是在小房间里如何有好的低频量感、延伸及低频的清晰质感。

很多音响发烧友因为考虑音响空间的狭小，就会选择低频有限的书架型音箱，因为大型音箱的低频能在小房间里面常常是不容易处理的，驻波太强，轰得太厉害，只有量感而没有正确的低频质感及延伸，甚至连中高音的品质全都搞混了。不过，难道体贴家人的发烧友们为了尊重家人，就只能听没有"下半身"的音乐吗？小房间放大音箱是很有挑战性的，但是绝非不可能，除了要精通"降龙十八掌"、"伏虎十五拳"音箱摆位"绝学"之外，找到一些比较容易在小房间表现高质量低频的音箱也是成功的要素之一。

什么样的音箱才算是容易在小房间表现高

质量低频的音箱呢？

有一篇 Elias Pekonen 的精彩文章，深入浅出地剖析了两种常见的低频音箱设计——单向发声及双向发声设计，并且对于这两种低频设计的音箱在小房间（7m×3.5m×2.5m，够小吗？）里面的低频再生的表现，很难得地做了实际测量及分析。所谓单向发声的音箱，顾名思义，就是只有一面有低频单元的音箱（如下图最左图所示），而双向发声的当然就是两面都有低频单元的音箱了（如下图中间及右图所示）。

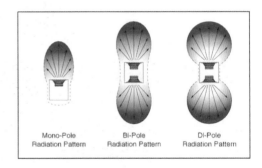

双向发声又有 Di-pole 及 Bi-pole 之分，还可分为有箱体设计（如上图都是有箱体设计）及无箱体设计（如静电式音箱）的，不过在这里就不花时间说明了。英文中常说 "A picture is worth of thousand words"，中文可翻译为"百闻不如一见"。下面的 3 张图在音响低频再生的观念说明上，就是让音响发烧友们有"百闻不如一见"的震撼，让我们直观地了解到，如果要在小房间里面能调出正确的、高品质的低频，双向发声的低频音箱设计是比较好的选择。如果要为现在的系统加超低音，双向发声的超低音音箱也是比较容易成功的选择。

左图：将 20Hz ～ 100Hz，10dB 的完美低

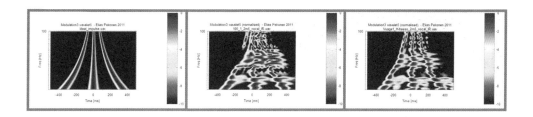

频信号输进两种不同设计的音箱中。

中图：单向低频发声设计的音箱在小房间输出的测量图形是杂乱的。

右图：双向低频发声设计的音箱在小房间的输出测量，比单向发声设计的音箱完整许多。

我们简单地比较这3张图，显而易见的是，双向低频发声设计的音箱在小房间里的低频再生完整性，比起单向发声低频设计的音箱好得多。所以也就更能忠实呈现音乐信号中低频的质感及延伸了。当然，双向发声设计的超低音音箱，被使用在小房间里面会也比较容易调出成功的超低频了。

各位在小空间听音乐的音响发烧友们，大家是可以既尊重家人又不必牺牲低频品质的。找一对或借一对有双向低频发声设计的全频音箱（双向发声的低音单元最好不要和中高音单元同一方向），或双向发声的超低音音箱，在小房间里面试试。按照降龙伏虎的步骤小心调整，你会很意外地发现，小房间大低音的乐趣是无限的。

附录　有感而发

每天早上出门前，大家是会在平整的明镜前面整装，还是会在凹凸不平的哈哈镜前面整装呢？大部分人应该是会在平整的明镜前整装吧。因为男士们可能要看清楚头发有没有梳理好，胡子有没有刮干净，女士们可能要看清楚身上的衣物是否搭配得宜，化妆是否美丽。镜子的功能就是把投射在镜面上的人和物，忠实、不扭曲地完全呈现给在照镜子的人。美就是美，丑就是丑，红就是红，黑就是黑。让照镜子的人能够客观地整装，在镜子前面做出正确的判断和决定。

有人喜欢镜子里一切，刻意的头发不平顺常常用来凸显个性；有人则不喜欢镜子里的一切，总觉得还不够美丽，不能穿喜欢的时尚服饰。这是个人主观风格和偏好，不同审美观也让我们的社会更姿态万千。但是，镜子本身是绝对不会也不能扭曲或改变投射出来的影像的。不然，就像我们在游乐园里看到在照哈哈镜的美女，本来身材匀称却变得肥胖臃肿，头小身大，比例全然变形。那是博君一笑的哈哈镜，怎可能以镜子里有偏差的影像来品头论足？音响系统音乐平衡的道理何尝不是如此。

音乐平衡就是一面镜子。

全频率平顺的镜子能把输入的音乐信号，忠诚地、不修饰地、不扭曲地完全输出。不应该有任何的频段特别凸起，或凹陷，是20Hz～20kHz 肥瘦同宽。不应该改变一分颜色，不应增加一分的噪声，不应该改变一分比例。作曲家作曲、编曲的情感，演奏家指挥家

的诠释，录音师和母带处理师的功力及偏好，都应该一五一十、原汁原味地在音乐播放时呈现。音响发烧友可以喜欢或不喜欢它的声音，那是个人对音乐、音色的主观好恶，任何音响发烧友都应该要相互尊重、相互欣赏不同的个人品位，这也是音响发烧友相互交流的基础。

但是，当音响系统回放的声音频率分布的比例失真，让原来作曲家的激烈情绪变得收敛，演唱者的温柔唱腔变成嘶吼，录音时的巨大动态变为平淡时，当然还会有些音响发烧友说喜欢这样的声音，觉得修饰后的声音比现场音乐还好听，反正只要我喜欢又有什么不可以呢？虽然声音的喜好本来就是主观的，使用的机器可能也都是非常昂贵的名厂产品，但是这样的音响系统绝对不能称为 High-End 系统。因为它不是忠于现场的原音重现，不忠于演奏者的诠释，也不忠于作曲家创作的初衷，它否定了 High-End 音响的基本原则与价值。就像有时候我们也希望自己能就像在哈哈镜里看到的那么瘦，那么欢乐，那么戏剧化。但是哈哈镜里的你充其量是个脱离现实抽象的你，如果你拍成照片见人就说你真的是长这样，人家会想你一定在胡闹，开玩笑吧！

对人类的听觉来说，音乐的中频及高频是音乐感情表现的最关键频段，所以把音响系统的中频及高频先调整好，低频控制调得不肥胖松垮，音乐就动人了。这也就是为什么有很多音响发烧友钟爱低频有限的书架型音箱，LS 3/5A 小音箱就是经典的例子。两声

道书架型音箱有个好处，那就是没有 Room Mode 驻波问题，在摆位上比较简单。大音箱的低音单元则是产生驻波问题的元凶，常常让大音箱摆位有鱼与熊掌不能兼得的困扰，比较麻烦。

Room Mode 是因为低频在房间内每两面平行墙面（前后、左右、上下 3 组）间都会产生驻波的干扰，又受到 1、2、3 次谐波失真的影响，聆听空间里会有 Node 及 Anti-Node 的分布。Node 是驻波影响最少的地方，Anti-Node 是驻波影响最大的地方。如果大音箱摆位是在靠近 Node 的地方，低频就会受控，不会乱轰，但是中高频就容易会变得比较干涩，不丰润。但是，如果大音箱摆位是在靠近 Anti-Node 的地方，中高频会活泼起来，而低频却又会太肥，没有线条，轰轰叫。这是因为在房间里，低音音质好的地方与中高频音质好的位置并不是完全一样的，所以大音箱要能找到适当平衡的摆位，尝试调整的时间总会比较长。然而，如果对于基本调音的音箱摆位道理没有完全掌握，更如大海捞针，全凭运气了。

房间里音箱摆位及聆听位置的调整，真是要亲自去做的，方法就是勤练蔡医师的"降龙十八掌"及"伏虎十五拳"。通过学习，使用标准的试听音乐，实际操作练习，才能很快体会，自然了解，这是唯一进入 High-End 世界的可循的快捷方式。千万不要迷信计算机软件，或调音道具，甚至花大钱搞特别的音响室，参考一下是可以的，绝不能完全依赖，信以为真。计算机软件，调音道具如果

那么厉害，为什么音响系统摆位错误、难听的比比皆是呢？小空间音响室设计的变量太多，花了钱也不一定好听。只要房间里面说话清楚，没有特别的回声，都可以调出平顺的声音。

对于音响杂志的阅读，更是要小心谨慎。如果杂志的写手、主编没有正确的 High-End 观念和实际调整系统的真功夫，杂志评论的内容就只能当作商品广告来阅读参考。不然就等于问道于盲，辛苦走冤枉路。

最后，大家如果真的要知道什么是好听的声音，什么是音乐的平衡性，那就一定要常常去听各种现场音乐。因为 High-End 的唯一标杆、比较的基础就是现场音乐，没有足够现场音乐聆听的经验如何能知道有没有走偏？High-End 音响的存在目的，是要让我们一起去享受真实音乐的内涵与感动啊！

与大家共勉。

后记

众所周知，音响设备的性能发挥与其所处的聆听环境息息相关。由于不同空间的大小、比例、建筑结构及装饰材料的差异，导致声音特性的多样性，因此，并不存在一成不变的解决方案。即便通过精确的计算、设计和处理，获得了理想的声学特性曲线，实际的听觉体验仍可能不尽如人意。

怎样让音响器材在各种不同聆听空间中发挥最大性能呢？音箱摆位无疑是既实用又经济的方法，这一点众多发烧友均深有同感。有数据显示，在聆听位置，我们所听到的声音中约 30% 是音箱的直达声，70% 是环境空间的反射声。试想，如果您的聆听区域左侧是木门，右侧是玻璃窗，那么简单的中轴镜像对称摆位方式还准确吗？因此，在音箱摆位问题上，"眼见未必为实，耳听方得其真"，根据实际听感调整更合理，即根据空间特性和器材特性，以实际聆听效果为准去调整音箱位置，这才是更为科学的方式。

那么，是否存在一套既实用又规范的音箱摆位方法呢？答案是肯定的。蔡克信医师总结的"降龙十八掌"便是这样一套方法。该方法通过聆听十八轨不同风格的录音，指导发烧友调整音箱位置，以达到在各种空间中都能获得最佳音响效果的目的。这种方法简单易学、经济实用，旨在提升音响系统的音乐再现能力，让听众能够体验到接近原录音的场景，并逐步掌握如何实现理想的声场布局和音质表现。

"伏虎十五拳"则进一步探讨了实现极致超低音的方法。通过十五首乐曲，帮助发烧友精准调试超低音音箱的参数，获得全频段均衡、低频的质与量均理想的听觉体验。

在《调音秘籍》中，蔡医师分享了他在音乐与音响艺术领域的深厚洞察和实战智慧。

这本书全方位揭示了音响调音艺术、录音技术发展历程及经典唱片背后的故事，从独具匠心的调音技艺延展至电子录音技术的演进，从磁带录音到现代 LP、直刻唱片，还特别提及数码录音先驱 Telarc 及其贡献，同时深入挖掘了音响领域泰斗及其代表作品的影响。同时还探讨了 35mm 胶片磁带复刻 LP 的故事、Mercury Living Presence 在莫斯科、CD 母带处理全流程及自然录音理念等诸多丰富内容。

书中精选的约 160 张经典唱片，不仅在音乐历史上占据核心地位，更是音响调音实践中不可多得的参照基准，每一张唱片都承载着其所处时代的声学特点，积淀了深厚的历史底蕴与艺术价值。

在此，我们由衷地向所有关注和支持《调音秘籍》的读者致以诚挚的谢意，是你们的热情期盼铸就了这部著作的诞生。我们热切期望它能成为您音乐探险道路上的忠实向导，携手您共同揭开音乐世界的无尽可能。

愿《调音秘籍》如同音乐航程中那座明亮的灯塔，指引您不断发掘深藏的音乐瑰宝，并化身为您品鉴音乐、珍藏佳作的最佳伙伴。

衷心祝福每一位翻开此书的读者，能在音乐的璀璨星辰下找寻到独属自己的乐章，让音乐与音响艺术共同为生活涂抹出更加斑斓的色彩与盎然生机。

视听发烧网主编
王斐光
2024 年 4 月 10 日

锦绣江南，蔡克信　画，藏于无锡音海影音